JN268351

水理工学概論

=ゲート振動・給気および水理=

巻幡敏秋訳
edited by P. NOVAK

DEVELOPMENTS IN
HYDRAULIC ENGINEERING-2

技報堂出版

DEVELOPMENTS IN
HYDRAULIC ENGINEERING—2

Edited by

P. NOVAK

*Emeritus Professor of Civil and Hydraulic Engineering
University of Newcastle upon Tyne, UK*

ELSEVIER APPLIED SCIENCE PUBLISHERS
LONDON and NEW YORK

ELSEVIER APPLIED SCIENCE PUBLISHERS LTD
Ripple Road, Barking, Essex, England

Sole Distributor in the USA and Canada
ELSEVIER SCIENCE PUBLISHING CO., INC.,
52 Vanderbilt Avenue, New York, NY 10017, USA

British Library Cataloguing in Publication Data

Developments in hydraulic engineering.—2
1. Hydraulic engineering—Periodicals
627'.05   TC1

ISBN 0-85334-228-8

WITH 3 TABLES AND 119 ILLUSTRATIONS

© ELSEVIER APPLIED SCIENCE PUBLISHERS LTD 1984

The selection and presentation of material and the opinions expressed in this publication are the sole responsibility of the authors concerned.

All rights reserved. No part of this publication may be reproduced, stored in a retrieval system, or transmitted in any form or by any means, electronic, mechanical, photocopying, recording, or otherwise, without the prior written permission of the copyright owner, Elsevier Applied Science Publishers Ltd, Ripple Road, Barking, Essex, England

Printed in Northern Ireland at The Universities Press (Belfast), Ltd.

Japanese translation rights arranged
with Taylor & Francis Books Ltd., London
through Tuttle-Mori Agency, Inc., Tokyo

LIST OF CONTRIBUTORS

J. J. CASSIDY
Chief Hydrologic Engineer, Bechtel Civil & Minerals, Inc., 50 Beale Street, PO Box 3965, San Francisco, California 94119, USA

R. A. ELDER
Engineering Manager, Hydraulics/Hydrology Group, Bechtel Civil & Minerals, Inc., 50 Beale Street, PO Box 3965, San Francisco, California 94119, USA

K. HAINDL
Associate Professor and Head of the Department of Hydromechanics and Applied Hydraulics, Water Research Institute, Prague, Czechoslovakia

S. T. HSU
Chief Hydraulic Engineer, Bechtel Civil & Minerals, Inc., 50 Beale Street, PO Box 3965, San Francisco, California 94119, USA

P. A. KOLKMAN
Head of the Locks, Weirs and Sluices Branch, Delft Hydraulics Laboratory, Rotterdamseweg 185, PO Box 177, 2600 MH Delft, The Netherlands; Senior Research Officer, Department of Civil Engineering, Delft University of Technology, Delft, The Netherlands

F. A. LOCHER
Engineering Group Supervisor, Hydraulics/Hydrology Group, Bechtel Civil & Minerals, Inc., 50 Beale Street, PO Box 3965, San Francisco, California 94119, USA

序　文

　本書の工学および理学的な論文は，紙数の制限があり，各テーマについて広範な文献と工学および理学的な関連資料として十分でない恐れがあるが，もっぱら専門的な取扱いをした．

　これらの論文は，非常に貴重なものであり，通常の論文よりも紙面を多くとって記述しているが，単行本や個々の専門的論文に比較して短い．本書の目的は，各章で権威ある論文を公表することと，著者のテーマに関連する広範囲で最新の文献を提示することにある．

　本書は，「水理構造物」(Hydraulic Structures)がテーマであり，第1巻の続きとなっている．第1巻では水理構造設計の沈殿物に対する掃流および利水構造物の新しい方式などに関連する計算手法を取り扱い，本書では水理構造物の設計で留意すべき課題が記述されている．

　本書の第1章は，水理構造物の振動に関する基本的な理論を，それに続く章ではゲート振動を論じている．第3章は，第2章で取り扱っている事象および第4章以降の余水吐や高水頭ダムのエネルギー減勢工の課題である給気問題に関する基本的な取扱いを記述している．

　編者は，各章での著者の記述や対応などが完全でないことを懸念しているが，本書が，これ単独あるいは第1巻の続きとして，各章あるいは全体を通じて最新のデータを公表することによって水理構造物の設計法の進歩に寄与することを望んでいる．

P. Novak

目　次

第1章　水理構造物の振動　1
1.1　緒　　言　1
1.2　流れ中の単振子　3
　　1.2.1　応答計算　5
1.3　連続弾性体の計算法　7
1.4　付加質量 m_w　10
　　1.4.1　静止流体条件　10
　　1.4.2　速度影響　12
　　1.4.3　m_w の計算法　13
　　1.4.4　計算結果　14
1.5　付加剛性 k_w　16
1.6　付加減衰 c_w　17
1.7　負の付加減衰 $-c_w$ あるいは自励系　19
　　1.7.1　フラッター解析　20
　　1.7.2　ギャロッピング　21
　　1.7.3　ゲート振動に類似の振動　24
1.8　強制外力　24
　　1.8.1　非連成力　24
　　1.8.2　自己制御系　26
1.9　流れによって振動する円柱の追加事項　31
1.10　流れの不安定性の他の要因　36
　　1.10.1　自励系　37
　　1.10.2　強制力および自己制御系　39

文　献　40

第2章　ゲート振動　45

- 2.1　ゲート振動に関する特性　45
- 2.2　1自由度系の運動方程式と構成要素　48
    - 2.2.1　応答特性　48
    - 2.2.2　付加質量 m_w　50
    - 2.2.3　付加剛性 k_w　51
    - 2.2.4　変動する漏水隙間に伴う付加減衰 c_w，または負の付加減衰 $-c_w$　52
    - 2.2.5　不安定指標の適用　53
    - 2.2.6　振動するゲートによる波の発生　53
    - 2.2.7　c_w と $-c_w$ との連成力　54
    - 2.2.8　負の流体力学的な減衰力の二次的な機構；変動流量係数　54
    - 2.2.9　式(1)の非線形連成となる右辺項　55
- 2.3　自励系の理論；変動-隙間理論　56
    - 2.3.1　無減衰ゲートの安定限界　58
    - 2.3.2　流れ直角方向の振動　60
- 2.4　経験からの自励振動　63
    - 2.4.1　変動-隙間理論の事例　63
    - 2.4.2　変動流量係数理論の事例　70
    - 2.4.3　自励振動の他の例　72
- 2.5　せん断層の不安定性による自己制御系のゲート振動　74
- 2.6　ゲート振動に関係する水密構造設計　78
- 2.7　越流ゲート　80
- 2.8　ゲート振動の防止法　83
- 2.9　ゲートに関係するキャビテーション　84
    - 2.9.1　Thoma 係数の定義と大きさ　86
    - 2.9.2　キャビテーションに対する改善　88
- 2.10　流体弾性模型の活用　89
- 文　献　91

第3章　水理構造物の給気　95

- 3.1　水理構造物の給気；原因　95
- 3.2　開水路の給気　97
    - 3.2.1　空気混入流れの特性と給気比　97
    - 3.2.2　比エネルギーと不均一に給気された流れの方程式　100
- 3.3　過渡現象　103

3.3.1 一般的特性　103
  3.3.2 環状跳水　104
  3.3.3 鉛直放流管での過渡現象；潜り立坑　109
  3.3.4 閉された放流管での跳水　113
  3.3.5 噴流の過渡現象；噴流落下　115
3.4 水路構造物要素の給気；空気管　117
  3.4.1 一　般　117
  3.4.2 スルースゲートあるいはテンターゲート背後での給気　118
  3.4.3 放流管内への拡散が制限されるコーンバルブからの放流　120
  3.4.4 放流管中でのニードルバルブからの放流　121
3.5 立坑内を鉛直落下する流れの自然脱気　122
3.6 水理構造物による高酸素化　124
  3.6.1 一　般　124
  3.6.2 跳水を伴うゲート背後の流出および減勢池へ落下する噴流からの酸素取込み　126
  3.6.3 定常流れの遷移現象による酸化，下流放流および水車からの流出による酸素混入　128
文　献　131

第4章　高水頭ダムの余水吐　135

4.1 緒　言　135
4.2 アプローチとクレスト設計法　137
  4.2.1 アプローチ条件　137
  4.2.2 クレスト設計　137
  4.2.3 ゲ ー ト　138
  4.2.4 ピア設計　140
4.3 シュートとトンネル設計法　141
  4.3.1 実機での経験　141
  4.3.2 キャビテーション制御　145
  4.3.3 波　149
  4.3.4 空気連行　151
4.4 運用試験　152
4.5 模型実験　152
文　献　153

第5章　高水頭ダムのエネルギー減勢　157

- 5.1　緒　言　158
- 5.2　跳水減勢池　159
  - 5.2.1　簡易減勢池　159
  - 5.2.2　複合減勢池　162
  - 5.2.3　基礎および応用研究　162
- 5.3　ローラバケット減勢工　177
- 5.4　フリップバケット　178
  - 5.4.1　適　用　178
  - 5.4.2　バケット形状と流れ挙動　178
  - 5.4.3　減勢ブロック　181
  - 5.4.4　噴流軌跡　181
  - 5.4.5　下方への引込み　183
  - 5.4.6　潰　食　183
- 5.5　越流構造物における減勢池　185
- 5.6　キャビテーションと給気　188
  - 5.6.1　エネルギー減勢工のキャビテーション　188
  - 5.6.2　圧力変動とキャビテーション　189
  - 5.6.3　キャビテーション制御に対する給気利用　189
  - 5.6.4　耐キャビテーション材料　191
- 5.7　高水頭の放流設備　192
  - 5.7.1　ホロージェットの減勢池　192
  - 5.7.2　フィクスドコーンバルブの減勢池　192
  - 5.7.3　急拡型減勢工　194
- 5.8　環境要素と減勢工の設計　196
- 5.9　模型実験　197
- 文　献　200

訳者あとがき　207

索　引　209

第 1 章　水理構造物の振動

P. A. Kolkman

1.1　緒　　言

　水理構造物の振動は，流体力学と応用力学との関連問題，すなわち，2つの規範からの運動として規定される．

　ここでは，特に，流体と構造系との干渉現象を示すことにある．データや図表を模式的に示し，幅広い概要とはなっているが，完全な設計資料として十分であるとはいえない．

　Blevins [6] や円柱構造物についての Griffin [19] らは，海洋工学に対する設計的な資料を提供しているし，有益な資料となる．

　流れによって誘起される振動を論ずる前に，振動について以下のような分類をしてみる．

① 乱れによって誘起される振動は，パッシブな応答，または強制振動と呼ばれるもの．この乱れは，流れに含まれるもの(外的乱れによる強制力)，あるいは構造物自体の流れに誘起されるもの(内的乱れによる強制力)に依存する．強制力のメカニズムは，前者が広帯域スペクトルであり，後者が狭帯域スペクトルである．

② 物体に制御された強制，すなわち，物体の振動によって増幅される不安定流れ，あるいは異なる部位に作用する不規則な乱れ強制力は，物体の振動と同調する現象であるが，増幅された強制力は，狭帯域となる．

③ 自励系または負減衰力，この流体力は，純粋に物体の振動に誘起される(フィードバック現象)．微小振幅において，強制力は，振動変位に比例，つ

まり振幅の増大に伴って指数的に増加し，振動振幅の限界は，非線形性の干渉によって生ずる．

さらなる分類は，1自由度系(単振子)の基礎の運動方程式からも可能であり，**1.2**に記述されている．**1.3**では，流体中にある連続弾性体に関するモード解析が記述されている．**1.4～1.8**は，基本的な振動方程式に関する流体流れの影響が示されており，**1.9**では，流れの中での円柱の動的挙動，すなわち，流れの中での振動の広範囲な適用性と振動挙動についての文献類を示している．**1.10**では，物体に作用する動荷重を生じさせる流れの不安定性を論じている．

水理構造物の動的挙動を理解することは，次のような点で重要である．

ⅰ) 振動は，それを構成している構造物の環境や環境に害を与えること，あるいは許容できない騒音となる．原因に対する広範囲な知識は，設計ミスを阻止できるし，少なくとも設計段階で特別注意を必要とする部位を知ることになる．

ⅱ) 設計経験から大規模構造物の動的挙動に関する予測は，知識不足によって応々にして困難になることがある．

ⅲ) 構造物によっては，振動発現によって修正がきかなくなることがある．

ⅳ) 振動がある限定された条件にのみ生じる時，適切に判断でき気づくことは保証できない．

流体弾性学の分野での知識は，急速な発展段階にある．すなわち，理論展開は，応用力学分野と流体力学分野の両者からなされている．実機および模型での新しい計測法が適用されつつある現在(計測器とデータ取得において)，高速化と広範囲の計測点数を装備した新しい計測装置が準備されるようになった．

振動以外として，動的荷重，構造物の表面を水が叩く時(波，跳水，完全に発達したキャビテーション)の衝撃的荷重がある．すなわち，流体中のキャビティの存在(キャビテーション，導水路あるいは管路の給気)である．これらの問題は，本章では触れていない．規則波および不規則波の荷重は，動的荷重として考慮されなければならないし，強制力は，構造物の振動数との同調を考えるのが通例である．

流れに誘起される振動に注目することは，構造物の造り直し(流れの剥離点，あるいは再付着点の固定化による流況の安定化，強制振動数のシフト，あるいは規則的な渦列を乱すこと)，剛性の増加(初期変形や自励の可能性の減少，これ

は結果的に同調点をシフトする），そして機械的な減衰の適用にもつながる．しかし，構造物自身からの流れに基づく局部乱れによる強制力については，応々にして忘れられるケースが多い．

1.2 流れ中の単振子

振子あるいは共鳴器の古典的な方程式は，
$$m\ddot{y} + c\dot{y} + ky = F(t) \tag{1}$$
ここに，y：変位，$\dot{y}=\partial y/\partial t$，… 等，$m$：質量，$c$：減衰，$k$：剛性，$F$：強制力，$t$：時間．

固有振動数は，以下のように定義される．
$$f_n = \frac{\omega_n}{2\pi} = \frac{\sqrt{k/m}}{2\pi} \tag{2}$$

無次元減衰は，δ と γ によって示される．
$$\gamma = \frac{\delta}{2\pi} = \frac{1}{2\pi}\ln\left(\frac{a_n}{a_{n+1}}\right) = \frac{c}{2m\omega_n} = \frac{c}{2\sqrt{km}} = \frac{c\omega_n}{2k} \tag{3}$$
ここに，γ：減衰比で，減衰係数と臨界減衰との比で示される．F：流体力として示され，F_w となる．

式(1)の以下のような特性と解について本章で論及する．
① $\dot{y}$ に比例し，結果的に振動速度に同位相であるが，方向が反対である力（質量に作用）は，減衰力となるが，もし振動速度と同方向であると負の減衰になる（自励系と同質）．
② 同調点でγがさほど大きくなく，振動数が固有値に一致すると，結果的に $m\ddot{y}+ky=0$ となる．
　式(1)は，同調点では規則的な外力と減衰力との比に影響される平衡振幅を示す関係式となる．
③ 同期振動では，内部力 $k\hat{y}$（∧ 記号は振子の振幅を示す）は，強制力 $\hat{F}_w$ の A 倍として示される係数 A は，f/f_n に影響され，f は，強制振動数である．$A_{\max}=1/2\gamma$ であり，ここに γ は，あまり大きくない値を与える．

構造物の設計については，以下のような結論が与えられる．
④ 構造物の減衰が大きく期待できない場合は，強制振動数を同調点から外

す．

⑤　負の減衰となる構造物は避けるべきである．なぜならば，動的な不安定系を形成する．流れの干渉を考慮すると，式(1)は，以下のようになる．

$$(m+m_w)\ddot{y}+(c+c_w)\dot{y}+(k+k_w)y=F_w(t,y,\dot{y},\cdots \text{etc}) \quad (4)$$

ここに，右辺 $F_w(t,y,\dot{y},\cdots \text{etc})$ は，連成強制力であり，$F_w(t)$ は，非連成強制力である．

式(4)は，物体の動きが左辺項（m_w：付加水質量，c_w：付加減衰，k_w：付加剛性）を追加させる流体力となることを示すが，これらは，正値あるいは負値をとることがある．特に，m_w は，物体の振動数に影響されることに注意すること．右辺の第1項 $F_w(t)$ は，振動変位に独立あるいは非連成であるが，非線形項となることがある．

設計に際しては，強制力の振動数 f を知っていることは大変有用であるが，本節では一般的な事柄を記述することにとどめる．流体力は，$F=\overline{F}+F'$（ここに，$\overline{F}$ は，時間平均値あるいは静的成分，F' は，動的成分である）．流れが変動的である時，支配的な振動数 f は，式(5)のような関係となり，F' を規制する．

$$S=\frac{fL}{V} \quad (5)$$

ここに，S：無次元ストローハル数，V：流速，L：物体の長さ．L は明確に定義されるので，f の値も決定される（局部圧，流れ方向か横切る方向力か）．

鋭い角を有しないものの剥離流や再付着流れのある物体についての S 値は，レイノルズ数，表面粗度や流れの乱れによって左右される．

S の定義が強制振動数について導かれたと同様，固有振動数 f_n に対する S_n も定義される．

$$S_n=\frac{f_nL}{V} \quad (6)$$

ここに，S_n：換算固有振動数．ある研究者は，$V_r=S_n^{-1}$ を換算速度（**図1.23** 参照）と呼んでいる．外乱あるいは物体から形成される乱れによる強制力 F' は，一般的に広帯域の強制力となり，次式に示されるように時間平均された力のスペクトル密度関数として表示される．

$$\overline{F'^2}=\lim_{t\to\infty}\frac{1}{t}\int_0^t F'^2(t)\,dt \quad (7)$$

強制力は，流速と流体の密度に関係し，

$$\sqrt{(\overline{F'^2})} = (C_D' \text{ or } C_L') \left(\frac{1}{2}\rho V^2 L^2\right) \tag{8}$$

ここに，C_L'：動的揚力係数，C_D'：動的抗力係数であり，rms で表示される．また $\overline{F'^2}$ の ‾ は，時間平均値を示す．

スペクトル密度関数 $W(f)$ は，

$$\int_0^\infty W(f)\,df = \overline{F'^2} \tag{9}$$

f をストローハル数 $S\{df=(V/L)\,dS\}$，および $W(f)$ を $\phi(S)$ に置き換えて無次元化する．

$$\int_0^\infty \phi(S)\,dS = 1 \tag{10}$$

$$W(f) = \left[C'\left(\frac{1}{2}\rho V^2 L^2\right)\right]^2 \frac{L\phi(S)}{V} \tag{11}$$

式 (11) の $\phi(S)$ と C' は，レイノルズ数に影響される．

流れが安定 (鋭い角による剥離の明確さ，再付着を伴い剥離) な場合は，外力による物体の振動は小さい．

1.2.1 応答計算

$W(f)$ と振幅曲線 A の 2 乗とを乗ずることによってパッシブな応答のスペクトルを数値的に計算できる (A は，振動数の関数)．

計算結果を**図 1.1**，**1.2** に示す．

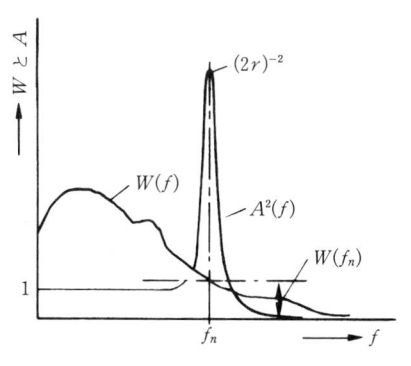

図 1.1 強制外力と応答関数

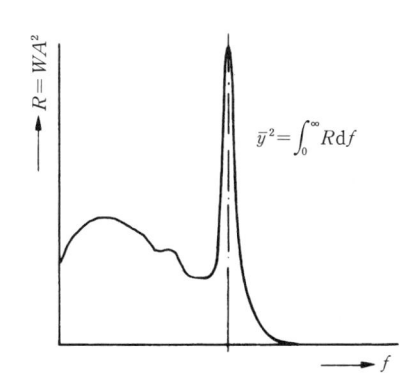

図 1.2 振動応答

水理構造物の設計に際しての常識的な手法は，共振振動数を強制振動数以上に設定することである(なぜならば，速度 V は，$0 \approx f_{\max}$ に変化し，式(5)から f は，$f \approx f_{\max} = SV_{\max}/L$ すなわち，f_n を $f_{\max}$ 以下にすることは適当ではない)．

応答 $k^2\overline{y'^2}$ は，$\int_0^\infty W\,\mathrm{d}f$ の $\sum$ (これは準静的部分，なぜならば広範囲の f に対して A は1であるから)および動的な部分 $\int_0^\infty A^2(f)W(f_n)\,\mathrm{d}f$ から近似的に計算できる．$W(f_n)$ は，全振動数にわたって一定の強制力となる新しい関数として図式化される．

γ が小さい(例えば，2%程度．文献 [25] 参照)時は，最後の積分項 $\int_0^\infty W(f_n)\,\mathrm{d}f$ は，以下のように解析的に表示される．

$$F_{\mathrm{int}}'^2 = k^2\overline{y'^2} = \frac{\pi f_n}{4\gamma}W(f_n) \tag{12}$$

無次元表示に従えば，

$$F_{\mathrm{int}}'^2 = \frac{\pi}{4\gamma}S_n\phi(S_n)\left(C'\frac{1}{2}\rho V^2 L^2\right)^2 \tag{13}$$

設計資料が不足するため，構造物のそれぞれの部分に対する応答計算はできないのが通常の設計法であり，f_n (5倍，あるいはそれ以上)は，f よりも大きくする．このことは，暗に式(13)の応答影響を無視したことになる．一般に，動的な強制力係数 C_L', C_D'〔式(8)〕らは，定常的な抗力係数に比べて小さくなり，動的な力に対する安全係数(疲労)を大きく評価したことになる．

構造物の設計に際しては，以下に示す項目を考慮する必要がある．
① 負の流体力学的な減衰は，避けるべきで，これは形状の問題である．
② また，自己制御しやすい形状は，適用してはいけない．
③ 共振振動数は広帯域な強制振動数から離す必要がある．なお，f_n の値は，m_w と k_w が影響することに注意すること．
④ 波浪，跳水およびキャビテーションによって発生する動的現象は，避ける必要がある．
⑤ 勘にたよることは避けるべきである．
⑥ すなわち，応答計算では，必要とする強度と許容振幅を明確にするため許容外力が明らかとなる．

⑦ このことは，許容振動が外力項の拡大をもたらしたかどうかが確かめられる（自己制御系．**1.9** を参照）．

設計手法に関する留意点
一般に ① を避けることは容易でないが，$(-c_w)$ の程度を究明することが必要であり，また k_w と m_w が振幅へ影響することも留意する．

縮尺模型を使用する際の留意点
上に掲げた問題について，必要なデータを入手することは容易でない．そこで，実験室での模型実験が必要となる．この実験では，一つの情報を得るという側面から，しばしば制限されたものとなる．これらの制限とは，実験施設による縮尺影響であり，縮尺模型では避けられない．**2.9** では異なるゲート模型から得られるデータについて論及しており，2 章はきわめて有用である．重要な点は，構造物について全体か，あるいは部分的に再現されることであり，模型縮尺において重要なことである．もう一つの点は，模型が剛であるか（力，あるいは圧力センサを取り付けている），あるいは1自由度系か多自由度系の動的模型（流れか，人工的な外力による強制），あるいは連続的な弾性模型化されているかである．さらに，要求されることは，安全側の情報か，あるいは振動の大きさについての定量的な予測が可能かである．

1.3 連続弾性体の計算法

連続弾性体の動的挙動の解析は，まず初めに減衰のない条件での振動モードと振動数が必要となる．この計算において付加質量（**1.4**）が含まれる．n 自由度系 $(y_1, y_2, \cdots, y_n)$ では，以下のように変位ベクトル $\mathbf{Y}$ と質量マトリックス $\mathbf{M}$（付加質量含む）および剛性マトリックス $\mathbf{K}$ とを組み合わせなければならない．

$$\mathbf{M}\ddot{\mathbf{Y}} + \mathbf{K}\mathbf{Y} = 0 \tag{14}$$

n モードのおのおのについて，振幅 Y_n は，基準振幅 $\hat{y}_n$ に分布ベクトル（振動モード）$\boldsymbol{\xi}_n$ を乗じたものとして示す．

$$Y_n = \boldsymbol{\xi}_n \hat{y}_n \tag{15}$$

ξ_n および固有振動数 f_n の計算法は，質点系あるいは有限要素法がある．

ここでは，線形減衰について考えてみる．ただし，減衰の分布は，質量分布あるいは剛性分布と同じとして相互に非連成であるとする．この条件は，無次元減衰 γ が材料のヒステリシス特性に影響される構造減衰を有することを物理的に意味する．合成構造や，特に水理構造物で部分没水している場合は，これに属さない．減衰が小さい時に生ずる異なるモードの振動，結果的には ξ 値と共振振動数との影響は小さくなる．ξ 値が流体減衰に影響されないとすると，減衰によるエネルギー消散からの計算およびエネルギー総量と消散とが等しいとして相当 γ_w を求めることができる．

連続弾性体の流体中での1自由度応答に関する理論と実験結果の適用，式(15)のモードは，等価1自由度振子，振幅 $\hat{y}_n$ (質量：m_n，減衰：c_n，剛性：k_n に対応したもの) の振動に置き換えて別々に解析できる．

モード解析の結果，n^{th} モードの等価振子の特性は，以下のように与えられる．

ⓐ 等価バネの最大ポテンシャルエネルギー $k_n \hat{y}_n^2/2$ は，構造物の n^{th} モードのポテンシャル(変形)に等しい．この関係から k_n が決まる．流体力学的な剛性 k_n を考慮する際は，何ら問題は生じない．

ⓑ 等価質量の最大運動エネルギー $m_n \omega_n^2 \hat{y}_n^2/2$ は，構造物の運動エネルギーに等しい．簡易的には $m_w = k_n/\omega_n^2$ の適用も考えられる．

ⓒ 減衰の1周期当りのエネルギー消散 $\pi c_n \omega_n \hat{y}_n^2$ は，全系の消散に等しい．構造減衰 γ_s，流体によるものを γ_w とすると，1周期当りの総エネルギー消散は，$2\pi(\gamma_s + \gamma_w) m_n \omega_n^2 \hat{y}_n^2$ となる．

ⓓ 1周期当りの共振時の周期的強制力によってもたらされるエネルギーは，$\pi \hat{F}_n \hat{y}_n$，これは，全構造物にもたらされるエネルギーに等しい．

ⓔ 不規則強制力についての動的応答 $\sqrt{y'^2}$ は，式(12)に示されており，準静的応答 $\hat{y}$ は，$\hat{F}^2 = \pi \gamma f_n W(f_n)^*$ なる力の純周期的強制力に変換される．

ⓕ 構造物の他の点について，流れによって生ずる動的荷重は，相関係数 $r=1$ の完全な相関ではないが，一般的には相関係数 r を導入する．r の絶体値は，1より小さく，一般に2点間の距離につれて連続的に減少するが，振動

---

* この関係式は，共振時の強制力 $k\hat{y} = \hat{F}/2$ から求められる最大慣性力となる式(12)の $k(\sqrt{y'^2})^{1/2}$ との対比から得られる．調和振動 $y = \hat{y} \sin \omega t$ からの $(\overline{y^2})^{1/2} = 1/2\sqrt{2}\hat{y}$ は省略している．

振幅が乱れおよび渦流出に強く影響される場合は増加する．さらに，r は，振動数の関数となる場合があるが，この影響は無視される場合が多い．

部分的に流れ中，部分的に空気中にある片持梁の円柱，座標 z を有する1自由度構造物の曲げ振動は，A 点から F 点に関連するものとして，式 (a) から (e) にかけて示される．例えば，Blevins [6] によれば，

$$k = \int_0^L EI\left[\frac{\partial^2 \xi(z)}{\partial z^2}\right]^2 dz \tag{a}$$

ここに，EI は，z の関数として示される．

$$m = \int_0^L [m(z) + m_w(z)]\xi^2(z)\,dz \tag{b}$$

式 (b) は，構造物の質量とその構造物に作用する付加質量が連成しないとした単純な場合である．さらに，細長い構造物の曲げ振動に対して合理性のある条件として，ある振動モードの波長が構造物の幅に比べて長いとの仮定を用いて，一般に以下の関係が用いられる．

$$m = \frac{k}{\omega_n^2} \tag{b_1}$$

水中部の長さ L_1 で流体減衰による力は，以下のように与えられる．

$$c_w = \int_0^{L_1} c_w(z)\xi^2(z)\,dz \tag{c}$$

さらに，

$$\gamma_w = \frac{c_w}{2m\omega_n} \tag{c_1}$$

式 (c_1) には，構造物の減衰 γ_s を加味する必要がある．等価な周期力は，

$$\hat{F} = \int_0^{L_1} \hat{F}(z)\xi_z\,dz \tag{d}$$

不規則強制力について，相関係数 r を用いると，等価強制力係数 $\overline{C'^2}$〔式 (8) で導入されている〕は，

$$\overline{C'^2} = \frac{\int_0^L \int_0^L C'(z_1)C'(z_2)r(z_1, z_2)\xi(z_1)\xi(z_2)\,dz_1 dz_2}{\left[\int_0^L \xi(z)\,dz\right]^2} \tag{e}$$

式 (e) で，$C'(z_1)$, $C'(z_2)$ は，局部的な強制力係数である．

ここで，r は，z_1, z_2 のみに影響されると仮定する．また，振動モード $\xi(z)$ は，r に影響されるが，実際上経験したことはない．

これは，線形方程式とした解析法である．しかし，振動振幅が m_w, c_w, k_w あるいは強制力に影響される場合は，干渉影響を含めた手順が必要となる．

基本的に，式 (a) から式 (e) は，連続体の1自由度系についても種々の適用が可能となる．

1.4　付加質量 m_w

付加質量の研究は，流れによって生ずる振動を解析するために実施されているが，以下に示す適用例もある．
① 地震地帯でのダム．
② 剛構造物に対する周期的な波力．
③ 波浪中にある浮体構造物の動揺．
④ 波の衝撃力．
⑤ 係留中動揺する船舶に作用する衝撃力．
⑥ 水面に落下する時の落下衝撃力．

1.4.1　静止流体条件

簡単な m_w は，図 1.3 に示すピストン運動に伴う流体の円柱体積から導入される．流体は，ピストンの速度 $\dot{y}$ で動き，全流体は閉じ込められているので，同位相で振動し，自由振動時のポテンシャルおよび運動エネルギーの組合せとなる．無減衰系 ($E_{\text{pot}} + E_{\text{kin}} = $一定) では，各項は質量に比例する．

ピストン運動は，図 1.4 の静止流体中での微小振幅を伴う没水体の振動とは異なる．静止流体中で微小振動する場合は，ポテンシャル理論 (Lamb [27] 参照) からの計算を可能とする．この場では全流体部分は，物体の振動と同位相となる現象であることを意味する．物体から遠方の流体について，物体の $\dot{y}$ に比べて流体の速度が小さい場合，E_{kin} に寄与する割合は，$(V_{\text{fluid}}/\dot{y})^2$ で減少する．流体の総運動エネルギーは，付加質量 m_w で示され，一定値 $E_{\text{kin}} = m_w \dot{y}^2/2$ となり，付加質量 m_w は，密度 $\rho (= \rho_{\text{fluid}})$ の流体の付加容積に等しくなる．図 1.3 に従えば，物体上の局部圧は，長さ L_w を持った局部水柱として示されるが，この

1.4 付加質量 m_w

$$m_w = \frac{\pi}{4} \rho D^2 L$$

図1.3 ピストンの付加質量

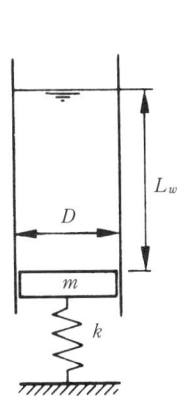

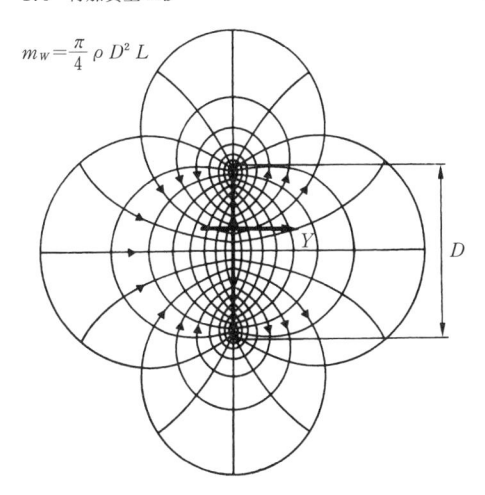

図1.4 振動板の付加質量 (Lamp [27])

長さは，物体表面の状態に左右される．L_w は，物体の寸法 L と物体の振動方向などに比例する．

非対称物体(**図 1.5**)での合成圧は，非対称となるため合成される流体力は物体の動きに一致しない．流体中にある複数物体では，複数個のうちの1つが加振されると，他物体に付加質量力が作用する

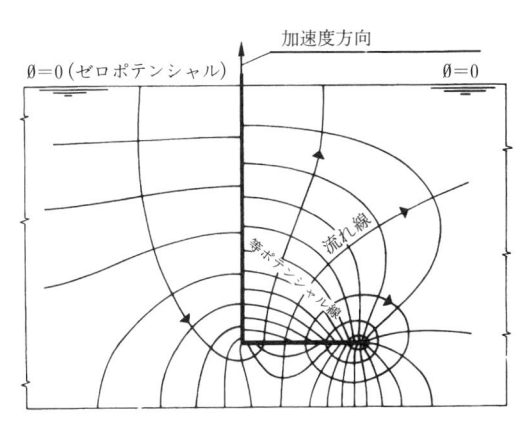

図1.5 フックゲートの付加質量 (Kolkman [25])

干渉影響が発生する．多自由度振動の挙動を解析する場合，この干渉影響は，きわめて重要な事柄である．

n 自由度振動のマトリックス表示の基礎式は，以下に示すが，すでに **1.3** で記述してきた．

$$\mathbf{M}\ddot{\mathbf{Y}} + \mathbf{K}\mathbf{Y} = 0 \tag{16}$$

質量マトリックスでの各成分は，通常，対角線上にある．その理由としては，各質点は，中心点上の慣性力として示され，その方向として点加速度方向に作用

するとするが，付加質量マトリックス $\mathbf{M}_w$ を考える場合，必ずしも正しくない．このことは，以前にも記したように，流体は各質点間に慣性力の干渉を伴うので，1質点に対する各方位からの干渉影響が現れる，すなわち，これは連成振子システムに通ずる．このことは，式 (16) における $\mathbf{M}$ を $(\mathbf{M}+\mathbf{M}_w)$ と置き換えた新しい方程式として解く必要がある．文献 [25] には，バイザー形式の堰の一次対称振動モードが水中では完全に変わるとの例題が示されている．

細長い構造物の曲げ振動について，各断面の m_w に対する干渉と連成影響は，振動モードの波長 λ と構造物の幅の関係として示される．λ が直径に比べて少し長くなる場合，連成影響はさほど大きくないことが説明されている．多くの文献では，流体質量は構造物の各質量に付加させる方法を採用している．

1.4.2 速度影響

物体が流れの中で振動する場合，付加質量は，流体の速度に依存する．定常流れ条件は，周知のように Navier-Stokes (連続式と運動方程式) の解として与えられる．

$$\frac{\partial p}{\partial x} = -\rho \frac{\partial v_x}{\partial t} - \rho v_x \frac{\partial v_x}{\partial x} - \rho v_y \frac{\partial v_x}{\partial y}, \text{etc} \tag{17}$$

全変動速度 v' が物体と同位相で，振動する物体からは微小振幅の変動が生ずると仮定 (静止流体条件に対する第1次近似として成立) すると，動的な変動圧に関する式は，以下のようになる．

$$\frac{\partial(p+p')}{\partial x} = -\rho \frac{\partial(v_x+v_x')}{\partial t} - \rho(v_x+v_x')\frac{\partial(v_x+v_x')}{\partial x}, \text{etc} \tag{18}$$

p' と v' について周期的な振動項を考え，微小振幅とすると v'^2 は省略されるので，以下の式が得られる．

$$\frac{\partial p'}{\partial x} = -\rho \frac{\partial v_x'}{\partial t} - \rho v_x' \frac{\partial v_x'}{\partial x} - \rho v_x \frac{\partial v_x'}{\partial x}, \text{etc} \tag{19}$$

$v' = \hat{v} \sin \omega t$，$\partial v_x/\partial x \cong V/L$ (V：等価速度，L：等価長さ) の第1次オーダーおよび右辺第1項が $\omega > V/L$ で，以下の条件を導入する．

$$\frac{\omega L}{V} (=2\pi S) \gg 1 \tag{20}$$

式 (20) の条件を採用すると，m_w は，静止流体条件の解 (流速 v_x の影響は無

視)となり,全変動流速 v_x' は,物体の運動速度と同位相であるとの条件が満たされる.

S が小さい場合の m_w の正確な値は,実験的に決める必要がある*.

$\rho \partial v_x/\partial t$ 項が支配的な場合でも式(19)の最後の2項は重要である.なぜならば,v_x' と物体の振動速度 $\dot{y}$ に比例する圧力が存在するためである.これらの圧力は,$\dot{y}$ に比例することから減衰力となる.

1.4.3 m_w の計算法

m_w 値に関する実用的な計算法は,静止流体中で物体が調和振動することによって生ずるポテンシャル流れを仮定する手法である.微小振幅の理論は,振動によって排除される水量に等しくなるような吹出し(source)を振動しない物体面に置く考え方である.この考え方(変換法)は,微小振幅に限って妥当である.自由水面での簡単な仮定(高い振動数域では妥当)は,撹乱された水面を撹乱されない水面に置換する.この置換は,一定な大気圧下であることを示しており,これは発散波を無視したことになっている.さらに,改良された手法が線形波理論を適用する表面条件の導入に使用される.

調和振動に対する計算法には,以下の方法がある.

① 等角写像(二次元で単純化された自由表面条件);Wendel [55] 参照.

② 電気的アナロジー(一般に,二次元で単純化された自由表面条件,図1.5 参照);Zienkiewicz [61] らは,三次元問題に拡張している.

③ 境界要素法あるいは,境界積分法(三次元線形波理論),あるいは 波の回折計算と呼ばれる (Derunz [10] 参照).

④ 有限要素法(三次元線形波理論);周囲流体をグリッドに表現しての計算.

③,④の方法は,振動加速度(付加質量)と同位相となる力成分および振動速度(発散波による付加減衰)と同位相となる力成分が計算される.両手法ともおおむね妥当な結果を与える.故に,これらの他の応用例は,大寸法の剛な構造物に作用する波力の計算,さらに多くの文献類が沿岸構造物の開発に適用された.最近の適用例についての両手法の記述が Mei [28] によってなされている.付加

---

* 数少ない例の一つとして,1.9 の円柱に関する Sarpkaya の実験があり,渦の流出域では S 値に強く影響される結果となっている.

質量に関する方法の適用例が文献 [35] に見受けられる．学会では，機械力学の問題よりも m_w を決定する手法として有限要素法の適用が考えられている．

船体構造に関連する付加質量マトリックスを使用する固有値解析の一つの例が，Meyers [29] によって示されている．

1.4.4 計算結果

軸に対して直角に振動する円形あるいは楕円柱の細長い剛な構造物についての二次元流れ解析 (Lamb [27] と図 1.4 参照) によれば，単位長さ当りの付加質量は，$\rho\pi D^2/4$ (D：円形あるいは楕円柱の幅で，軸に直角に振動する) となる．楕円について主軸方向の振動については，この結果は妥当である．他形状については，Wendel [55] を参照されたい．

有限長の物体については，付加質量 m_w は減少する．減少するという結果は，振動解析では無視される (大き目の m_w は，一般に安全サイドになることを意味する)．自由表面を有する場合は，m_w は減少し，近傍に固定境界がある場合は，m_w は増加する．発散波の影響が導入され，非常に低い振動数ではあたかも固定境界として作用するため，m_w の重要な増加要因になる．図 1.6，1.10 に示すように片面接水については，両面接水とは逆に低い振動数では m_w は減少する．

片面接水の高さ h の鉛直壁が水平振動する場合，Westergaart の「古典的な論文」[56] に記載されている (発散波および圧縮性を無視したもの)．

$$m_w = 0.54\,\rho h^2\ (\text{単位長さ当りについての付加質量}) \qquad (21)$$

Westergaart は，また圧力分布と水の圧縮性の影響をも考慮している．

Schoemaker [48] は，段差上に設置されたゲートの深い水深側の場合について上記と同様な結果を示している (図 1.6 参照)．

m_w に関する低い振動数時の表面における発散波の影響および半空間条件下で

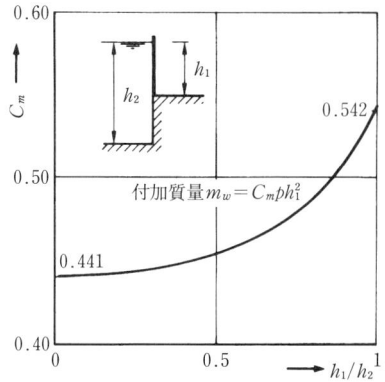

図 1.6　h_1/h_2 に対する付加質量係数　(Schoemaker [48])

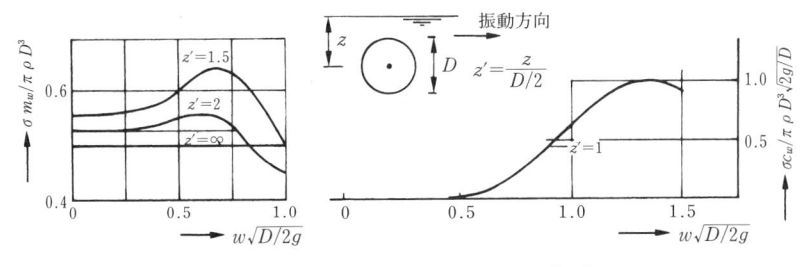

図 1.7 没水球の付加質量と減衰 (Hooft [22])

の減衰力の発生についての例題を図 1.10 に示す ($h/\delta=1$ について，鉛直壁が水平振動するケースの結果を示す).

三次元場に関する発散波の影響を図 1.7 に示す．これと同じ現象は，船舶が幅方向 (Sway) に動揺する場合に生じる [16]．この場合，自由表面は，低い振動数域では剛な境界として作用するが，高い振動数域では大気圧下の条件となる．結果として (物体幅/発散波の波長) 比の関係の中に，現象の振動数が存在するかどうかが重要である.

衝撃力に応答する付加質量が Fourier あるいは Laplace 変換から誘導される．すなわち，時間領域のパルス力が周波数領域に変換されて付加質量となる (調和振動については既知)．全周波数域に対して付加質量が一定である場合 (すなわち，高い振動数域で，発散波の影響が無視されるケース)，衝撃現象に対しても付加質量は，一定と導かれる．Schoemaker [48] の結果は，例えば，前面の高さ h_1 の形状についての衝撃波の運動量計算に適用できる.

フェンダー構造によって，船舶の衝撃力が軽減される場合，Fontijn [16] は，衝撃について Laplace 変換を導入することによって m_w が決定できることを示している．結果的に周波数に依存する付加質量と減衰を使用し，さらに最終的に逆変換が適用されている．$m_w=f(\omega)$ となる場合は，数値計算が必要となる.

細長い物体に作用する規則波の力に関する計算は，m_w を含む Morison 式 [30] が使用される.

$$F_w = C_m \times (\text{section area}) \times \rho \frac{dV}{dt} + C_D \times (\text{width}) \times \frac{1}{2} \rho V|V| \quad (22)$$

ここに，V：撹乱を受けない波の局部的な水平流速，F_w：単位長さ当りの力，C_m：付加質量係数，C_D：抗力係数で，付加質量は，$m_w=C_m\rho$ (section area) と

なる．

　もっと正確な波力に関する論文は，Morison 式の応用と限界について文献 [9] と [46] に見られる．Morison 式は，動的揚力とそれに伴う振動は含まれていない．

　Morison 式の m_w は，振動円柱で得られるものと同じではない．同じ水速度 V で振動する $\rho = \rho_\text{water}$ の円柱に，外力が作用しないと仮定する．振動を止めると，円柱の質量に加算される m_w は，消滅する．同様に静止させる力は，円柱質量に無関係となる．

$$m_{w(\text{Morison})} = m_{w(\text{vibration})} + \rho \times (\text{section area}) \tag{23}$$

1.5　付加剛性 k_w

ポテンシャル的に流体力学的な剛性が導入される 2～3 の要素を列挙する．
① 半潜水物体の没水部の振動〔波のうねり (heave あるいは roll)〕．
② 風向から外れる風車に作用する力，すなわち，風向が翼と反対方向に作用する際に負剛性となる．弾性翼の模式図 (図 1.11) に従うと，負の流れ入射角 ϕ が増加すると，揚力 L は増加し，回転モーメントの発生となる．
③ 配管系の下流端にあるプラグバルブについて流量が一定とした場合，漏水隙間が増加すれば，水頭差は減少する (2.2)．この結果は，正の付加剛性となる．バルブが配管系の上流端にある場合は，付加剛性は負となる．
　　負の付加剛性 $(-k_w)$ が構造剛性 (正) よりも大きくなると，構造物は，静的不安定となり，文献によれば "ダイバージェンス" と呼ばれている．
[注意]　付加質量は，振動数の関数であることが実験結果からわかるが，k_w は，力と同位相であるため干渉し合い，m_w と k_w についての結論を導き出すことは困難である．このケースについては，さらなる分解をすることをやめて，力と同位相としての全力で議論するのがよい．例えば，水の圧縮性が影響する長い配管系で振動するプラグバルブでは，局部圧およびプラグ振動は振動数の関数となり，圧縮性の孤立波が存在する場合には符合が逆転する．

1.6 付加減衰 c_w

エネルギーが発散(自由表面あるいは圧縮波の形態で)する時,流体減衰が発生し,乱れに変換されるか,直接粘性せん断力になる.

水理構造物の動的計算に対して,抗力および重力波の発散による減衰のみが寄与する.流体モデルでは,発散に対して粘性せん断と表面張力の影響のみが干渉する.流れによって生ずる振動についての抗力は,一般的に重要な要素となっている.2つの例で抗力によって生ずる減衰が説明されている(図1.8と図1.9).

図1.8は,円柱の流れ方向振動について C_D が一定であると仮定した場合の誘導法が示されている.この誘導法は,振動数が低い値(低いストローハル数)の時に正しい.

無次元減衰係数 C_{da} として,流れの減衰を表示するのが一般的慣習である.

$$C_{da} = \frac{c_w}{\rho V L^2} \text{ あるいは } \frac{c_w}{\rho V L D} \tag{24}$$

図1.8に従うとすれば,流れ方向振動についての式は,

$$C_{da1} = C_D \tag{25}$$

C_{da} は,物体の形状や他の流れ状況などに影響され,しばしば実験的に決定される.さらに,C_{da} は S の関数,このことは $\partial v'/\partial t$,あるいは式(19)での支配要素 $v'(\partial v/\partial x)$ に影響されることを示している.C_{da} は,さらにレイノルズ数にも

$$F_D = C_D \frac{1}{2} \rho L D (V - \dot{y})^2 \simeq F_0 - C_D \rho L D V \dot{y}$$
$$c_w = -F^1/\dot{y} = C_D \rho L D V$$

図1.8 円柱の流れ方向振動に対する C_w の誘導法

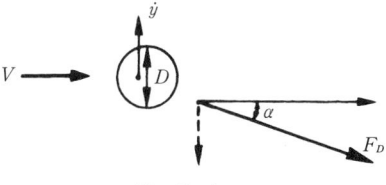

$$F_y = F_D \sin \alpha$$
$$\sin \alpha = \dot{y}/\sqrt{V^2 + \dot{y}^2}$$
$$F_D = C_D \frac{1}{2} \rho (V^2 + \dot{y}^2) L D$$
$$c_w = -F_y/\dot{y} = \frac{1}{2} C_D \rho L D \sqrt{V^2 + \dot{y}^2}$$

図1.9 円柱の流れ直角方向振動に対する C_w の誘導法

影響される．

次に流れ直角方向については，図 1.9 から以下のように与えられるが，これはあくまでも $\dot{y}$ が V に比べて小さいことと，線形化されている場合に限る．

$$c_w = C_D \frac{\rho}{2} DL\sqrt{(V^2 + \dot{y}^2)} \tag{26}$$

そして，流れ直角方向振動について，

$$C_{\text{dac}} = \frac{1}{2} C_D \tag{27}$$

1.4 の式 (19) の $\rho v_x'$, $\partial v_x'/\partial x$, … 項が流体減衰となることと，また抗力と揚力が減衰に変換される事実を記述してきた．さらに，高い S 値の時には一定減衰係数になることが示されているが，この係数は，低い S 値の時には異なるものとなる．

［要約］　低い S 値の時，流れ直交の減衰は，接近流の大きさと方向についての準静的変化の流れパターンから誘導されるし，高い S 値での流れパターンは，定常流れと静止流体中での付加質量流れとの組合せとなる．

1.4.4 で既に記述したように，図 1.10 は，c_w に与える発散波 (低い $\varDelta = \omega^2 h/g$ 値の時) の影響と，付加質量 m_w の減少の影響を示す．これらの結果は，静止壁面に近接して振動するゲートについての二次元計算によって得られる．$h/\delta = 1$ についての結果は，鉛直方向に振動する壁面のものである．

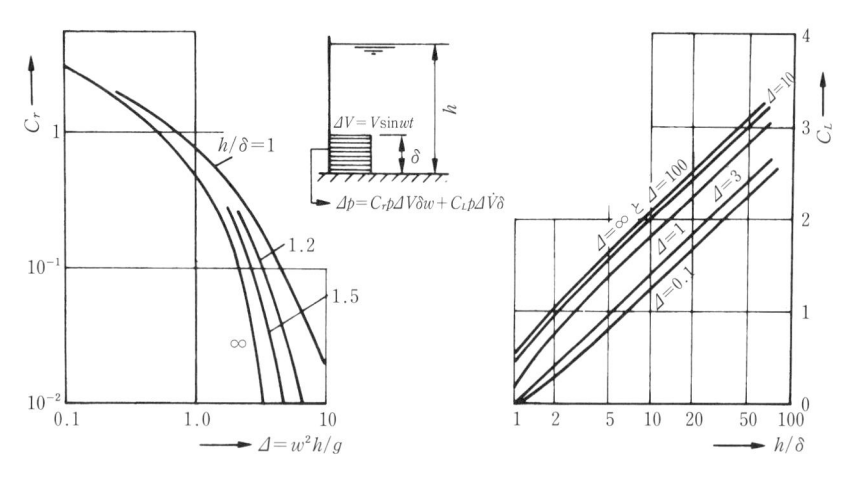

図 1.10　振動するゲートの同位相圧力と逆位相圧力の二次元解析結果 [25]

ゲート面回りの平均圧力は，以下のような単位長さ当りの付加質量 m_w に対して同位相として示される．

$$m_w = C_L \rho \delta^2 \tag{28}$$

以下のような減衰 c_w に対しては，逆位相となる．

$$c_w = C_r \rho \omega^2 \delta^2 \tag{29}$$

高い振動数(あるいは $\varDelta = \omega^2 h/g$ 値)について C_r は，急激に減少するが，m_w は，$\varDelta$ に対して無関係である．

1.4に記述したように，振動数の関数となる m_w および c_w の傾向は，構造物が三次元の場合は異なったものとなる．図1.7には球に関する発散波の減衰を示す．

1.7 負の付加減衰 $-c_w$ あるいは自励系

自励振動は，それ自体標準的に明白であって，フラッターとギャロッピングの2つのものがある．フラッターは，相対的に薄い断面で低い捩れ剛性を有するものに主として発生する〔航空機の翼，橋梁の桁や，例えばベニス風のブラインド(すだれ)〕．この振動は，曲げと捩り振動の組合せとして発現する．

ギャロッピング(詳しくは失速フラッターに関連するが)は，低い振動数で大振幅の振動となる1自由度系であって，一般に流れ直角方向の曲げ振動である．自励振動の他の形式としては，ゲート振動で見受けられ，2章で広範囲に取り上げられている．

流れによって生ずる正あるいは負の減衰が存在するかどうかの解析では，揚力あるいは抗力係数が定常流れの実験から導かれる(図1.8，1.9に正の減衰の例が示されている)が，この状態は低い振動数に対応する．正確な解析では，換算振動数の影響を含むものとして取り扱われている(ストローハル数が構造物の振動数に関連している)．解析では，振動の初期において動的安定性が検討され，微小振動に限定するとNavier-Stokesの線形化を考慮したことになり，〔1.4の式(19)参照〕重ね合せの原理が応用できる．

1.7.1 フラッター解析

フラッター振動は，水理構造物に関連付けて記述されることは珍しい．フラッター解析の理論のみをここに記述する．広範囲な取扱いは，例えば文献 [17] の空力弾性のハンドブックに示されている．

一般に取り扱われる解析では，捩りと流れ直角方向振動が組み合わさったもので，揚力 L，揚力によって誘起されるモーメント M が考慮されているが，抗力は省略されている．簡易的な手順は，定常振動から始められる (記号の説明は図 1.11 を参照)．

$$\text{上下方向：} y = \hat{y}e^{i\omega t} \qquad \text{回転方向：} \Phi' = \hat{\Phi}e^{i(\omega t + \theta)} \qquad (30)$$

これらモーメントのおのおのは，$\hat{y}$ と Φ の線形的な力となり (同位相か逆位相の力)，換算振動数 S^* の関数として示される．

S の影響としては，式 (19) で異なる項の比に関係付けられている．振動実験では全連成力がきくが，Theodorsen [50] の初期の論文では，航空機翼についてポテンシャル理論を適用して解析している．

2 自由度系についての完全な形での方程式は，

$$m\ddot{y} + c\dot{y} + ky = L_y y + L_{\dot{y}}\dot{y} + L_{\ddot{y}}\ddot{y} + L_\Phi \Phi + L_{\dot{\Phi}}\dot{\Phi} + L_{\ddot{\Phi}}\ddot{\Phi} \qquad (31_a)$$

$$m_P\ddot{\Phi} + c_P\dot{\Phi} + k_P\Phi = M_P\Phi + M_{\dot{\Phi}}\dot{\Phi} + M_{\ddot{\Phi}}\ddot{\Phi} + M_y y + M_{\dot{y}}\dot{y} + M_{\ddot{y}}\ddot{y} \qquad (31_b)$$

全係数と質量が既知の場合，$(\hat{\Phi}/\hat{y})$，θ および ω の関数としての必要な c, c_P, k および k_P の数値を系統的に算出できる．c と c_P の値は，振動を抑えるに必要な最小の減衰として示される．

自励系のメカニズムは，連成によって生ずる [式 (31_a) および式 (31_b) の最後の 3 項]．例えば，$\omega = 0$ となれば，1.5 で記述したように発散

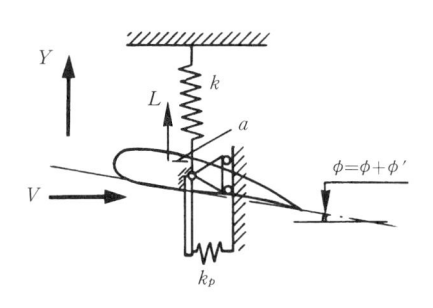

図 1.11 フラッター解析に関する図解．k：剛性 (付加)，k_p：極剛性，m：質量，I_p：極慣性，L：揚力，V：流速，ϕ：翼角度，$M = aL$：力モーメント

---

* ここで，S は，正確なストローハル数ではなく，流れ強制力の非連成項としての周期成分に関係するものである．

振動となる．

橋梁の桁についてみると，断面形の変更によってフラッターを阻止することができるし，桁の捩れ剛性を増加させることによっても可能となる．

1.7.2 ギャロッピング

流れ直角方向の振動に対する計算手順は，図1.9の場合と同様，流体力学的な減衰に対するものと同じである．図1.12に振動速度 $\dot{y}, V_0$ を相対速度 V に変換したものを示し，迎角と振幅は，以下の関係式で示される．

$$\varDelta V = \dot{y} \sin \alpha \tag{32}$$

$$\varDelta \alpha = -\frac{\dot{y} \cos \alpha}{V} \tag{33}$$

迎角 α で流れに伴う定常流れ条件は，

$$F_y = L \cos \alpha + D \sin \alpha = \frac{1}{2} \rho V^2 LD (C_L \cos \alpha + C_D \sin \alpha)$$

$$= C_{F_y} \frac{1}{2} \rho V^2 LD \tag{34}$$

線形表示を適用しての振動速度 $\dot{y}$ に誘起される外力 $\varDelta F_y$ を計算してみる．

$$\varDelta F_y = \left(\frac{\partial F_y}{\partial \alpha}\right) \varDelta \alpha + \left(\frac{\partial F_y}{\partial V}\right) \varDelta V \tag{35}$$

振動が流れ直角方向であるとすれば，$\varDelta \alpha$ は，$\dot{y}/V$ に変換される．式(34)を式(35)に，また $\varDelta \alpha$ と $\varDelta V$ を適用すれば，$\sin \alpha = 0, \cos \alpha = 1$ を与える新しい式が導入される．結果的に，

$$\varDelta F_y = \frac{1}{2} \rho LDV_0 \dot{y} \left(-\frac{\partial C_L}{\partial \alpha} - C_D\right) \tag{36}$$

$\varDelta F_y$ が $\dot{y}$ と同位相の時，流体は，構造系へエネルギー変換されるので，系は，以下の条件の時に動的に不安定となる．

$$\frac{\partial C_L}{\partial \alpha} + C_D < 0 \tag{37}$$

式(37)は，Den Hartog [21] の関係式としてよく知られており，

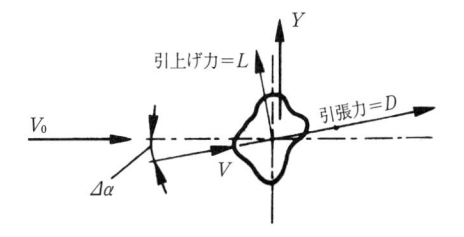

図1.12 ギャロッピング解析に関する図解

$(\partial C_L/\partial\alpha)+C_D$ は，$\partial F_{Fy}/\partial(\dot{y}/V)$ とも示される．この解析は，他の振動方向についても適用できる．Blevins は，異なる断面についての $\partial F_{Fy}/\partial(\dot{y}/V)$ 値を示しているし [6]，自励振動が発現しやすい断面形の例として図 1.13 に矩形柱を示す．

負の減衰特性は，図 1.8，1.9 に示す．正の減衰を導入したと全く同じ方法で求めることができるし，式 (27) と同様に負の減衰係数 $-C_{dac}$ が定義できる．

$$-C_{dac}=\frac{-C_w}{\rho VLD}=\frac{\Delta F_y}{\rho VLD\dot{y}}=-\frac{\partial C_L}{\partial\alpha}-C_D \tag{38}$$

系の不安定は，機械的減衰に左右されるが，$(c+c_w)<0$ の時に振動は急速に大きくなる．平衡振幅の解析は，興味あるものである．この解析には $\dot{y}/V$ の高次項や $F_y=f(\dot{y}/V)$ の再展開などが適用される．Novak [34] は，図 1.13 の計測データを適用して矩形柱に関する解析例を示している．

限定振動については，

$$y=\hat{y}\sin\omega t \tag{39}$$

1 周期当りのエネルギー変換式と

$$E=\int_0^T \dot{y}F_y\,\mathrm{d}t \tag{40}$$

同一エネルギーを消散させる機械的減衰 c をもとに計算できる．種々の $\hat{y}$ 値に対して計算されれば，機械的減衰と振幅との関係が見出される．もし，減衰がきわめて小さいとすれば，振幅は増大する．矩形柱についての $c, \hat{y}, \omega$ の関係は，図 1.14 に示される．

自励振動の発生理由は，流れ方向 (物体背後) に対する物体の形状にあって，振動しない状態は流れの再付着のない流れパターンが存在することにある (図 1.13 参照)．迎角が増大すれば，一辺での再付着が発生し，低圧部分が形成され $\dot{y}$ 方向に ΔF_y を誘発する．

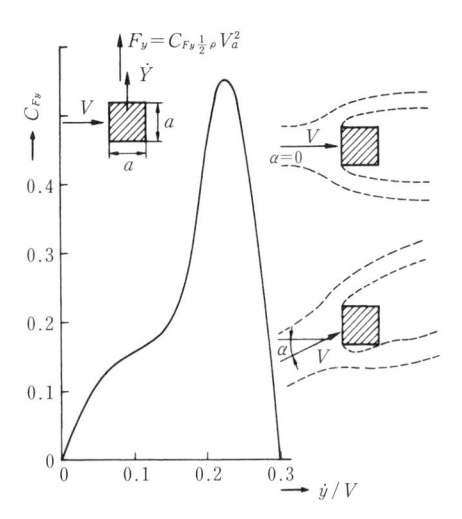

図 1.13　正方柱に関する流れ直角方向力係数 (Novak [34])

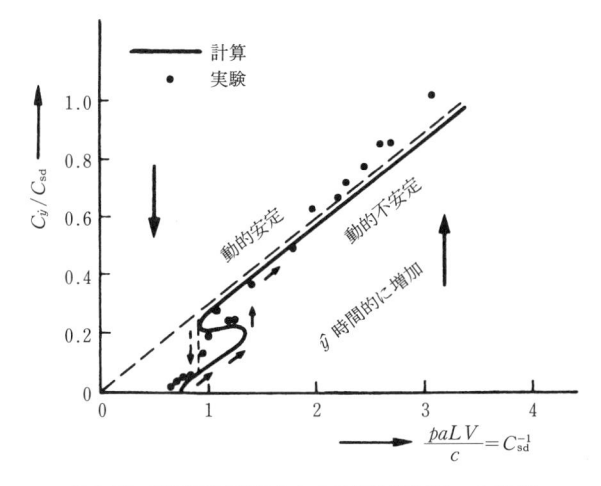

1.7 負の付加減衰 $-c_w$ あるいは自励系

図 1.14 減衰係数の関数としての応答曲線 (Novak [34])

式 (38) の負の流体減衰と同様，図 1.14 に示されている系の機械的減衰 c は，以下のように無次元減衰係数として示される．

$$C_{sd} = \frac{c}{\rho a L V} \tag{41}$$

非線形性を考慮すると，最大速度 $\omega \hat{y}$ は，速度 V との関係で示される．

$$C_{\dot{y}} = \frac{\omega \hat{y}}{V} \tag{42}$$

図 1.14 では，機械的なパラメータは既知 (特に c は重要である)，平衡振動速度 $\omega \hat{y}$ は流速の関数，として読み取れる．瞬時の振動振幅が平衡値よりも小さい時，その振動は発達する (動的不安定)．また，平衡値よりも大きい時は，その振動は減衰する．$\omega \hat{y}$ の2つの平衡値が存在する時，$\dot{y}/V$ の増加につれて図 1.13 の関係は，$\sigma(-C_{Fy})/\partial(\dot{y}/V)$ の急勾配を与える．矢印 ($\rightarrow$) は，速度の増加が $\omega \hat{y}$ の増加にどのように関連しているのか，点線矢印は，速度の減少の時に $\omega \hat{y}$ がどのように減少するかを示している．ヒステリシスがあり，実験的には示されていないが，この範囲で広くばらついている．実験は，空気中で実施されているが，水中でも同じような結果が得られているが，振動数は，水の影響によって低くなる．実用的には，C_{Fy} は，定常流れの S 値の場合に適用ができる．

同様な解析がギャロッピングのみでなく水中における円柱の流れ直角方向振動

についても考えられ，Sarpkaya [45] が示している．彼は，C_L および付加質量係数 c_m について定常的な流れを用いていないが，初期には振動に対する同位相あるいは逆位相の力（付加質量と付加減衰項）を換算振動数 S の関数としての力を見出すために振動する円柱を用いた実験を実施している（**図 1.24～1.27** 参照）．

1.7.3　ゲート振動に類似の振動

2 章で，ゲート開度変化に関連して自励振動の発生メカニズムについての記述がなされており，振動速度 $\dot{y}$ に比例してゲート回りの圧力水頭が生じることが示されている．同様のメカニズムとして，流れ直交条件下で，底部からわずか離れたところに置かれたパイプについての現象がある．もし，パイプが鉛直方向に振動する場合，パイプ下部での流量 Q が振動変位 y と同位相で変化すれば，$\partial Q/\partial t$ は $\dot{y}$ によって変わり，流体の慣性によって上，下流側の圧力が $-\partial Q/\partial t$ に比例して上昇する．その結果，パイプの下方に作用する負圧は $-\dot{y}$ と同位相となり，負の流体力学的な減衰の発生となる．

1.8　強制外力

1.8.1　非連成力

薄肉断面形では，動的揚力（流れ直角方向）と抗力（流れ方向）が一位的に影響するのは，後流場での現象である．後流場では，物体から離れた位置での交互に回転する渦パターンで安定化する（カルマン渦）．流体回転の総量について見ると，急には変化しないことから，物体回りから埋合せの逆方向回転の渦が形成されてバランスする．この回転が周期的な揚力（初期流速と回転流とが同方向に作用する例に，低圧域となる一種のマグナス効果）を誘起させる．最も強力な揚力は，埋合せの回転が妨害されない円柱で生じる．

安定な渦列は，渦間隔と後流幅間との関係が一定となる時に形成され，この流

1.8 強制外力

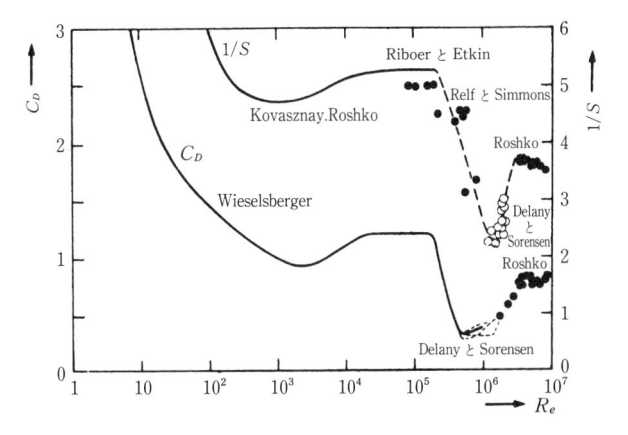

図 1.15　レイノルズ数の関数としての C_D と S（Bishop ら [5]）

れ場では定常的な抗力と揚力に関連するストローハル数との相関もある．図 1.15 に円柱についてのレイノルズ数の関数として C_D と S との関係が図示されている．高レイノルズ数についての最近の実験が文献 [23] と [1] に示されており，S と C_D の値に差異が認められるが，相関関係は図 1.15 と同じである．

S と C_D は，レイノルズ数の関数であるが，これは流れの剝離点が不安定でわずかな影響（境界層の発達，表面粗度や初期流れの乱れなど）にも左右される丸味を帯びた縁を有する形状についてのみである．図 1.16 には形鋼についての概略の S 値を示しているが，原論文には他の形状についても記述されている．Delany [8] らは，レイノルズ数に左右される丸味を帯びた縁を有する多くの形状についての S 値を与えている．

動的揚力あるいは抗力係数については，適用できるデータはそう多くはないが，円柱については例外である．一般に強制力は，特別な分布形を有し，既に記述してきた S 値はエネルギーが最大となる点でのものである〔式(13)で示されたように

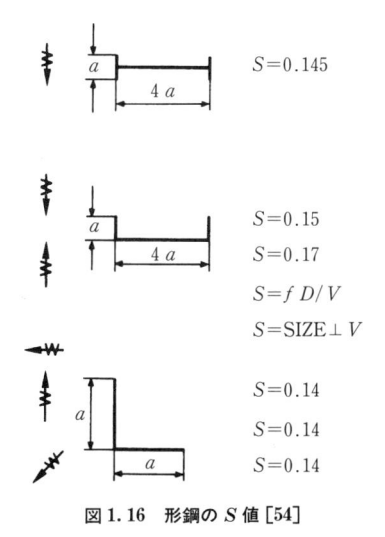

$S=0.145$
$S=0.15$
$S=0.17$
$S=fD/V$
$S=\text{SIZE}\perp V$
$S=0.14$
$S=0.14$
$S=0.14$

図 1.16　形鋼の S 値 [54]

$S_n\phi(S_n)$ が最大値を有する域が妥当である〕．しかしながら $R_e < 10^5$ 域での円柱についての強制力スペクトルの帯域幅は，狭く，強制力は，ほとんど周期的である．

流れ方向に対して対称な物体では，倍振動数を有する動的な流れ方向力が存在している（しばしば微小振幅域での現象である）．

これに対する説明として，任意の動きに対するモーメントについての流れパターンを考えてみる．半周期後に流れパターンの鏡像を仮定すると，流れ方向に対する力が発生する．この説明は，Wootton が円柱についての現象に関連して最近発見した新しい事柄である [59,60]．

強制力についての他の事例は，平板の後縁渦，翼型 [12] やせん断層の不安定 [40] によるものである．せん断層は，死水域と流れ域に分離される流れ場に形成される．ここでは，高いせん断力と渦とが形成される．せん断層が制限される時（流れの再付着による），渦はロックインされ，S 値に支配された周期的な圧力が強くなる．

1.8.2 自己制御系

この現象は，強制力が振動自体に増幅されたもので物体の振動に制御されるか，あるいは自己制御された振動系と呼ばれている．本項では自己制御系の事例の 2~3 を示す．共振振動数では，初期に有効なエネルギーが集中する自己制御系であるため強制力は制限を受ける．実用的には，自励系と自己制御系の明確な定義差を与えることは困難である．

流れに伴う強制力に微小撹乱が影響を及ぼす特別な条件下（丸味を帯びた物体）では，物体の振動振幅が微小であっても，① 渦列の長手方向に同調する（図 1.17 参照），または，② 共振振動数域では強制力エネルギーの集中化などに影響を与える．集中化は図 1.18 に示されていて，小さい減衰（γ 値）を伴う実験では，大きな振幅値を与えるとともに広範囲のストローハル数（$S^{-1} = V/fD$）に及んでいるが，強制力は，共振振動数域に集中する．

図 1.19 は，強制力が振動にどのように影響を及ぼしているかについて他の事例を示したものである（図 1.19 に示されている曲線間での大きな相異は，実験時のレイノルズ数の違いとして説明されている）．

これらのデータから与えられた機械系について，機械的減衰（$c\omega\dot{y}$）が強制力

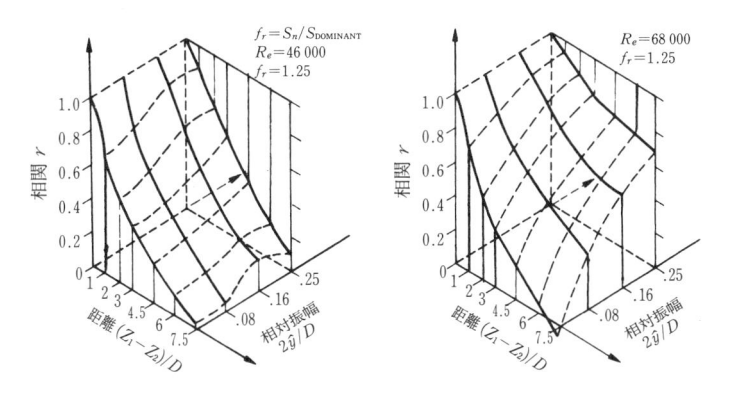

図1.17 流れ直角方向に振動する円柱長さに関する相関係数 (Toebes [51])

振幅 $C_L'(\rho/2)V^2DL$ に等しいと仮定すれば，平衡振幅(共振点)を計算することが可能である．$\gamma = c/(2m\omega_n)$〔式(3)において水中にある構造物では，m の代わりに $m+m_w$ が適用され，潜り条件での固有振動数となる〕を導入すれば，図1.20に示されるような関数になる．

図1.20は，図1.17に対する相関係数の修正を示したものである(この図では，なぜ非常に長い物体系では振動が減少するかを示している)．一方，1.3で記述した連続弾性体についての計算法にも適用される．短い長さを有する片持梁か結果的に小さい振幅となるのは[57]，自由端を有することによる(これは異なる S 値，相関性のないこと，流れによる減衰などによる)．

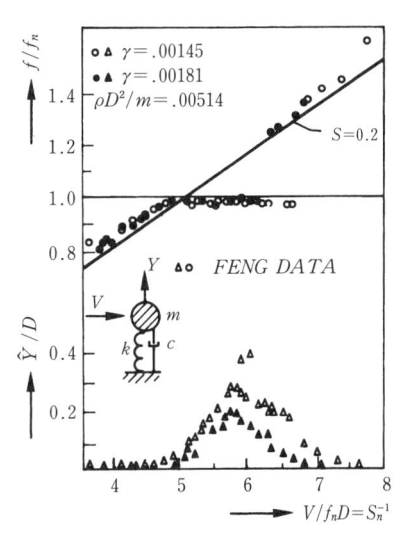

図1.18 $S_n = f_n D/V$ に対する円柱の振動振幅と振動数 (Blevins [6])

付加質量の導入を考えるとすれば，円柱についての m_w，または，その比(同位相力)/$\ddot{y}$ は，特に限界 $S=0.2$ 近傍の S 値に影響(m_w が存在していない状態でも)されることをSarpkaya [45]が究明していることを既に記述してきた．

通常，共振が生じていないような対応がなされるかもしれないが，非常に長い

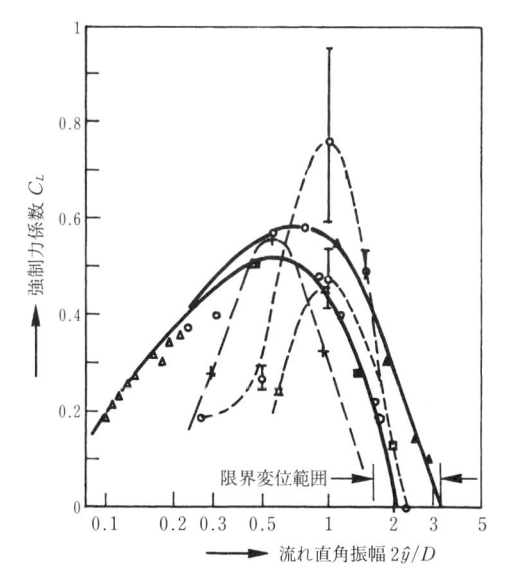

図 1.19 振幅に対する動的揚力係数（Griffin [19]）

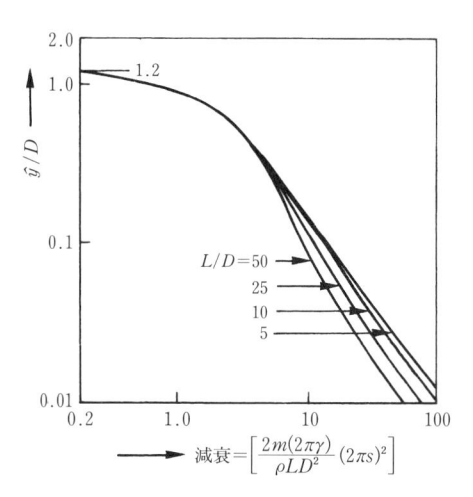

図 1.20 機械的減衰（正弦振動）に対する振幅
（Blevins [6]）

減衰 $=\left[\dfrac{2m(2\pi\gamma)}{\rho LD^2}(2\pi S)^2\right]$

梁（ライザー管：鉛直管）では，高次モードが干渉し合うため大きな振幅となる．これに関して**図 1.19, 図 1.20** に示されているデータはきわめて適切なものである．

自己制御系の振動についての他事例については，円柱での同位相振動時は，渦にロックインすることによって誘起されるものである．S_n 値が 0.5 以上の時に振動が発生するのは，回転が逆方向である一対の渦の流出に伴って周期的な成分の渦が流出され渦特性が変化するためとしている（Wootton [60] および次の①，② 参照）．

ロックイン現象は，ここに示す 2 つの条件を満たしている．
① 支配的な強制力の振動数 f は，固有振動数 f_n に一致する．
② $f=f_n$ となる共振振幅は，限界値以上となる．すなわち，$\hat{y}_{\max}>a_{cr}D$（D：円柱の径）．

King と Prosser [24] によれば，これと異なった説明をしている．すなわち，円柱の同位相振動を阻止する 2 つの条件式を誘導している．

$$S_n=\dfrac{f_nD}{V} \text{ がある値（約 0.55）以下にはならない} \tag{43}$$

1.8 強制外力

または，この条件が不可能であれば，

$$\frac{2(m+m_w)\delta}{\rho D^2 L} \text{ が } 1.2 \text{ 以下とはならない} \tag{44}$$

ここに，$\delta = 2\pi\gamma$ で，対数減衰率．

第二のパラメータは，以下のことから理解できる．周期的な強制力の振幅が $C_D'(\rho/2)V^2 DL$ に等しい時，共振条件下でこの力は，機械的減衰力 $\omega \hat{y} c$ によって平衡点となる．相対的な振動振幅が限界値以下，あるいは $\hat{y} \ll \alpha_{cr} D$ となるため，安定化パラメータは，以下の式となる．

$$\frac{\omega Dc}{C_D' \dfrac{\rho}{2} V^2 DL} > \frac{1}{\alpha_{cr}} \tag{45}$$

$$f_n = \frac{\omega_n}{2\pi}, \; \delta = 2\pi\gamma, \; \gamma = \frac{c}{2(m+m_w)\omega_n} \text{〔式(3)参照〕}$$

とすれば，式(45)は以下のように与えられる．

$$\left(\frac{f_n D}{V}\right)^2 \frac{(m+m_w)}{\rho D^2 L} \delta_s > \frac{C_D'}{8\pi\alpha_{crit}} \tag{46}$$

C_D と $S_n = (f_n D)/V$ が共振点で限界条件を与えるので，一定値と置くことができる．式(46)を S_n^2 の一定値で除すと，また一定となり，式(44)の表示式が得られる．

King と Prosser は，静止流体中で自由減衰振動する円柱の対数減衰から減衰 δ を計算している．式(46)から C_D' が危険の存在しない程度小さいとすれば，この条件から式(43)の規準値が得られる．

流れに直交して置かれる管，原子炉および熱交換器内にある管群の設計に際して使用されるもう一つの安定化規準値がある (Paidoussis [37] と Connors [7] 参照)．その基準値とは，

$$\frac{\left(\dfrac{V}{f_n D}\right)}{\sqrt{\dfrac{m\delta_s}{\rho D^2 L}}} < K \tag{47}$$

式(47)は，以下のような概念をベースにしている．他の物体の後流に円柱が置かれると，流れによって誘起される力の大きさと方向は，円柱の相対位置に左右される．今，振動が一方向でなく閉じたループ(円，楕円，8の字)となる時，1周期当りの正味のエネルギー束は，$\alpha(\rho V^2 DL)\hat{y}$ (移動距離を乗じた力に対応)に

なる可能性がある．一方，減衰値 c を有する機械的減衰によるエネルギー消散は，$E_d = \pi c \omega \hat{y}^2$ に等しい．係数 α は，$\hat{y}$ に左右され，微小振幅については，$\hat{y}/D$ に比例し，$\alpha = (\beta \hat{y})/D$ となる．

2つのエネルギーの比 E/E_d が1以下であれば，系は安定であり，次式の関係となる．

$$\frac{\left(\dfrac{\beta \hat{y}}{D}\right)(\rho V^2 DL\hat{y})}{\pi c \omega \hat{y}^2} < 1 \tag{48}$$

減衰について $c = 2m\omega_n\gamma$ 〔式 (3)〕と与えられるか，あるいは，δ_s（添字 s は構造的）と表示される時，$c = (m\omega_n\delta_s)/\pi$，$\omega_n = 2\pi f_n$ とすれば，以下の式が得られる．

$$\left(\frac{V}{f_n D}\right)^2 \frac{\rho L D^2}{m\delta} < \frac{4\pi^2}{\beta} \tag{49}$$

式 (49) の右辺項は，一定であるため，式 (49) は，式 (47) の2乗に等しくなる．以下のような2〜3の指摘事項が示される．

① 特に，円柱が渦列に共振する時に不安定が生じたとしても，係数 β が換算振動数 S_n の関数になることは確かである．渦列の振動数は，振動数に左右されるが（ある領域内で），前以ってエネルギー束が最大値を示す正確な振動数を示すことはできない．

② 円柱の振動が周期的な変化を伴う流れパターンに同期した場合，振動は1方向になるだろう．なぜなら振動が閉じたループとなり，同じ力が干渉し合うことがないため，正味のエネルギー束は保存される．

③ 式 (3)，すなわち $c = 2m\omega_n\gamma$ は，ω_n と m が空中か水中の両方の条件をとる時に意味がある．①は，S_n は水中条件であることがわかるし，式 (49) の S_n^{-2} との組合せが最良である（ただし水中条件である）．また，S_n に新しい関数関係を考慮した①の $\beta = f(S_n)$ は，この場合，以下に示す減衰式を導入することができる．

$$c = 2(m + m_n)\omega_{n,\text{subm}}\gamma \tag{50}$$

④ 式 (48) に式 (50) を代入すると，式 (46) に類似である修正式 (49) が得られる．

Paidoussis [37] は，式 (47) が 0.5 をとるとして 0.3〜0.5 に変化する場合 (S_n^{-1}) の級数で示している．また，Paidoussis は，実験的に式 (47) の K 値について広範囲に求め，K の安全値として 3.3 になることを示している．

1.9 流れによって振動する円柱の追加事項

　本節および **1.10** では，円柱や多くの事例についてのすべてではないが，その成果を示していく予定である．これらの研究成果は，当然，円柱についての広範囲な応用に利用できるようになっているし（複数方向の流れを伴うことを考慮して製造が容易で，しかも高い強度と合理的な形状の採用），もう一方では，特に円柱についての動的強制力はしばしば経験される．

　丸みを帯びた形状での不安定流の剥離は，わずかな変化であっても流れパターンに与える影響はきわめて大きいし，以下に対する事柄に影響する．

① 剥離点上流側での円柱表面における境界層の発達状況（レイノルズ数，表面粗度および流れの初期乱れなどに影響する）．
② 流れ方向および流れ直角方向の円柱の振動挙動．
③ 複数円柱が存在する場合には他の種類の干渉．
④ 左辺項にある m_w および k_w と式 (4) での左右辺項との干渉．
⑤ ①に関するもので，水理模型実験の縮尺影響と実験設備の制限された流れ因子への影響．

上の①～⑤のおのおのについて 2～3 の注意事項が確認できる．

　[①に対する注意事項]　レイノルズ数の影響について，以下のような流れが生ずる（**図 1.21** 参照）．

　　定常的な抗力係数および S 値については，既に **図 1.15** で示してきた．初期乱れや表面粗度の影響としては，境界層がより高いレイノルズ数域のものへと移行する．

　　貝殻で覆われると直径の増加につながるが，種々の粗度についての実験が Sarpkaya [44, 47]，Achenbach [1] ら（高レイノルズ数）によって行われている．

　　特記すべき点は，亜臨界域では渦列の発生に伴う周期的な強制力が存在するが，臨界域から周期性が乱される．高レイノルズ数域では，強制力の特性は，不規則となり広帯域となるが，$R_e > 3.5 \times 10^6$ では，再び規則性が形成される．

R_e 域:

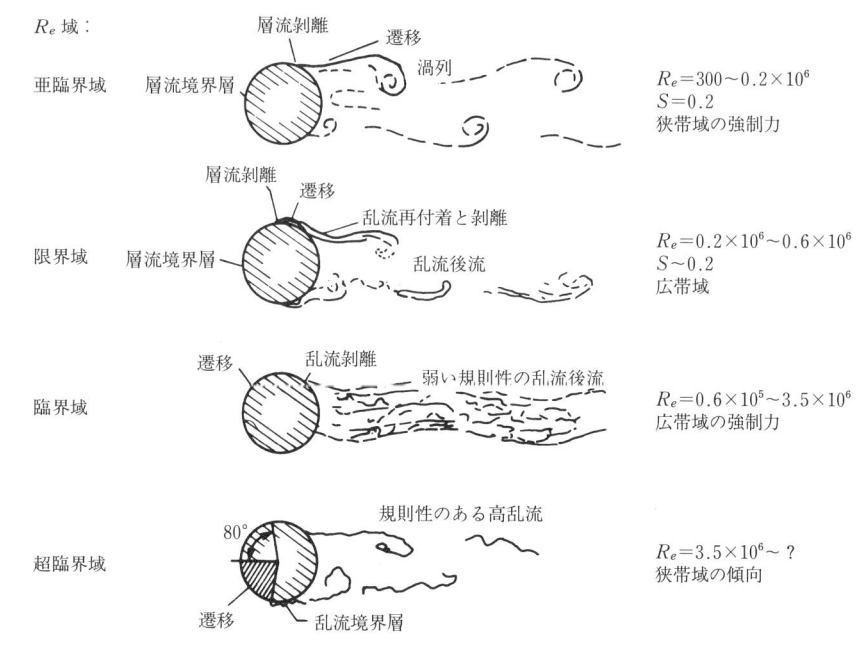

亜臨界域　層流境界層　層流剝離　遷移　渦列
$R_e = 300 \sim 0.2 \times 10^6$
$S = 0.2$
狭帯域の強制力

限界域　層流境界層　層流剝離　遷移　乱流再付着と剝離　乱流後流
$R_e = 0.2 \times 10^6 \sim 0.6 \times 10^6$
$S \sim 0.2$
広帯域

臨界域　遷移　乱流剝離　弱い規則性の乱流後流
$R_e = 0.6 \times 10^5 \sim 3.5 \times 10^6$
広帯域の強制力

超臨界域　80°　規則性のある高乱流　遷移　乱流境界層
$R_e = 3.5 \times 10^6 \sim ?$
狭帯域の傾向

図 1.21 高レイノルズ数での円形断面に沿っての流れパターン（Wootton ら [59] と Morkovin [31]）

図 1.22 に異なるレイノルズ数における流れ直角の強制力の3つのパターンを示している．

かすかな攪乱が流れや強制力の特性に大きな影響を与えること，ちょっとした改善が流れの安定化につながる．

振動を阻止するための改善法の一つに，流れの剝離点の固定化がある．レイノルズ数に対する敏感性を取り除く．長手方向のフィンは，不利である（直径の増加，二次元流れおよび長手方向における強制力との強い相関などに影響する）が，ら旋状のフィンは，有効である．Wootton ら [58] および Blevins [6] は，これと類似した改善法を検討している．

他の改善法は，ケーブルや剛性のある小直径円柱を巻き付けること，あるいは流れ方向に旋回する柔軟な旗を取り付けることである．これらは，渦および1/2渦列の一対となる対称域の形成などを阻止する．これは，小さな渦列の形成となり，強制力の高周波化と弱い動的揚力の発生（対称形であるため $C_L' = 0$ が期待できるが，羽根は動く）と，定常抗力の低減に結び付く

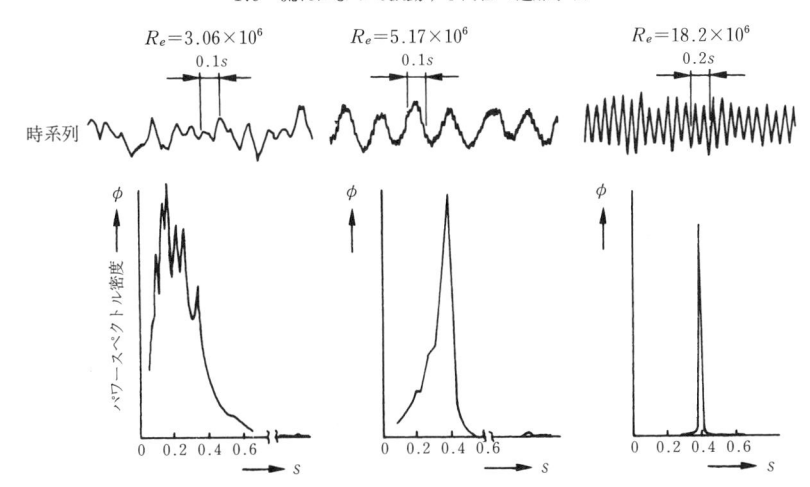

図1.22 種々のレイノルズ数での流れ直角方向の強制力のスペクトル(Jonesら[23])

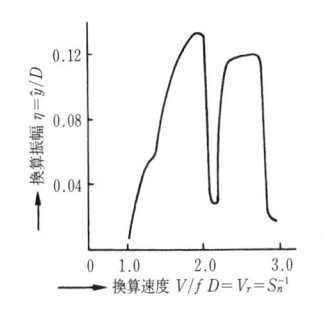

図1.23 流れ方向の振動，潮流中に固定された実機円柱の振幅(Woottonら[60])

(Apelt [2]ら参照).

[②に対する注意事項] 対称な渦列は，結果的に流れ方向力となるが，流れ方向振動が対称な渦列の形成に関係していることを示してみたい．1.8で既に記述したように，2倍の振動数を有する交互の渦列が流れ方向振動を誘発することを述べている．2つの現象は，相対的に高いS値(ただし異なる)となる．低い流速は，構造物の共振振動数での強制力の誘発に関与する．図1.23に実機の単管で実施された実験結果を示している．$V_r=2.5$(または$S=V_r^{-1}=0.4$)では，交互の渦列の2倍の振動数が発生することを示している．同様の図形としてV_r値が9まで広がった場合をWalshe [53]は示しているが，これは流れ直角方向振動のみが含まれる．これと同じケースのものに，高い煙突の縮尺模型による風洞実験を通じて集められたものがある．図1.23では2つのピークを示す結果であるが，Walsheの結果によれば，$V_r=1.5\sim3$の範囲で1つのピークしか発生しなかったと報告している．

円柱が大きな振幅で振動が可能であれば，円柱が振動を起こす広範囲な

S 値 $(0.1\sim 1.0)$ に対しては，流れ直角方向振動および流れ方向振動の両者が生ずる限界 S 値を満たす．高レイノルズ数では，強制力に対する敏感性が弱められるため，一種渦パターンにロックインした振動の形態になる．Hardwick と Wootton [20] らは模型実験 (低いレイノルズ数) においても実物の計測と全く同様な流れ方向振動が発現することを報告している．

流れ直角方向の強制力に与える振動振幅の影響は，既に (亜臨界レイノルズ数域) **1.8** (**図 1.18，1.19**) で記述した．

臨界および超臨界レイノルズ数では，振動振幅は強制力の大きさを増加させる．ただ Fung [18] は，臨界レイノルズ数では影響のないことを見出している (強制力は，不規則な特性を有している)．Fung の研究は，きわめて微小な振幅についてのものである．同じレイノルズ数で Fischer [15] らの実物実験では，再び周期的な強制力が形成されることから，きわめて大きな振幅になることを示している．超臨界レイノルズ数での振動円柱に関する実験は，Jones [23] らを参照されたい．

[③に対する注意事項]　円柱群の干渉は重要であるが，配列への影響が大きい (文献 [6, 7, 38] 参照)．例えば，煙突について，特に，風方向に近接された煙突列について大きい強制力の発生が認められる．Ruscheweyh [43] と Dudgeon [11] は，広範囲な風洞実験を報告している．Ozker と Smith [36] は，実機実験を報告している．

[④に対する注意事項]　強制力，流体力学的な減衰および付加質量間の干渉を研究するために，Sarpkaya は，流れに直交する力の周期的成分が種々の振幅および流速場で計測するための実験を実施している [45]．これらの実験結果は，既に 2～3 回報告書に記述されている．Sarpkaya は，振動と同位相の力 (正規の m_w と k_w の影響が含まれている) および逆位相力 (c_w と強制力を含む) を示している．(**図 1.24，1.25** にこれらの力の無次元表示されたものが図示されている〔$(\rho/2)DV^2L$ で除したもの〕．

付加質量が一般化されているかどうかを検証するために，**図 1.26** に $(\pi/4)\rho D^2 \ddot{y} L$ で除した同位相力を示している．付加質量 (大振幅 $\hat{y}/D=1.03$ から離れている) は，振動数が主渦流出*の速度以上 (または $V_r < 5$) では独立的となるが，V_r 値は影響因子として残る．

---

* 主渦流出の振動数は，$S_n = 0.2$ あるいは $V_r = V/f_n D = 5$ の共振時の $S = 0.2$ であることが示される．

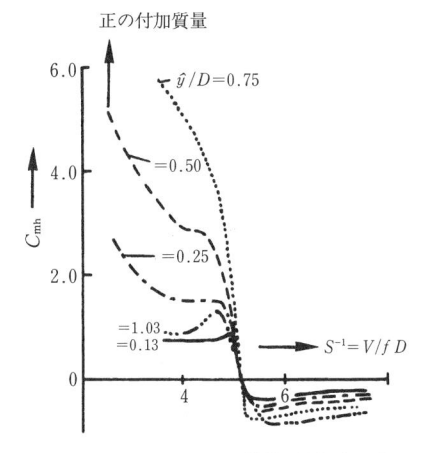

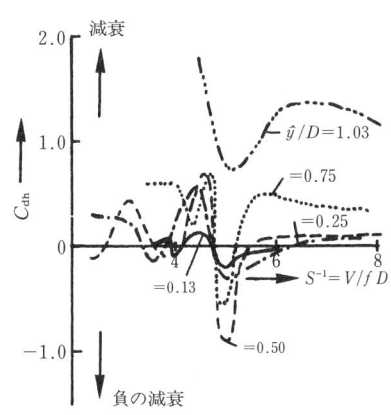

図 1.24　同位相力 $C_{mh}=\hat{F}/\{(\rho/2)(V^2DL)\}$　　図 1.25　逆位相力 $C_{dh}=\hat{F}/\{(\rho/2)(V^2DL)\}$

Lamb [27] の理論値 $m_w=(\pi/4)\rho D^2 L$ は，他方面に応用されているが，V_r は，狭い範囲のものである．Sarpkaya は，他の手法で逆位相力を示している．すなわち，$\hat{F}$ を $(\rho/2)\dot{y}|\dot{y}|DL$ で除した C_D を示している．これは，例えば Morison 式〔式 (22)〕に使用されているし，**図 1.27** に示されている．彼の結果は，もし力 F を $\rho DLV\dot{y}$ で除していれば，ばらつきも少ない．このように流体力学的な減衰（正あるいは負）として逆位相力が考慮されているし，**1.6** にも記述されている．彼は，連成法によって m_w, c_w, k_w および $F(t)$ を論じているが，円柱に関してこれらの係数を適用することは困難を伴う．

Sarpkaya は，最も限界的な V_r についての理論的研究として，振動していない平衡状態にある条件からの振幅の発達についての考察を実験的結果から試みている．これは，機械的減衰の種々の値について試みられている．振幅が一時的にある値を超えるという過渡条件が発現することを示している．流れ方向に円柱が振動する同様な実験が Verley [52] らによって示されている．

[⑤に対する注意事項]　円柱構造物の縮尺模型は，設計に有用であるが，流れ領域のレイノルズ数に強く影響を受ける．高レイノルズ数域での静的および振動する円柱に関する動的力の計測例については，Jones [23] らが示

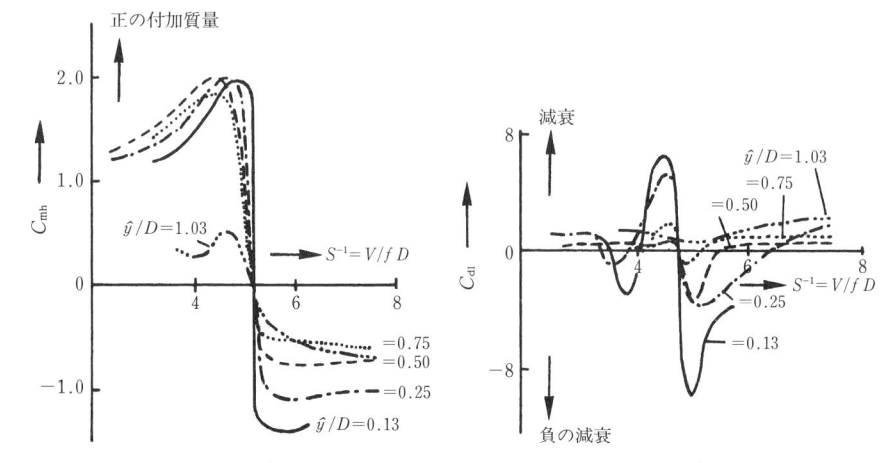

図 1.26 同位相力 $C_{ml} = \hat{F}/\{(\pi/4)(D^2L\ddot{y})\}$

図 1.27 逆位相力 $C_{dl} = \hat{F}/\{(\rho/2)\dot{y}|\dot{y}|DL\}$

している．縮尺模型の他の限界は，組合せ流れ条件や小さな模型断面形状などとなる (Richter [39] ら参照)．これらは，構造系から発生する問題で端部影響および円柱全長にわたる強制力の相関の再現性を困難にしている．したがって，Wootton [60] らについて既に記述したように実機から得られるデータはきわめて有用である．文献 [42] に多くの経験や文献が示されている．実機での流れパターンが系統的な水理模型実験条件よりも単純なものでないことがわかるし (流れ分布が構造物の長さ方向に大きさ・方向とも異なる．すなわち，初期乱れ，非定常な流れ条件など)，また実機測定から得られる関連データを入手することは通常困難を伴う．

1.10 流れの不安定性の他の要因

流れの不安定性は，構造物に作用する動的荷重に対して予想以上に影響する重要なものである．構造物の振動で述べてきたと同様に，機械系や固有振動数に共鳴する流れ系 (定在波，連絡船など) も振動する．さらに，構造物に作用する動的流体力は，流体上にある物体を振動させることによって発生する動的な強制力に対応する．

それ故に，成分の一つに流れの不安定性条件があれば，全流れ系が流体振動の共鳴要素になることがある．

1.10.1 自励系

機械構造物の振動として，流れによって生ずる力の安定化へのフィードバックを弱めることは，流体振動としての自励系を誘発する．再び，この現象は，指数的な振幅の発達や非線形成分の干渉のレベルまで高める．

デルフト工科大学が最近実施した研究例として，スルースゲート模型における自由表面流れの変動現象がある(図1.28)．例えば，スルースゲート6門が開放され，他の開口(4門)はゲートで閉されている場合(特に，それぞれ開放部の外側)，スルースゲート前面に波動が発生し，閉されたゲート近傍で重複波が生じ，波高が実機で$H=2\hat{y}=2m$となった．ゲート前面の波動は，主流が側面で剥離するので流れの干渉が発生して水位変動をもたらす原因となっている．

流れの再付着点の不安定性は，自励的な流体振動を誘起させる．この現象は，流れが加速される点では収縮係数の減少を伴うが，流れが減速される場合は逆に増加することになる．この理由は，付加質量の計算について1.4に示されているし，式(19)の$\rho(\partial v'/\partial t)$が重要であって，流れパターンはポテンシャル流れに

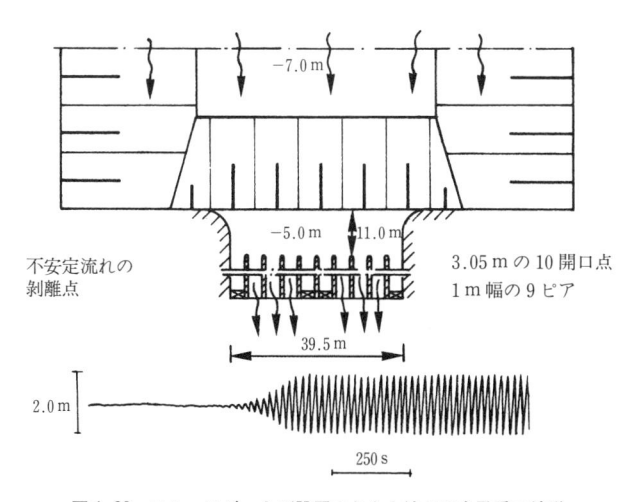

図1.28 スルースゲートが設置された上池での自励系の波動

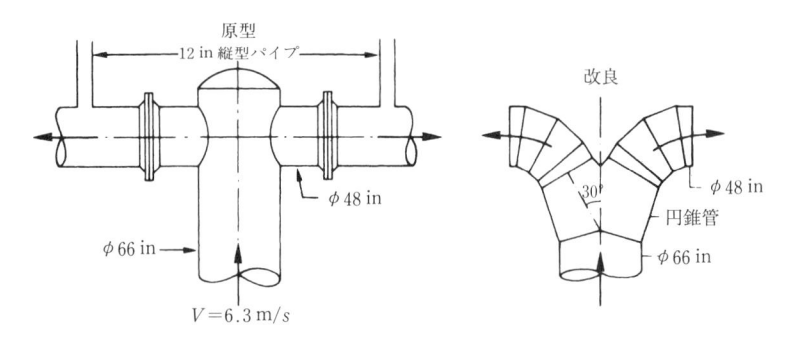

図1.29 原形および改良されたT分岐(Bakesら[3])

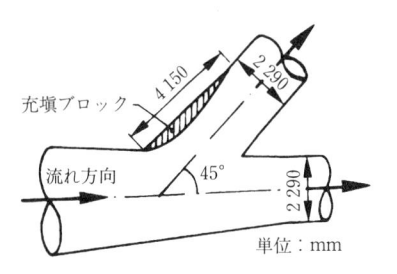

図1.30 改良されたY分岐(Falvey[13])

よって求められる.

図1.29の基本的条件は，パルス流れが下流のバタフライバルブの振動を誘発する．この現象は，同一断面形の緩い曲管の適用によって取り除くことが可能である．

図1.30に示される発電プラントの管路系の二又分岐管において，流れの再付着をなくす改善によって流体振動の発生を阻止できる．

不安定流れの評価として，水位差が増加する場合，管路内で流量が減少するような成分が存在すれば，不安定が発生するという一般化が可能となる.

2.2において湯槽のプラグあるいは短管でのゲートについて説明されている. StreeterとWylie[49]は，水圧鉄管などの圧縮性の定在波に流れの不安定を予想する表示法を使用することを提案している．この表示法は，バルブのみならずポンプや水車に対して，$H-Q$特性で$\partial Q/\partial H > 0$となる領域として示される．この領域には$\partial Q/\partial H = 0$が含まれるので，運転条件は，不安定とみなされる. Fanelli[14]は，管路系でのポンプの不安定性として記述している．また，水車での吸水管(ドラフトチューブ)のサージ現象も同じメカニズムであると報告している(Falvey[13]参照).

同じような表示法が自由表面流れにも応用できる．上昇するゲートがちょうど水面に接触する際，上流水位が上昇すれば，流れの収縮は，小さくなる方向となる．この場合，上流側水域に定在波の発生が認められる(Binnie[4]とKolkman [26] 参照). 堰上にある種々のゲート開度での上流水位の振動がこれと同じメカニズムのもとに発生する.

1.10.2 強制力および自己制御系

流体が周期的に振られるか, または流体槽の共振振動数の近傍で振られる場合には流体系の共鳴が生ずる. 例えば, 静止状態にある円柱が流体によって周期的に振られる場合は, 逆に円柱は周期的に流体を振ることになる. これと同じ現象が橋脚によって生ずる河川での波があり, その振動は, 水路断面での定在波の周期の一つとして発生する. 他の事例の現象については, Rohde [41] らによって記述されている.

流体の周期的な強制についての重要な現象は, 流れの剥離後のせん断層の不安定性にある. このせん断層は, 通過する流れと強い速度勾配を伴う渦間の領域にある. 特に, せん断層がある限界長さにある時 (流れの再付着のため), 圧力の変動は強まり, 周期的な振動流となる. この領域の長さ L (剥離点と再付着間; 図 1.31 に種々の形状と状態に対する定義が示されている), 流速 V, 振動数 f を伴う周期的な流れは, ストローハル数 $S=(fL)/V$ で示される. 数多くの形状に対する実験結果の概要が Rockwell と Naudascher [40] によって報告されている.

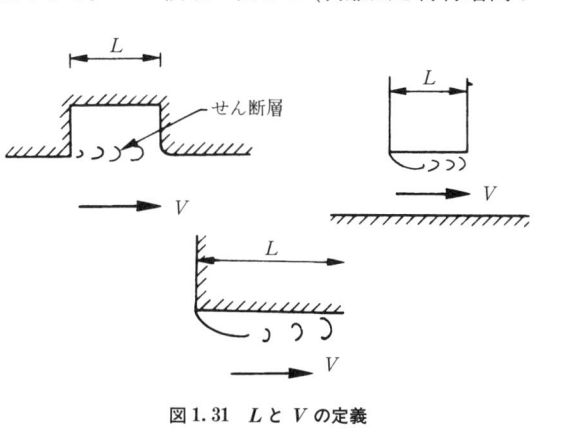

図 1.31　L と V の定義

文　献

1. ACHENBACH, E. and HEINECKE, E. On vortex shedding from smooth and rough cylinders in the range of Reynolds numbers 6×10^3 to 5×10^6, *J. Fluid Mech.*, **109** (1981), 239–51.
2. APELT, C. J., WEST, C. S. and SZEWCZYK, A. A. The effect of water splitter plates on the flow past a circular cylinder in the range $10^4 < R < 5 \times 10^4$, *J. Fluid Mech.*, **61** (1973), 187–98; **71** (1975), 145–60.
3. BAKES, F. and GOODWIN, P. Mc. Flow induced vibrations in circulating water system, *Proc. ASCE*, **HY8** (Aug. 1980), paper 1394.
4. BINNIE, A. M. Unstable flow under a sluice gate, *Proc. Roy. Soc., London*, **367** (1730) (1979).
5. BISHOP, R. E. D. and HASSAN, A. Y. The lift and drag forces on a circular cylinder oscillating in flowing fluid, *Proc. Roy. Soc., London*, **277** (1368) (1964).
6. BLEVINS, R. D. *Flow-Induced Vibration*, Van Nostrand Reinhold Co., New York, 1977.
7. CONNORS, H. J. Fluidelastic vibration of tube arrays excited by cross flow, *Proc. ASME Symp. Winter Annual Meeting*, December 1970, 42–56.
8. DELANY, N. K. and SORENSEN, N. E. *Low speed drag of cylinders of various shapes*, NACA Tech. Note 3038, November 1953.
9. Delft Hydr. Lab. *Golf- en Stroomkrachten op Slanke Cylinders*, Report R1155, 1977.
10. DERUNZ, J. A. and GEERS, T. L. Added mass computation by the boundary integral method, *Int. J. Numerical Methods Eng.*, **12** (1978), 531–49.
11. DUDGEON, C. R. *Wind-induced oscillations of power station stacks*, Report 46, Water Res. Lab., Univ. New South Wales, 1962.
12. EAGLESON, P. and DAILY, J. W. The effect of boundary layer thickness and vibrational amplitude on the Strouhal number for plates, *IAHR Congress*, London 1963, paper 3–10.
13. FALVEY, T. Bureau of Reclamation experience with flow-induced vibrations. In: *Practical Experiences with Flow-Induced Vibrations IAHR/IUTAM Symp.*, Karlsruhe, 1978, E. Naudascher and D. Rockwell, Eds., Springer Verlag, Berlin, 1980.
14. FANELLI, M. A. Theoretical treatment of a spontaneous instability of a system of pump, valve and conduit, *8th IAHR Symp., Sect. Hydr. Mach. Equipm. and Cavitation*, Leningrad, 1976, paper IV-4.
15. FISCHER, F. J., JONES, W. T. and KING, R. Current induced oscillations of cognac piles during installation—prediction and measurement. In: *Practical Experiences with Flow-Induced Vibrations IAHR/IUTAM Symp.*, Karlsruhe, 1978, E. Naudascher and D. Rockwell, Eds., Springer Verlag, Berlin, 1980.
16. FONTIJN, H. L. *The berthing ship problem: forces on berthing structures from moving ships*, Rep. 78-2, Lab. of Fluid Mech., Delft Univ. of Technology, Dept. Civ. Eng., 1978.
17. FORSCHING, H. W. *Grundlagen der Aeroelastik*, Springer Verlag, Berlin 1974.
18. FUNG, Y. C. Fluctuating lift and drag on a cylinder in flow at supercritical Reynolds numbers, *IAS 28th Annual Meeting*, N.Y., Jan., 1960, Inst. of

Aerospace Sciences, Paper 60–6.
19. GRIFFIN, O. M. *OTEC cold water pipe design for problems caused by vortex-excited oscillations*, Ref. 4157, Naval Research Lab., Washington D.C., 1980.
20. HARDWICK, J. D. and WOOTTON, L. R. The use of model and full-scale investigations on marine structures, *Int. Symp. on Vibr. Problems in Industry*, Keswick (U.K.), 1973, paper 127.
21. DEN HARTOG, J. P. *Mechanical Vibrations*, McGraw-Hill Book Co., New York, 1956.
22. HOOFT, J. P. Hydrodynamic aspects of semi-submersible platforms, Thesis, Delft Univ. of Technology, Dept. Naval Arch., 1972.
23. JONES, G. W., CINCOTTA, J. J. and WALKER, W. *Aerodynamic forces on a stationary and oscillating circular cylinder at high Reynolds numbers*, NASA Report TR-300, Febr., 1969.
24. KING, R. and PROSSER, M. J. Criteria for flow-induced oscillations of a cantilevered cylinder in water. In: *Flow-Induced Structural Vibrations, IAHR/IUTAM Symp., Karlsruhe, 1972*, E. Naudascher, Ed., Springer-Verlag, Berlin, 1974.
25. KOLKMAN, P. A. Flow-induced gate vibrations, Thesis, Delft Univ. of Technol., 1976; Publ. 164, Delft Hydr. Lab.
26. KOLKMAN, P. A. Development of vibration-free gate design. In: *Practical Experiences with Flow-Induced Vibrations, IAHR/IUTAM Symp., Karlsruhe*, 1978, Springer Verlag, Berlin.
27. LAMB, H. *Hydrodynamics*, 6th ed., Cambridge Univ. Press, Cambridge, 1932.
28. MEI, C. C. Numerical methods in water-wave diffraction and radiation, *Ann. Rev. Fluid Mech.* (1978.10), 393–416.
29. MEYERS, P. *Numerical hull vibration analysis of a far-east container ship*, Report 195 S, Netherlands Ship Research Centre, TNO, 1974.
30. MORISON, J. R., O'BRIEN, M. P., JOHNSON, J. W. and SCHAAF, S. A. The force exerted by surface waves on piles, *Petroleum Transactions AIME*, **189** (1950), 149.
31. MORKOVIN, M. V. Flow around circular cylinder—a kaleidoscope of challenging fluid phenomena, *Symp. on Fully Separated Flow, Proc. of Eng. Div. Conference ASME, Philadelphia, May, 1964*, A. G. Hansen, Ed., New York, 1964.
32. NAUDASCHER, E. (Ed.) *Flow-Induced Structural Vibrations, IAHR/IUTAM Symp., Karlsruhe*, 1972, Springer Verlag, Berlin, 1974.
33. NAUDASCHER, E. and ROCKWELL, D. (Eds.) *Practical Experiences with Flow-Induced Vibrations, IAHR/IUTAM Symp., Karlsruhe*, 1978, Springer Verlag, Berlin, 1980.
34. NOVAK, M. Aeroelastic galloping of prismatic bodies, *Proc. ASCE, J. Mech. Div.*, **EM1** (Febr. 1969), paper 6394.
35. *Int. J. Numerical Methods Eng.* **13** (1) (1978). Special issue on Fluid–Structure Interaction.
36. OZKER, M. S. and SMITH, J. O. Factors influencing the dynamic behaviour of tall stacks under the action of wind, *Trans. ASME*, **78** (6) (Aug. 1956), 1381–91.

37. PAIDOUSSIS, M. Flow-induced vibrations in nuclear reactors and heat exchangers In: *Practical Experiences with Flow-Induced Vibrations, IAHR/IUTAM Symp., Karlsruhe*, 1978, E. Naudascher and D. Rockwell, Eds., Springer Verlag, Berlin, 1980.
38. PAIDOUSSIS, M. P. Fluidelastic vibration of cylinder arrays in axial and cross flow: state of the art, *J. Sound Vibration*, **76** (3) (1981), 329–60.
39. RICHTER, A. and NAUDASCHER, E. Fluctuating forces on a rigid circular cylinder in confined flow, *J. Fluid Mech.*, **78** (part 3) (1976).
40. ROCKWELL, D. and NAUDASCHER, E. Review: Self-sustaining oscillations of flow past cavities, *ASME J. Fluid Eng.*, **100** (part 2) (1978).
41. ROHDE, F. G., ROUVE, G. and PASCHE, E. Self-excited oscillatory surface waves around cylinders. In: *Practical Experiences with Flow-Induced Vibrations, IAHR/IUTAM Symp., Karlsruhe*, 1978, E. Naudascher and D. Rockwell, Eds., Springer Verlag, Berlin, 1980.
42. RUSCHEWEYH, H. *Statische und dynamische Windkräfte an Kreiszylindrischen Bauwerken*, Forschungsberichte des Landes Nordrhein-Westfalen Nr. 2685, Fachgruppe Maschinenbau, Verfahrenstechnik, Westdeutscher Verlag, 1977.
43. RUSCHEWEYH, H. Winderregte Schwingungen zweier engstehender Kamine, *3rd Colloq. on Industrial Aerodynamics*, June, 1978, Aachen, part II, 175–84.
44. SARPKAYA, T. *In-line and transverse forces on smooth and sand-roughened cylinders in oscillatory flow at high Reynolds numbers*, Naval Postgrad. School, Monterey, Calif., Rep. NPS-69 SL, 76062, June, 1976.
45. SARPKAYA, T. Fluid forces on oscillating cylinders, *Proc. ASCE, J. Waterway, Port, Coastal and Ocean Div.*, **WW4** (Aug. 1978), paper 13941.
46. SARPKAYA, T. A critical assessment of Morison's equation, *Int. Symp. on Hydrodyn. in Ocean Engng., Trondheim, Aug., 1981*, Norw. Inst. of Technology, 447.
47. SARPKAYA, T. Flow-induced vibration of roughened cylinders, *BHRA, Int. Conf. on Flow Induced Vibrations in Fluid Engn.*, Reading, paper D1, Sept., 1982.
48. SCHOEMAKER, H. J. Virtuele massa bij golfklappen en daarop volgende trillingen in een constructie, In: *Manuscripten van H. J. Schoemaker in de periode 1946–1971*, Delft Hydr. Lab., paper G6, 1971.
49. STREETER, V. L. and WYLIE, E. B. *Hydraulic Transients*, McGraw-Hill Book Co., New York, 1967.
50. THEODORSEN, Th. *General theory of aerodynamical instability and the mechanism of flutter*, NACA Rep. 496, 1935.
51. TOEBES, G. H. The unsteady flow and wake near an oscillating cylinder, *Trans. ASME, J. Basic Eng.* (Sept. 1969), 493–505.
52. VERLEY, R. L. P. and MOE, G. *The forces on a cylinder oscillating in a current*, Proj. 608018, Harbour & River Lab., Univ. of Trondheim, 1979.
53. WALSHE, D. E. J. *The aerodynamic investigation for the proposed 850-ft. chimney stack for the Drax power station*, Nat. Phys. Lab., Aero. Rep. 1227, Apr. 1967 (reference taken from ref. 59).
54. University of Washington Engineering Expt. Stat. *The role of vortex in the aerodynamic excitation of suspension bridges*, University of Washington

Press (eds), Bull. 116, Part III, Appendix III, 1952.
55. WENDEL. K. Hydrodynamische Massen und hydrodynamische Massenträgheitsmomente, *Jahrbuch der Schiffsbautechnischer Gesellschaft*, **44** (1950), 207–55.
56. WESTERGAART, H. M. Water pressures on dams during earthquakes, *Trans. ASCE* (1933), paper 1835.
57. WOOTTON, L. R. Wind-induced oscillations of circular stacks. *Proc. Conf. on Tower Shaped Structures*, The Hague, 1969, 164–84.
58. WOOTTON, L. R. and SCRUTON, C. *Aerodynamic stability, Proc. Seminar on the Modern Design of Wind-Sensitive Structures*, CIRIA, June, 1970, 65–81.
59. WOOTTON, L. R., WARNER, M. H., SAINSBURY, R. N. and COOPER, D. H. *Oscillation of piles in marine structures*, CIRIA, London, Techn. Note 40, Aug., 1972.
60. WOOTTON, L. R., WARNER, M. H. and COOPER, D. H. Some aspects of the oscillations of full scale piles. In: *Flow-Induced Structural Vibrations, IAHR/IUTAM Symp., Karlsruhe*, 1972, E. Naudascher, Ed., Springer Verlag, Berlin, 1974.
61. ZIENKIEWICZ, O. C. and NATH, B. Analogue procedure for determination of virtual mass, *Proc. ASCE, J. Hydr. Div.*, **HY5** (Sept. 1964), 69.

第2章 ゲート振動

P. A. Kolkman

2.1 ゲート振動に関する特性

　水理構造物としてのゲートは，全開か全閉できるが，実際には，種々の水圧下あるいは水位差条件下での部分開度放流に使用される．長時間にわたるゲートの部分開度は，きわめて強い乱れによるエネルギー消散を伴い，この乱れは，ゲート振動を誘発する．さらに，自励振動（負減衰）についてはきわめて大きな振幅を伴い，短時間の現象であってもゲートに対して許容できるものではない．これらの現象は，潜り流出あるいは越流に関するもので，両流れの組合せは，カルマン渦列と呼ばれる動的現象を誘発する可能性がある．長期にわたる振動に関するポテンシャルの向上は，低レベル振動に抑えるゲート設計を可能にする．

　ゲートで流れ問題を考えるうえで，最も重要な特性は，潜り流出で流れを絞る時，放流量の変化によって振動数が変化し，振動現象を誘発することである．この現象は，自由流出では遭遇することのない振動現象である．

　振動論とは別に，ゲート立坑（シャフト），戸溝（スロット）によって生ずる流況や不連続流によるきわめて複雑な流況を経験することがあり，これらの流況のほとんどが三次元問題である．さらに，ゲート操作状況の変化は，上，下流水位の変化を考慮しなければならない．振動現象は，多自由度振動系であり，水密ゴムの弾性についても考慮される必要がある．

　ゲートは，一般的にゲート立坑中の自由表面振動，あるいは上，下流貯水池を含む導水路と，立坑としての共振要素を持っている．ゲート振動についての特性であるこれらの要素を考えることは，この問題に対する個別対応のセンスを育て

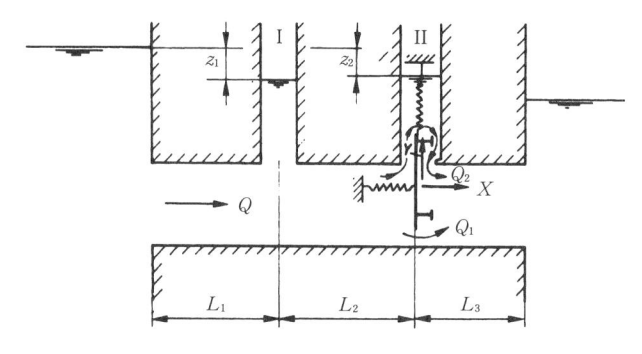

図 2.1 ゲート-導水路-立坑の図解

ることになる．

　最初に，1自由度系に及ぼす干渉影響を説明するためのものとして各ゲート要素，導水路，立坑を取り上げる．

　図 2.1 に上流池に連っている立坑 I を示しており，この立坑には慣性項として，流体の密度に導水路長を乗じた ρL_1 を有する系が連成し，系の剛性には重力が関係する．時間的に水位 $z_1 (z_1 = \bar{z}_1 + z_1')$ が生じているとすると，重力項 $\rho g z_1'$ は，導水路流れを加速する．上流池＋立坑 I ＋立坑 II ＋下流池で構成される全系は，z_1', z_2'（変動値 z_1, z_2 の動的成分）の自由度を有している．もし，上，下流水位が一定であれば，系は，2つの共振振動数を有している．

　しかしながら，ゲート要素は，これらの系の一部分を形成している．図 2.1 に示されるような2つのバネで個々に異なる剛性で組まれた系の X, Y 方向の変位を考えてみる．流れの抗力（ゲートに作用する流体力として定義されたもの）は，ゲート下端の開度，ゲート頂部の立坑の隙間（立坑 II の上部からの流れ），ゲート振動に伴うゲート前面と背面の隙間変化などによって決まる．さらに，ゲート振動として X 方向に限定すれば，導水路の流体はピストン運動となる．これらの要素を考慮すると，連成方程式の誘導を可能とする．これらの方程式は，変動の微小振幅を仮定するとき線形化が可能となり，系の固有振動数の計算ができるし，各モード対応の減衰も決定できる（微小振幅においての系が動的に安定か不安定かが設定される）．

　このような線形化は，振動速度成分が流体速度に比べて小さい時のみ可能である（例えば，非線形圧力 $p = \alpha V^2$ が $\Delta p = 2\alpha V \Delta v$ の表示のように線形化される）．

2.2は，2自由度系の動的安定あるいは不安定に関して，一つはゲートの動き，もうひとつは導水路内の流れの変動がある．系が動的に安定(正減衰の場合)であれば，流れの乱れは，単なる強制力として作用する．この形式の強制力による複雑な系の応答についての定量化は，いまだ明らかにされていない．乱れの強制力は，複数点に作用するが，その特性については十分に知られていない．

ゲートに作用する動的荷重の他の要素としては，水撃作用，キャビテーション，波力，不安定跳水や給気あるいはキャビテーションによる流体塊の分離現象がある．また，弾性的な巻上げ装置によるゲートの巻上げ，巻下げ操作では，非線形減衰による Slip-Stick 振動を誘起させ，これが動水圧を発生させる原因となる．これらの現象は，ゲート設計とゲートの動的挙動に関係し，我々が関与する全構造物の設計に影響する．

ゲートの開閉速度に関係するものとして，付加水頭が考えられ，導水路内の流体を減速したり加速したりする．

最近集められた文献は，以下のような流れによって誘起されるゲート振動に関するものである．

① ゲート振動の事例と改善策についての集大成 [19]．
② ゲートの自励振動のメカニズムに関する理論 (**2.2**, **2.3** 参照)．

多くの知見は，水理，特に流体弾性模型(1自由度あるいは多自由度系模型で弾性相似則に則ったもの)を使用することによって得られており，非常に精度があり，信頼性も高いものである．本節では，ゲート振動が簡単な形式で論じられており，1自由度系のゲートの挙動が取り扱われている．これに続いて，乱れ強制力に伴うパッシブな影響，すなわち，付加質量，付加減衰，付加剛性，そして最後に負減衰(動的不安定)が **2.2** に示されている．負減衰の重要な現象については，**2.3** に理論的な背景を含めて詳しく解析されている．現象の詳細なる理解は，設計ミスを阻止し，ゲート要素について完全な系の一部として取り扱う基本も取得できる．

2.4 では，動的不安定によって誘起されるゲート振動の事例を示している．**2.5** では，自励制御系の事例(振動が動的流体強制力によって増幅されるが，限定されたもの)を示している．ゲートの動的挙動に関係するものとして，ゲートの水密設計の重要性が **2.6** で論じられ，**2.7** では越流によるゲート振動(さらに，ゲートと越流水脈に囲まれた空気層の圧縮性の影響を含む)を示している．

2.8 では，振動阻止について，設計上，水理模型実験の活用が必要であることが論じられている．

2.2　1自由度系の運動方程式と構成要素

1章の論文に準じゲートの挙動のさらなる考察として，振動に関する基礎式を記述してみる．

$$(m+m_w)\ddot{y}+(c+c_w)\dot{y}+(k+k_w)y=F_w(t,y,\dot{y},\ddot{y}) \tag{1}$$

ここに，右辺項 $F_w(t,y,\dot{y},\ddot{y})$：連成力，$F_w(t)$：非連成力，$y$：変位，$\dot{y}:\partial y/\partial t$，$\ddot{y}:\partial^2 y/\partial t^2$，$m$：質量，$c$：減衰，$k$：剛性，$m_w$：付加質量，$c_w$：付加減衰，$k_w$：付加剛性．

2.2.1　応答特性

1.2 から，以下の関係式を適用する．

［流れの強制振動数について］

$$S=\frac{fL}{V} \tag{2}$$

ここに，S：ストローハル数，f：流れによる強制振動数，L：構造物の代表長，V：流速の代表値．

［強制力の大きさについて］

$$F'^2=C'^2\left(\frac{1}{2}\rho V^2 L^2\right)^2 \tag{3}$$

ここに，F'：強制力の動的成分，C'：強制力係数．

［強制力の周波数分布関数 $\phi(S_n)$ について］

$$\int_0^\infty \phi(S)\mathrm{d}S=1 \tag{4}$$

［固有振動数に関する無次元表示について］

$$S_n=\frac{f_n L}{V} \tag{5}$$

ここに，f_n：固有振動数．

[バネ力(内部力)]
$$F_i = ky \tag{6}$$

ゲートが変動に伴う不規則強制力を受けるとすると, [式(1)で, F_w が t のみの関数とする] 強制振動数が応答周波数に比べてきわめて低く, また F_i' が F' に対して増幅されない場合は, 応答は準静的成分となる. さらに, 無次元減衰 γ, $\gamma = (c + c_w)/2\sqrt{(m + m_w)(k + k_w)}$, 強制力の大きさ, および固有振動数近傍の周波数分布関数 $\phi(S_n)$ などが影響する動的成分である.

1.2 に準じて定量的に示すと,

$$\overline{F_i'^2} = \frac{\pi}{4\gamma} S_n \phi(S_n) \left(C' \frac{1}{2} \rho V^2 L^2 \right)^2 \tag{7}$$

式(7)の妥当性は, 種々のゲート質量, 巻上げ装置のバネ剛性および機械的減衰を付加したゲートに関する水理模型実験から検証されている. これらの実験からは, 自己制御系あるいは自励系が形成されない場合は, 純パッシブな応答となることが結論される. ゲートは, ゲート自体からのエネルギー消散によって誘起される乱れによって振動する [28, 30] が, この結論は, 乱れに伴う強制力の範囲を超える場合は, 自己制御系が生じてくるため一般には正しくない.

文献によれば, 共振振動数で振動し強制振動数から相当離れていると, 動的な強制力は, 小さくなるため式(7)の定量的な適用法は困難を伴う. 式の C' の合計値は, 潜り流出での最大静的流体力(ゲート面積×水位差)の約 10% に達する.

Abelev は, 種々のゲートについて, 支配的なストローハル数と C' 値を確定

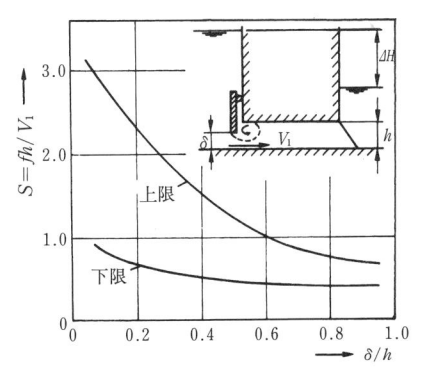

図 2.2 導水路用ゲートの水平加振時のストローハル数 (Abelev [1])

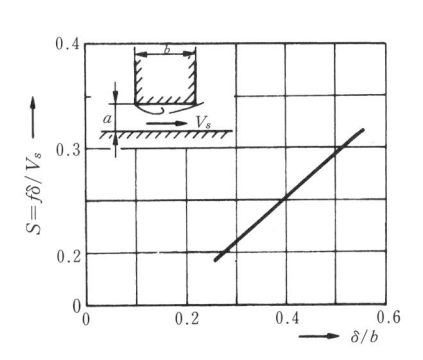

図 2.3 鉛直加振時のストローハル数 (Naudascher [38])

するため多くの研究を実施している [1,2]．不安定な跳水が生じる過渡的な自由表面流では荷重が極端に大きくなる．

さらなるデータが Naudascher ら [33,38] によって発表された．なお欠けているものが何であるかを理解できるように，種々の形状に対するストローハル数を便覧形式で示している．

図 2.2, 2.3 に 2 つの形状に対する S 値が示されている．これらの図から導水路に設置されるゲートについて，ゲート頂部の漏水隙間が発生すれば S 値に影響を与えることも示している．

2.2.2 付加質量 m_w

特に，囲まれた導水路にゲートが設置されている場合，水平振動するゲートの付加質量は，ゲートの位置関係に左右される．図 2.4 に示される状態では，ゲートは，ほとんど閉じており，その状況は，円筒中のピストンと同じもので，導水路内の流体質量が m_w として示される．

このような時の m_w は，囲まれない広い領域で振動する物体の m_w よりもきわめて大きい．ゲートが部分開度になると，導水路内の流体は，ゲート振動に伴う激しい流れが生じ，その流れは，ゲート開度に比例している．この現象は，m_w を小さくする方向となる．

m_w についての連成項(**1.3**)は，ゲートにおいては重要なもので，X 方向における加速度は，X 方向における強制力となる ($\ddot{x}$ に比例)．その逆の現象もある．図 2.5 に示されている事例で，水平方向のゲート振動は，ゲートに作用する水圧を誘起し，揚力の発生となるし，逆に垂直方向にゲートが振動すれば水平方向力の発生をもたらす．

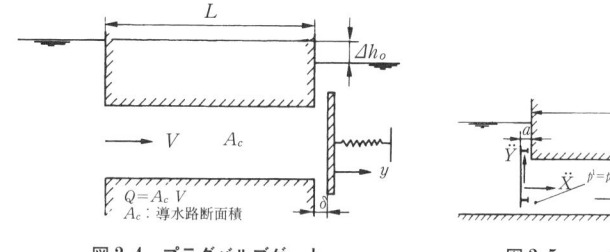

図 2.4　プラグバルブゲート

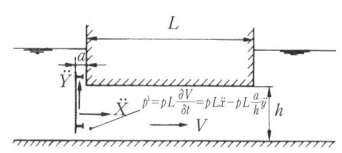

図 2.5　m_w に関係する圧力

(a) 振動　　**(b)** 速度変動　　**(c)** C_L 係数

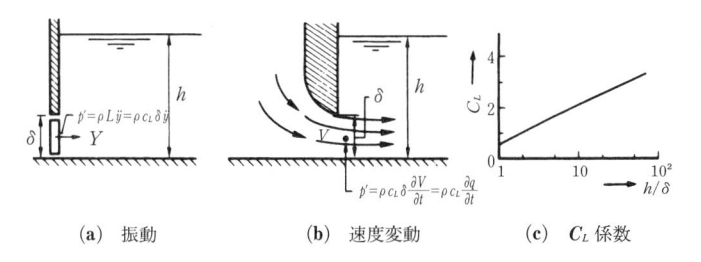

図 2.6　振動するゲートと変動流量での流れの慣性

円筒中でのピストンについては，水柱高さ（図2.4の L）が m_w を決定する要素となる．図2.6で剛壁面で囲まれたゲートの振動に伴う m_w 値は，長さ L の仮想上の円筒として示される．この長さは，$C_L\delta$ と示される．図には，発散波を無視したポテンシャル理論を適用した解析値を示している．1.5には，同じケースについて発散波を考慮した結果を示しているが，その影響は，相対的に高い共振振動数を有するゲートにおいては小さい．導水路の水塊の慣性項は，流体が加速されるとゲート背面における極端な水圧上昇を招く．加速要因は，流量に比例するし，導水路内の水塊が付加質量（図2.4）として作用するような水平方向のゲート振動にも比例する．ゲート振動による dq/dt と $\ddot{y}$ 間の関連性がそれぞれ図2.6 (a), (b) に示されている．

鉛直振動については，Thang [56] が自由流出および導水路内に設置されたゲートの付加質量 m_w を実験的に示している．

2.2.3　付加剛性 k_w

ゲートに関する流体力学的な剛性が生じる事例は，高い振動数対応の剛性である．図2.4に示される例では，ゲート開度 δ が急に $(\delta-\delta')$ の開度に減少したと仮定すると，初期的には流量は変化せず同じであるが，次第に新しい条件下に変化する状況については導水路長さ L にも影響される．初期状態に着目し，同一流量が微小開度で流出するとすれば，水圧変動は，以下の式で表示される．

$$\Delta p \sim V^2 \sim \frac{Q^2}{\delta^2} \tag{8}$$

隙間が $-\delta'$ だけ減少することによって付加される水圧上昇 $\Delta p'$ は，以下のよ

うに与えられる．

$$\varDelta p' = \frac{\partial p}{\partial \delta}(-\delta') \sim \left(-\frac{2Q^2}{\delta_0^3}\right)(-\delta') = \varDelta p \frac{2\delta'}{\delta_0} \qquad (9)$$

ここに，〜は，比例するということと示している．

上式から即座に流体力学的な剛性が導き出される．

$$k_{wi} = \frac{\varDelta p' A_c}{\delta'} = \frac{2\rho g \varDelta h_0}{\delta_0} A_c \qquad (10)$$

付加される水圧は，変位 δ' と同位相の力となり，剛性成分になる．図 2.4 に示される導水路内の下流側にプラグバルブが設けられると，k_w は正の値となり，上流側に設けられると負の値となる．

同じような数値が高い振動数で振動するゲートでの流体力学的な剛性についても得られる．この条件は，流量がゲートの流出特性に追従せず，流量が一定に保たれる場合に対応する．

2.2.4 変動する漏水隙間に伴う付加減衰 c_w，または負の付加減衰 $-c_w$

湯槽を空にする時，湯槽の下部にあるプラグを抜き取る瞬間にきわめて大きな吸引力が働くことを経験している．これは流体の慣性項に関係し，パイプ長さ L にも影響される．パイプ内に水が充填された後にプラグが装着され，再度プラグを引き上げる時には容易にできることを経験しているし，パイプ長さ L が自励系に影響する因子であることも明白となる．

プラグの振動速度 $\dot{y}$ 方向と同位相で流体の動的な力が作用する際に自励系が誘起される．そして，$\int_0^T F' \dot{y} \mathrm{d}t$ は，ある周期において機械系のエネルギーに変換される（$F' = Y$ 方向における動的流体力の成分である）．

図 2.7 においてプラグが低い振動数で振動する時，力は，$\dot{y}$ と同位相となる．流量は，概略流量特性の変化に追従する．δ の増加は，流量 Q の増加となり，$\mathrm{d}Q/\mathrm{d}t$ は，振動速度 $\dot{y}$ に比例する．パイプ内の流体の慣性項による変動圧 $\varDelta p'$ は，流体を加速するのに費やされる．下流側の圧力は $\varDelta p'$ だけ

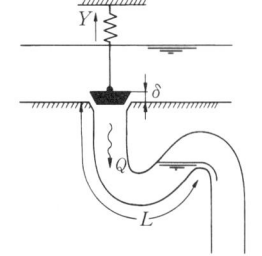

図 2.7　振動する湯槽（bath-tub）プラグ

上昇し，dQ/dt に同位相，$\dot{y}$ にも同位相となる．圧力 $\Delta p'$ は，プラグに対する揚力となり，$\dot{y}$ と同位相である．この現象は，負の c_w 値，あるいは自励系の条件を満たすものである．

もし，同じプラグがパイプの下流側に設けられているとすれば，c_w は，正の値となり，いかなる振動も生じない．

2.2.5 不安定指標の適用

既に記述してきたように同じメカニズムであっても，低い振動数域では自励系となり，高い振動数域では負の剛性となる (Q が一定である時)．このことは，自励系においても負の k_w 値は好ましくないし，高い振動数においても同様に容認されるものではない．この結果は，以下のような不安定指標を導くことになる．

流量が一定であれば，ゲート開度あるいはゲートの他の漏水隙間が小さくなる方向にゲートが動くと，ゲートの動きを強める方向に流体の動的な力が発生し，自励系の危険性が存在する．

この指標を適用することによって吸引力が強くなるもの，定常条件，さらに不安定なゲートになる状態などが示される．この指標に従えば，例えば，もし桁が骨組構造 (open frame) であればゲート下端上部に水平桁を設ける (流れの再付着防止のため) と流れの改善につながることを示している．振動を誘起させる多くの形状については文献 [30] に示されている．

2.2.6 振動するゲートによる波の発生

河川堰あるいは開水路においてゲートが振動した時，特に上流側の水域の水面が穏やかであれば，発散波が生じ波が観測される．ゲートが水平に振動する時，ゲートはあたかも造波機となり，深水波の条件を考えると波高はゲート振幅の2倍となる．大きな波は，しばしば流量変化を伴う時に発生する．このような波の事例は，Petrikat [48] や Kolkman ら [30] によって示されている．

Petrikat [48] の最初の論文には，飛沫を伴う大きな波の発生したことを示し

ている．この現象は，流量変化を伴う場合で，漏水隙間近傍にはきわめて大きな圧力が生ずる．

2.2.7　c_w と $-c_w$ との連成力

付加質量と同様な方法で，正の流体力学的な減衰力あるいは負の流体力学的な減衰力が影響するゲート近傍の圧力は，ゲートの水平と鉛直方向に同時に作用する(例えば，図 2.5 のような状態)．その逆の鉛直振動は，水平力となる．

2.2.8　負の流体力学的な減衰力の二次的な機構；変動流量係数

"湯槽プラグ"タイプの自励振動系について，流量は，振動によって隙間面積が変化するため部分的に絞られる．このメカニズムは，図 2.8 の水平振動の場では存在しないが，時々，堰ゲートの殻板の振動においてリップの水平振動を誘発し，高い周波数を有する振動現象として経験することがある．

Kolkman [27] は，自励系の可能性を示唆している．ゲートが水平に振動し，流量が一定(高周波数での流れの慣性による)である場合，図 2.8 (**a**)(係数 μ)に示される流れの収縮形状は，(**b**)(澱み流れ点の付加質量)に示されるような流況に影響されて変化する．流れの収縮係数(または流量)は，$-\dot{y}$ に比例して変化，隙間を通過する流量が一定である時，ゲートに作用する付加水頭は $\dot{y}$ に比例するものとして発生する(μ の変化に従う)．

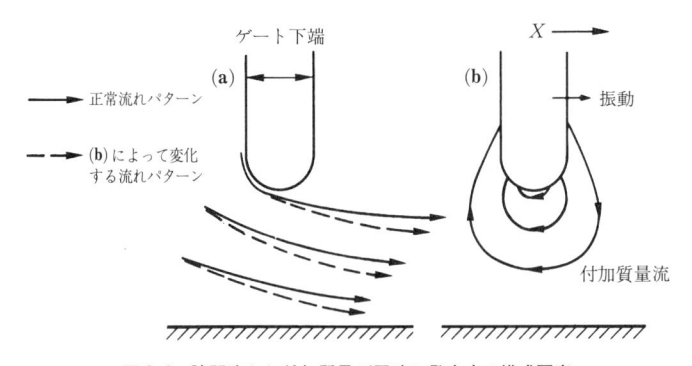

図 2.8　隙間流れと付加質量が同時に発生する構成要素

$$\Delta p \sim V^2 \sim \frac{q^2}{(\mu\delta)^2}$$

ここに，δ が一定である時，

$$\Delta p' = \frac{\delta \Delta p}{\delta \mu}\Delta\mu = -2\frac{q^2 \Delta\mu}{\mu^3 \delta^2} = -2\Delta p\frac{\Delta\mu}{\mu}$$

$\Delta\mu$ が $-\dot{y}$ に比例するとすれば，この仮定は，振動速度 $\dot{y}$ と同位相でゲートに作用する変動圧を導出することになるし，これが自励系の条件となる．

上記の記述は，不安定な流れの剥離点(半円あるいは1/4楕円形)あるいは不安定な流れの再付着点(ゲートリップの厚みの60％から100％開度での矩形リップ形．図 2.26 参照)を有するゲートリップ形状に関する経験的なものを示している．ストローハル数(fb/V)のオーダは，0.1〜0.4〔b：リップ厚さ(図 2.8)，V=速度：$\sqrt{2\Delta p/\rho}$〕である．限界ゲート開度は，オーダ的にリップ厚さの 0.6 から 3 倍に対応する値となる(半円形については，0.6〜5.5 程度となる)．

この種の振動は，上述した不安定指標では説明できない．シャープエッジのゲートでは，ストローハル数は，高次振動数の帯域(経験的に 80 Hz 程度)に属し，高い振動数(局部的な板振動)の現象となる．

2.2.9　式(1)の非線形連成となる右辺項

自励系の線形近似では，振動振幅が無限の指数的増大となる．実際には，振幅は非線形効果による制限を受ける．微小開度においては，しばしば，振幅は，ゲート下端と水路底部との間隙で制限を受ける．

Abelev ら [3] は，非線形項を考慮した場合の有限振幅が理論的に計算されることを示している．この理論において示されている事柄は，いまだ定量的な検証がなされていない．その理由として，変動する隙間を一定とした場合でも流量係数の挙動が不明であることも原因の一つである．実用的には，自励振動の発生を防止する対策が講じられる必要がある．

2.5 に，強制的な振幅が振動自体に自励制御的な振動の発生する理由が示されている．この種の振幅は，強制力が振動振幅に比例して増大する自励系に対比させた現象として説明したとしても，両者には差が認められる．

2.3 自励系の理論；変動-隙間理論

変動-隙間理論については，**2.2**で定量的に記述されているが，再度ここで取り上げる．最初に，流れ方向(in-flow振動)に振動するプラグバルブについて，次いで直角方向(cross-flow振動)に振動する場合について論ずる．さらに詳細なる記述については文献[30]にある．

図2.9には，流れ方向にゲートが振動する場合，以下の計算で使用する記号を示している．初期に固定されている状況から式(11)に示される周期的なゲート振動を誘発するに必要な強制外力はどのようなものかを示す．

$$y = \hat{y}e^{i\omega t} \tag{11}$$

ゲートに作用する動的流体力は，振動変位に線形的な関係にある力として誘導される．

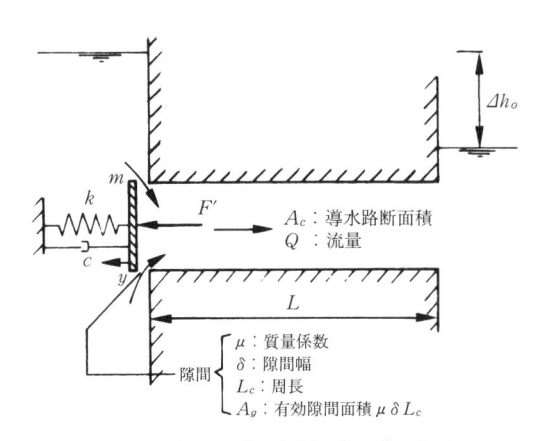

図2.9 ゲートの流れ方向振動の図解と記号

$$F_w = yA(\omega) + iyB(\omega) \tag{12}$$

全外力は慣性力との釣合いが必要であり，動的流体力は，以下のようになる．

$$F = \{k - (m+m_w)\omega^2 - A(\omega)\}y + i\{c\omega - B(\omega)\}y \tag{13}$$

式(13)で，式(14)および(15)の条件を満たせば，系は，動的に安定(または，正の減衰)である．

$$c\omega - B(\omega) > 0 \tag{14}$$

機械的な減衰のない場合の条件では，

$$B(\omega) < 0 \tag{15}$$

系の固有振動数は，以下の形で示される．

$$k - (m+m_w)\omega^2 - A(\omega) = 0 \tag{16}$$

また，式(14)あるいは(15)を適用することによって，計算される振動数域で系

が動的に安定かどうかを見定めることができる．式(14)から算定されるω領域，式(16)からゲートに要求される固有振動数を満たす剛性kなどの決定が可能である．$A(\omega)$および$B(\omega)$を決定するためには，以下の仮定を採用する．

① ゲートを通過する流れは，ゲート近傍における水位差に影響される（$\Delta h_0 + \Delta h'$，ここに，$\Delta h'$は，動的成分である）．
② 振動振幅$\hat{y}$は，隙間幅δに比べて小さい．
③ 流量係数は一定である．
④ 摩擦損失その他は，ゲートにおける損失(形状)に比べて無視できる（$\Delta h_0 = \Delta h_{\text{external}}$）．
⑤ 隙間流れは，瞬時に導水路断面に再配分され，付加慣性影響は伴わない（改訂された計算では，これらの影響は考慮されている）．
⑥ 付加質量m_wは，上流条件のみに影響され，下流部分は，導水路流れの慣性項が含まれる．

動的流体力$A(\omega)$は，以下のように計算される．

隙間に対する流量の関係式（記号は**図2.9**参照）は，次のようである．

$$Q = \mu \delta L_c \sqrt{2g\Delta h} \tag{17}$$

δとΔhは，②に従いそれぞれ大きさyと$\Delta h'$を有する平均値回りに振動する値である．Q'（Qの動的成分）の計算に対する線形化は可能とする（再度，$\dot{y} = \partial y/\partial t$である）．

$$Q' = \frac{\partial Q}{\partial \delta}y + \frac{\partial Q}{\partial \Delta h}\Delta h' = \mu y L_c \sqrt{2g\Delta h_0} + \frac{1}{2}\mu \delta_0 L_c \Delta h' \sqrt{\frac{2g}{\Delta h_0}} - A_c \dot{y} \tag{18}$$

最後の項は，振動するゲートのピストン効果によるものである．

導水路内の水塊の運動方程式は，以下のように誘導される．

$$\Delta h' = -\left(\frac{L}{gA_c}\right)\frac{\partial Q'}{\partial t} \tag{19}$$

ここに，L：導水路の長さ．動的流体力の項は，

$$F' = -\rho g A_c \Delta h' \tag{20}$$

（上式には，ゲートの上流水位に関係するm_wによる力も含まれている）．

式(18)を微分し，式(19)から$\partial Q'/\partial t$が消去され，さらに，式(20)を使用することによって動的流体力の項$\Delta h'$に置き換えることができる．最終的にF'と

y 間の線形関係が得られる．

$$F' + \left(\frac{\mu\delta_0 L_c L}{A_c\sqrt{2g\varDelta h_0}}\right)\dot{F}' = (\rho\mu L L_c\sqrt{2g\varDelta h_0})\dot{y} - \rho L A_c \ddot{y} \tag{21}$$

関数 $A(\omega)$ および $B(\omega)$ は，$F' = \hat{F}e^{i\omega t}$ および $y = \hat{y}e^{i\omega t}$ を導入することによって計算可能となる．

$$A(\omega) = \frac{\omega^2 \rho L A_c \left(1 + \frac{\mu^2 \delta_0 L L_c}{A_c^2}\right)}{1 + \left(\frac{\omega\mu\delta_0 L_c L}{A_c\sqrt{2g\varDelta h_0}}\right)^2} \tag{22}$$

$$B(\omega) = \omega \frac{\rho\mu L L_c\sqrt{2g\varDelta h_0}\left(1 - \frac{\omega^2 \delta_0 L}{2g\varDelta h_0}\right)}{1 + \frac{\omega\mu\delta_0 L L_c}{A_c\sqrt{2g\varDelta h_0}}} \tag{23}$$

式 (13) から $B(\omega)/\omega$ は，負の流体力学的な減衰とみなすことができる．

2.3.1 無減衰ゲートの安定限界

ゲートでは，定常状態の振動を維持するため式 (13) から外力が作用していない状態を限界条件とする．もし，$c=0$ および $B(\omega)=0$ であれば，式 (13) の虚数部は 0 となるか，あるいは，

$$\frac{\omega^2 \delta_0 L}{2g\varDelta h_0} = 1 \tag{24}$$

または，限界ストローハル数は，以下のように定義される．

$$S_c = \frac{\frac{1}{2\pi}\omega_c \delta_0}{\sqrt{2g\varDelta h_0}} \tag{25}$$

式 (25) に式 (24) の関係を用いると，

$$S_c = \frac{1}{2\pi}\sqrt{\frac{\delta_0}{L}} \tag{26}$$

ただし，式 (24) で，$\omega = \omega_c$ と置いている．考えているストローハル S が S_c より大きい場合は安定である．

動的安定性の他の表示は，式 (13) の実数部が 0 となることを考慮し，式 (24) の条件を式 (22) に代入すれば得られる．まず，$A(\omega)$ が以下のように計算される．

$$A(\omega) = \frac{2\rho g \Delta h_0 A_c}{\delta_0} \tag{27}$$

上式は 2.2 (ゲートが導水路の上流側にあるために負となる) で見出された負の流体力学的な剛性 $-k_{wi}$ の正確な表示である. また, 以下のようにも表示される.

$$A(\omega) = -k_{wi} \tag{28}$$

[注意] 式(22)から $\omega \to \infty$ とすれば, $A(\omega)$ は, 即剛性となり, 負の流体力学的な剛性となることが式(13)から予測される. ピストン効果を考慮すると, 式(22)および(23)にはピストン効果を含むため, 式(13)のケースとは異なる.

式(13)の実部は, 0となり, 式(28)の $A(\omega)$ および式(24)の ω を決定するための条件を求めることができる.

$$\frac{k}{-k_{wi}} = 1 + \frac{m + m_w}{\rho L A_c} \tag{29}$$

(このゲートの k_{wi} は, 負となるため, $k/-k_{wi}$ の関係は, 正となる).

式(29)は, 以下のように示される.

$$c_k = 1 + c_m \tag{30}$$

ここに, c_k: 剛性係数 (剛性と瞬時の負の流体力学的な剛性との比), c_m: 質量係数〔ゲート質量(上流側の付加質量を含む)と導水路内の流体質量との比〕.

安定系に対しては, $k/-k_{wi}$ は, 最小値を超える必要があるが, 式(29),(28)および(27)から大きな剛性となるため常に限界条件となり, 限界 δ_0 の範囲は, ますます狭くなる.

実用上として, 開操作前の敷居面(放水路底面)から開放される距離についてホイールゲートを例に示すと, 開放される距離は限界 δ_0 よりも大きいものとなる.

Weaver [61] は, 機械的な減衰を有するチェックバルブ(図2.10)について式(30)を検討し, 自励系を阻止するための最小必要剛性は, 予想される値よりもかなり低い値であることを明らかにした.

Kolkman [30] は2つのモデルの研究を報告しており, 一つは初期流れを伴う漏水隙間が生じる開操作時のスライドゲートについてのもの, もう一つは閘門として使用される逆テンターゲートのものである. 両者の結果は, 概略理論値に近

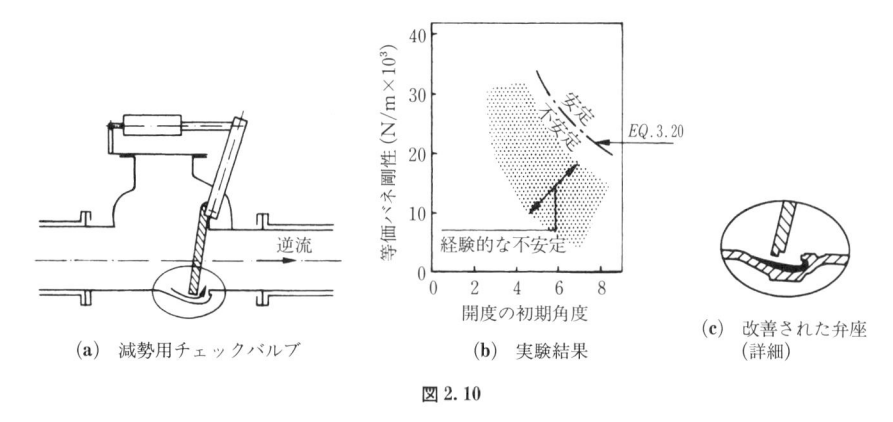

(a) 減勢用チェックバルブ　　　**(b)** 実験結果　　　**(c)** 改善された弁座（詳細）

図 2.10

いものであった．

Weaver は，自励系を阻止するための興味深い回答を見出している．それはゲート下端の隙間をゲートケーシング面と平行になる形状として漏水隙間が閉操作時には常に一定幅となるような対策である〔図 2.10 (c)〕．

2.3.2　流れ直角方向の振動

事例として，自由表面を有する流れ中で鉛直振動するゲートを取り上げる．図 2.11 に示し，さらに，2.2 で紹介しているように，流量変化に伴いこれらの現象は，図 2.6 に示される図を用いることによってゲート上流側に長さ L_u，下流側に長さ L_d となる仮想管（導水路）を導入することが可能となり，自由表面を有する流れの慣性影響が検討できる（しかしながら，ポテンシャル流れ解析は，1.3 で記述したように高い S 値に対してのみ妥当性がある）．

総管長が $L=(L_u+L_d+b)$ と示され，ゲートが定常振動 $y=\hat{y}e^{i\omega t}$ になっているとすれば，流量係数 m は一定であるので，変動する流量が計算できる．低い振動数の振動では（2.2 に比較して），流量 Q は瞬時の隙間 (δ_0+y) に従うであろう．このことは，管の長さ L，上流および下流側水位が一定，水位変化 $\varDelta h'$，さらに $-(\partial Q/\partial t)$ に比例して流量がゲートを通過することなどを加味すると，流量の変動分 $Q' \sim y$ と $(\partial Q'/\partial t) \sim \dot{y}$ の関係が保持されることになる．ゲート下端形状が（図 2.11）のものであれば，吸引力が $\varDelta h'$ に比例し，吸引力は振動速度と同位相となり，ゲートは不安定となる．

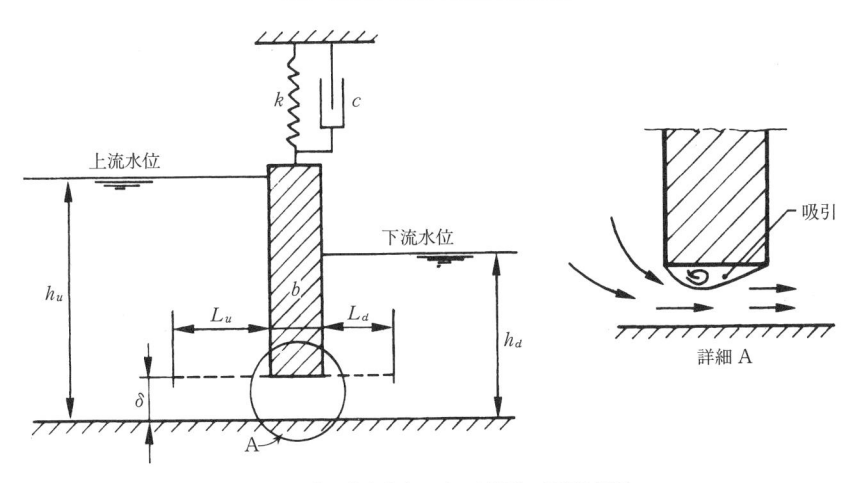

図 2.11 流れ直角方向のゲート振動の図解と記号

この吸引力（単位長さ当り）は，以下のようになる．

$$F_s = c_s b\rho \Delta h' = c_s b\rho L\left(-\frac{\partial v}{\partial t}\right) = \left(\frac{c_c b\rho L}{\delta}\right)\left(\frac{\partial q}{\partial t}\right) \tag{31}$$

ここに，c_s：吸引力係数，b：ゲート下端厚さ，L：仮想管の長さ．ここで，実際上流量が上流あるいは下流点で，どのように絞られるかを知ることが重要である．なぜならば，$\partial q/\partial t$ が負となれば，絞られる点から上流側では慣性流れによっての圧力の上昇，下流側では圧力の降下を伴い，これら 2 つの現象は，ともに鉛直方向に作用する．絞り点が上流側端にあれば，ゲートは不安定となり，合成吸引力は，式 (31) に下流側の慣性流れの影響を加味したものとなる．

$$\begin{aligned}F_s &= c_s \rho b\left(\frac{L}{\delta}\right)\left(\frac{\partial q}{\partial t}\right) + \rho b\left(\frac{\partial q}{\partial t}\right)\left(\frac{L_d + b}{\delta}\right) \\ &= \rho b\left[c_s + \frac{L_d + b}{L_u + L_d + b}\right]\left(\frac{L}{\delta}\right)\left(\frac{\partial q}{\partial t}\right) \\ &= c_s' b\rho\left(\frac{L}{\delta}\right)\left(\frac{\partial q}{\partial t}\right)\end{aligned} \tag{32}$$

式 (11)〜(14) に類似な方程式の完全なものが文献 [30] に示され，**図 2.12** に示されるように負減衰の値について理論と実験との比較がなされている．この図には，負の流体減衰がストローハル数 S の関数としての自励系の係数 c_{se} によって無次元化されており，種々の係数，すなわち，流量係数 m に $(L_u + L_d + b)/\delta$ の比を乗じた mc_i をパラメータとして示している．

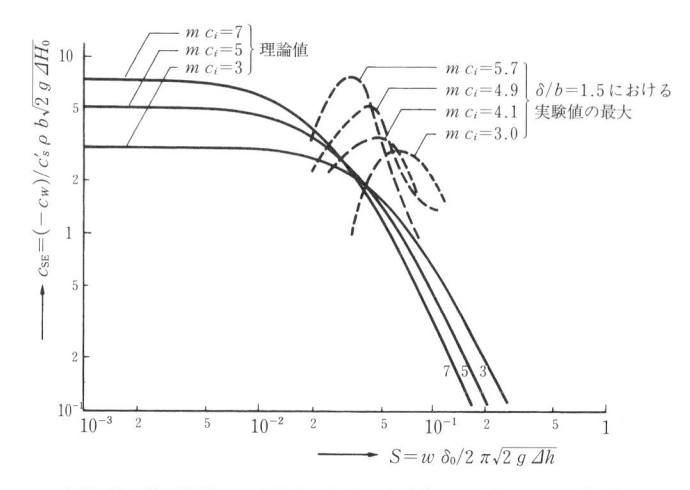

図 2.12 縮尺模型での自励系に関する実験値と理論値との比較 [31]

これらの検証実験の結論としては，$-c_w$ の最大値が確定したことである．さらなる実験としては，L_u と L_d 値が図 2.12 に示されるように h/δ では算出できない場合でも，$h/m\delta$ を用いることによって良い一致が示される．しかし，$m\delta_0$ が収縮する噴流の厚さ，また図 2.4 に示される慣性影響が収縮効果を含まず計算されたとしても，あまり良い結果にはならない．低い S 値で L_u と L_d の計算がもはや無意味であれば，慣性影響は確実に減少し，自励系が消滅することを意味する．

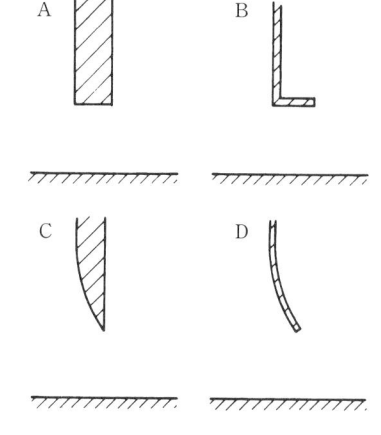

図 2.13 種々のゲートリップ形状に関する比較 (Vrijer [60])

Vrijer は，理論的な考察と模型実験 [60] とから，流量の下流絞り（多くの研究例では安定な流れで剥離を伴うもの）が好ましい結果を与えるゲート下端形状であることを示している（図 2.13 参照）．

図 2.13 で A 型と B 型は，自励系に敏感であり（A 型が最悪で，B 型が次いで悪い），大開度でも流れの再付着と定常的な吸引力の発生のないものが良い．C

型と D 型は，正の c_w となる (特に D 型).

[注意]　図 2.12 からわかる限界 S 値は，図 2.3 で示されるものよりも低いが，変動流量係数による流れ方向振動が生じることを示している．流れによって生ずる強制力が小さな面積に作用するという利点から，薄い下端を有するゲートがしばしば採用されるが，低い S 値では強制振動数が共鳴する振動数域にとどまる危険性がある.

2.4　経験からの自励振動

2.4.1　変動-隙間理論の事例

(1)　例題 1

厳しい回転振動後，軸受けにスキンプレートを固定する (**図 2.14**) 下部脚柱の座屈によってテンターゲートが飛ばされた．振動の原因は，スキンプレートの水圧力の作用位置が回転軸の下方にあるためであった．初期の変動としてゲートを閉じる方向にある時，流れが絞られ，ゲート前面での水圧上昇が生じる．スキンプレートの水圧力の作用位置が低い位置にくるので，初期変動は増幅され閉じるモーメントに変換されるため，**2.2** の不安定指標が適用できる．このゲートの動的不安定の詳細なる理論解析は，Imaichi (今市) ら [20] によってなされた．

一見して巻上げシステムでなく，下部脚柱が破壊されたことが驚きである．ゲート閉操作に伴って，ゲート下端の隙間は小さくなりスキンプレートに及ぼす流速影響は減少するが，振動によって発生する上流水圧の増加は，スキンプレート全域に作用することになる．このような大きな水圧力は，ゲート振動に誘起され上流側で相対的に高い水波の発生となる.

テンターゲートの設計に際しては，スキンプレートの水圧力の作用位置は，回転軸と完全に一致させる必要がある．通常，両軸間は，わずか高くとることも可能であるが，Imaichi (今市) ら [20] の論文では，剛性と質量との組合せからはこの条件は完全に安全側でないこと，多分 **2.2**, **2.3** の理論から外れる現象であ

り，上流側の発散波に影響される力の位相差が生ずるためと記述している．

(2) 例題 2

ゲートでの漏水として（例えば，図 2.15 に示されるような側面漏水），ゲート端の上流側で絞り断面での流れがある場合，理論的に流れの強制力が発生することを 1 章で示してきたが，Kolkman [27] は，水理模型実験によって経験している．上流側の隙間を狭めることは逆効果となるが，下流側を狭めると有効なものとなる．

(3) 例題 3

図 2.16 に示されるようにゴム水密の 2 例は，水圧下で水密がとれるものである．種々の理由で微小隙間（変形，磨耗，ゲート閉操作など）が生ずる時，大きな振動が発生する．振動形態は，全く湯槽プラグの振動と同じである．水密ゴムの振動の感受性は，不安定指標に従うものである．ゴムは，相対的に柔軟性に富んでいるので，隙間は瞬時に密閉されるため，大振幅のパルス圧がゲートの下流側と上流側に作用する．初期圧が低い時は，下

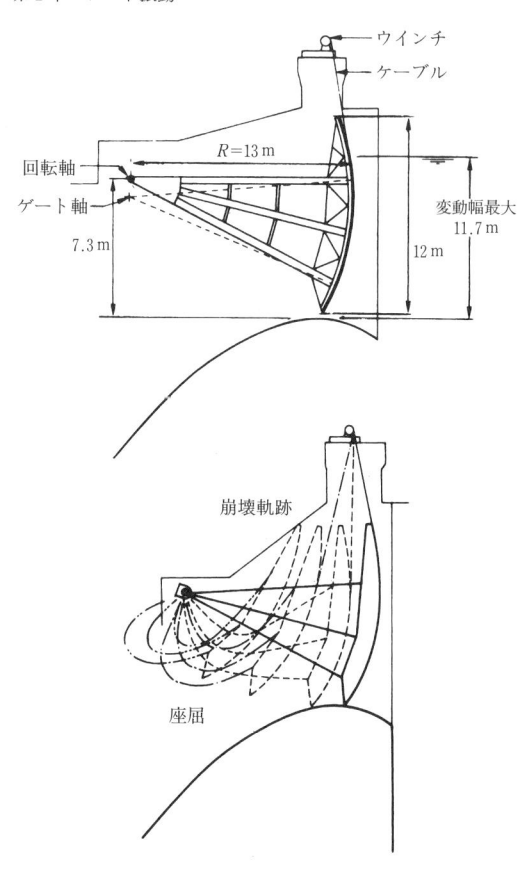

図 2.14 ゲート崩壊を誘発したテンターゲートの振動 (Ishii ら [21])

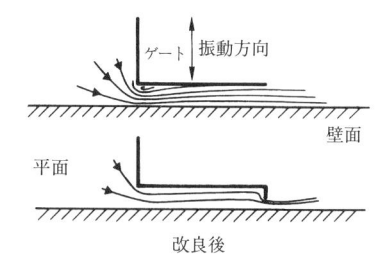

図 2.15 微小漏水隙間による動的不安定 [27]

流側でキャビテーションの発生も考えられる．パルス圧がゲート板に作用するとともに，ゲートに大きな振動が発生することになる．

(a) ゴム水密"音符形"(P形)　(b) ゴム水密"平板形"

図 2.16

(4) 例題 4

図 2.17 は，ゲート上部での漏水が水平振動を誘起することを Abelev と Dolnikov [3] が報告している．彼らは，この問題に対して理論的な検討を加えている．流れとして，例題 2 に示されているように上流側の隙間で絞りが存在している場合，ゲートは特に不安定となる．A 点およびB 点での絞りが危険な状態を生じさせるが，B 点と D 点では問題となる現象は生じない．

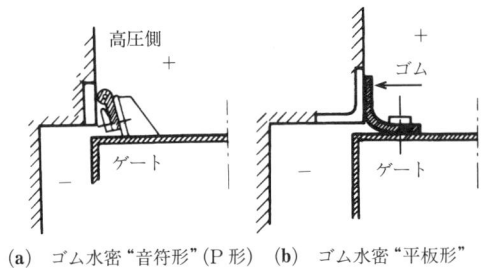

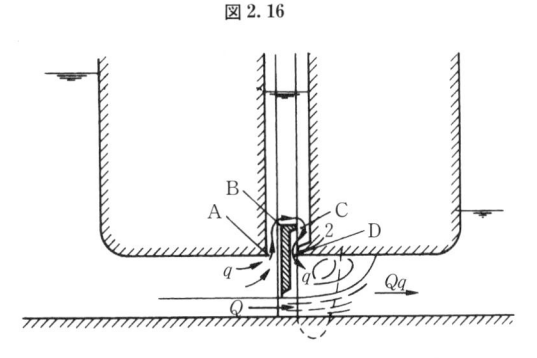

図 2.17　導水路用ゲートでの頂部漏水 [3]

(5) 例題 5

図 2.18 のストニーゲートにおいて上段ゲートに作用する大きな水圧力の結果として，Kolkman は，下段ゲートの頂部漏水の絞りが好ましくないとの報告をしている．最終的な解決法として，ゲート操作によって回転する合成樹脂製のチューブタイプを水密に取り換える対策がなされた．水密が保障される間は，ゲートに振動は発生しない．

(6) 例題 6

テンターゲートの下端形状に関する水理模型実験(実機では困難さに遭遇するが)が Schmidgall [52] によって報告されている．種々のテンターゲート (A_1 と B_1) の実機の"音符形状"(P形)の水密で振動の発生，また，細長い止め金

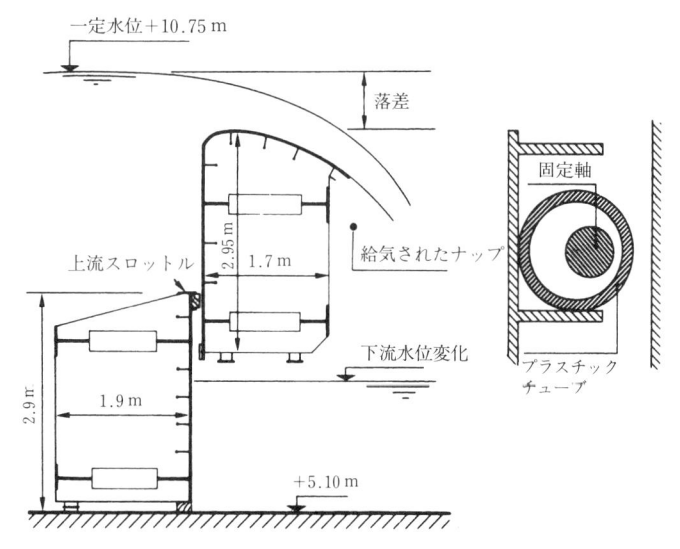

図 2.18 ストニーゲートでの上段と下段ゲートの扉間漏水 [27]

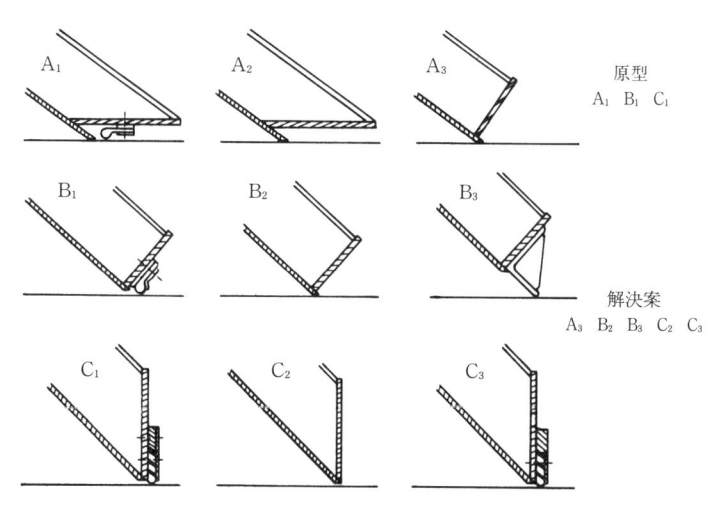

図 2.19 テンターゲートの下端形状 (Schmidgall [52])

(clamped-strip) (C_1) でも発生した．普遍的に応用できる解決策を見出すことは重要であり，これらのゲートについて大きな改善提案がなされ，広範囲に使用されている (**図 2.19**)．

A_1 および B_1 の振動は，直接的な説明(不安定指標)ができるし，A_3 もいくらか似ている．C_1 は，細長いゴムの止め方が良くないことから生じたもので，細長いゴムの水平な動きが変動隙間をもたらした．C_3 では良い止め金方法が採用されている．鋭いゲート下端である A_3，B_2，B_3 および C_2 は，水理模型実験では振動の発生は認められなかったし，これらのタイプが実機に応用されて成功している (A_3，B_3)．

(7) 例題 7

図 2.20 の反転型テンターゲートは，摺動可能な頂部水密が必要である．突出した梁に頂部水密が設けられているが，これは流体弾性模型実験から検討されたものである．微小開度の時に強い振動が発生した．不安定指標を適用すると，ゲートを閉じる時に頂部リップを下方へ変形させ，下流側に低圧が発生すること

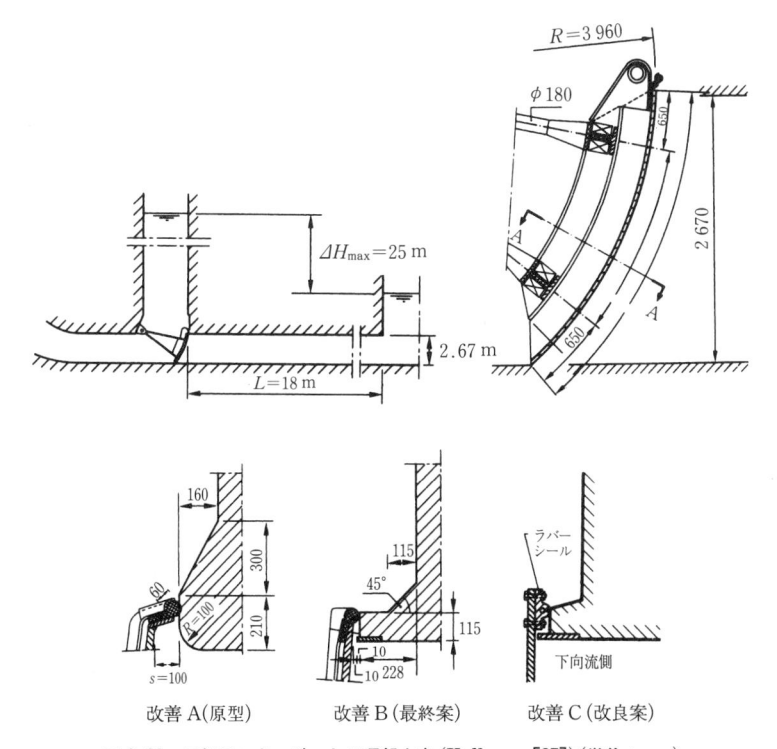

図 2.20 反転テンターゲートの頂部水密 (Kolkman [27]) (単位：mm)

が示される．解決法として，(変更 B) リップの突出した部分の寸法を小さくすることと，ゲートとゲート立坑の壁との隙間を小さくする対策が採用された．剛な水密構造を用いた水理模型実験では振動は消滅したが，実機では微小開度で振動が認められたので，さらに水密ゴムの両端を止めて変形しない構造に変更された (変更 C)．

(8) 例題 8

水平振動の事例として，図 2.21 の形状の振動が生じることを不安定指標の手法を用いて予測してみる．傾斜したスキンプレートでしばしば振動が発生する (例えば，図 2.20 あるいは図 2.24 の反転型テンターゲート) が，問題となるのは急傾斜のものであり，さらに下端が水平方向に柔らかく作られている場合である．同様な事象は，傾斜した床面に鉛直なゲートが設置される場合にも生じる．

(9) 例題 9

図 2.22 (a), (b) は，上流側に流れの絞りが存在する状態を示している．上流側での流れに絞りが生じない新しい設計法を用いることによって，振動を阻止することができた〔図 2.22 (b)〕．

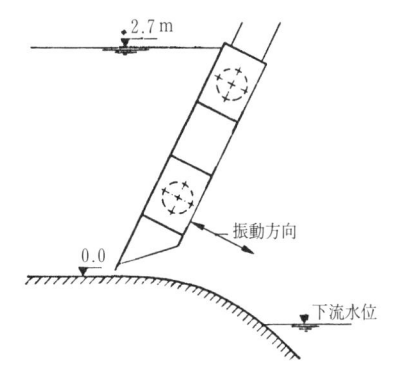

図 2.21 傾斜したスキンプレートを有するゲート (Petrikat [48])

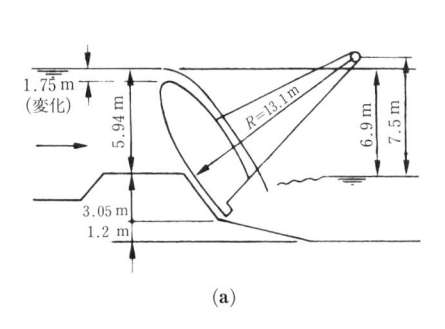

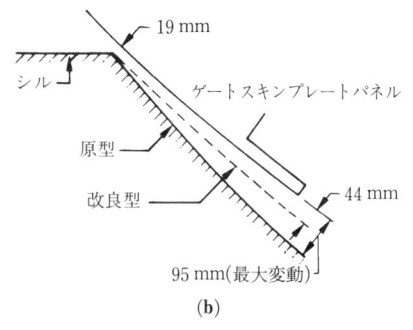

図 2.22 潜りテンターゲートでの底部隙間形状 (Neilson ら [41])

(10) 例題 10

図 2.23 のゲートについて，最初に鉛直方向に，次いで水平方向に振動したことが報告されている．ゲートの限界開度の範囲は，下端梁の厚さ (リップ厚さ) の 0.4〜1.2 倍であった (特に 0.8 倍が限界であった)．この下端梁は，吸引力の影響を受けやすいため，変動-隙間の理論によって鉛直方向振動の発生の説明でき，水平方向振動については，不安定流れの再付着に関係する変動流量係数が関与していることがわかる．振動低減法として，同調する渦列を阻止するため，さらに，ゲートの限界開度を変えるために 0.4 m 長さの形鋼梁を 1 m ピッチで追加設置した (図 2.23 の低減法)．

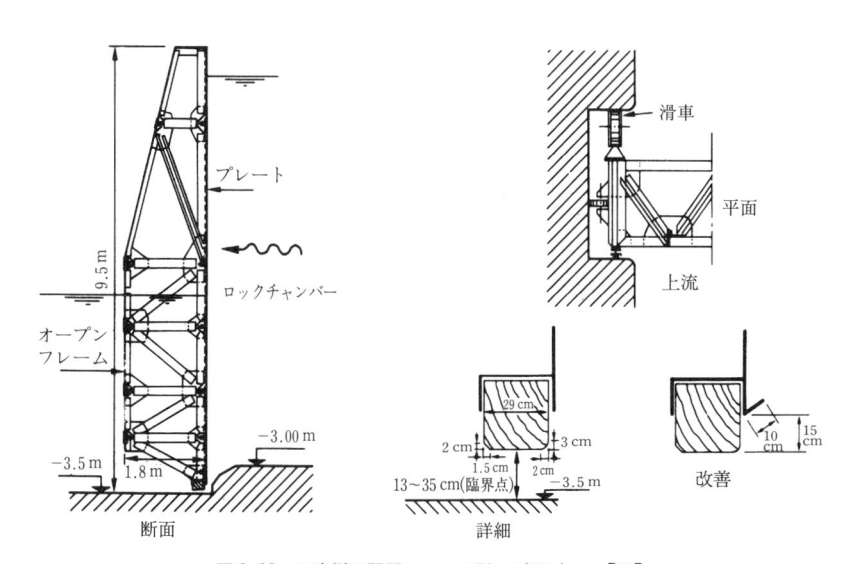

図 2.23 下流側用閘門における引上げ型ゲート [27]

(11) 例題 11

図 2.24 の事例は，水の飛沫が生ずるような大波高が発生し，大きな回転振動が発生した場合である．明らかに流れの絞りがゲート端の上流側で生じており，図 2.15 に示されたものと比較対比できる．解決法は，微小開度で床面に接触する際の機械的な減衰を付加することで対処した．

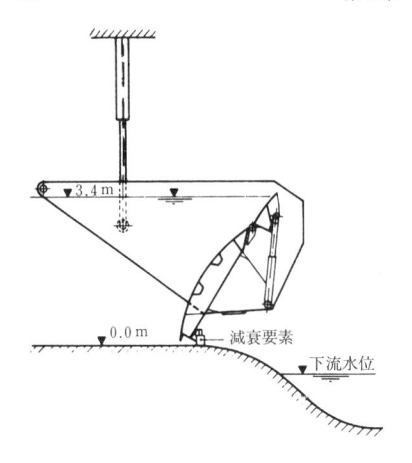

図 2.24 反曲面スキンプレートを有する反転テンターゲート (Petrikat [48])

2.4.2 変動流量係数理論の事例

(1) 例題 1

図 2.25 のバイザー型堰は，開度 0.45〜0.55 m (A 点) の時，局部的に水平方向の板振動 (領域 A 点で) が生じた．この現象は，明らかに不安定な流れの剥離現象によるもので，変動流量係数理論の考えから説明できる．

(2) 例題 2

20 mm 厚の鋼鈑が 1 m 幅水路に取り付けられた実験装置で予想もしなかった水平方向の板振動が発生した〔図 2.26 (a) に示されるように上流側に波が立っている〕．この現象は，長方形のゲート下端〔図 2.26 (c)〕である隙間高さで起こる不安定な流れが，剥離と再付着を繰り返すことによる．さらに，また微小開度以外で流れの剥離が不安定となる 1/4 楕円型の下端〔図 2.26 (b)〕を有するゲートでも同様な現象が発生し，水位差 0.2 m で振動が大きなものとなる．

(3) 例題 3

図 2.27 に示される事例は，縮尺模型実験で遭遇したものである．$\theta=40°$ で剥離域の局部的に低い圧力および近傍での不安定流れの再付着は，ゲートに対する

2.4 経験からの自励振動 71

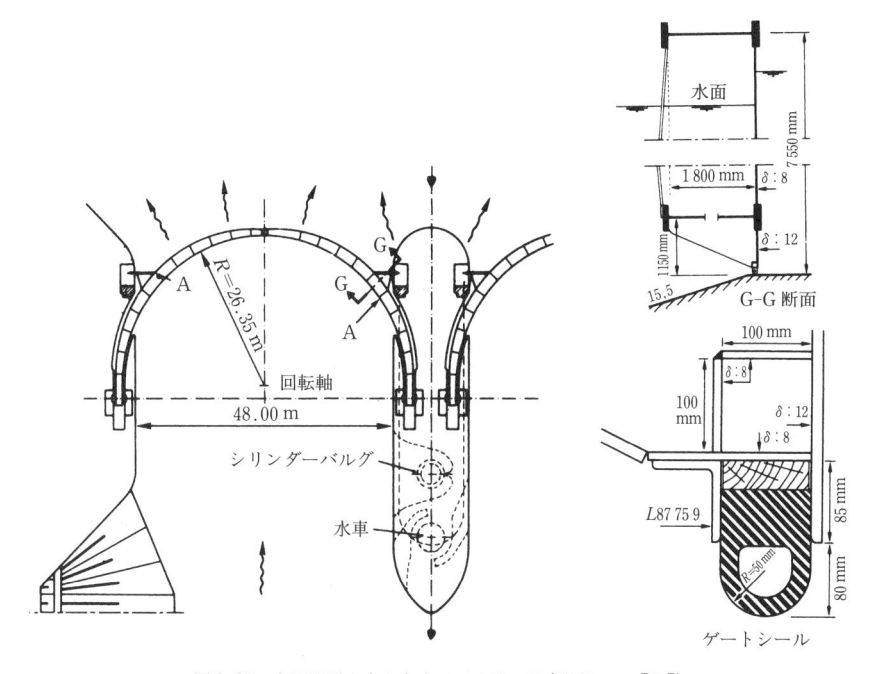

図2.25 半円弧型水密を有するバイザー堰 (Kolkman [27])

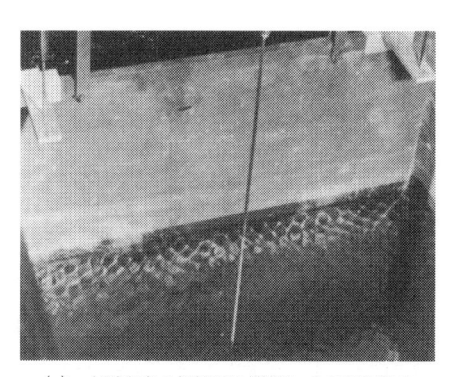

(a) 水平方向の板振動に関係しての実験室で遭遇する波

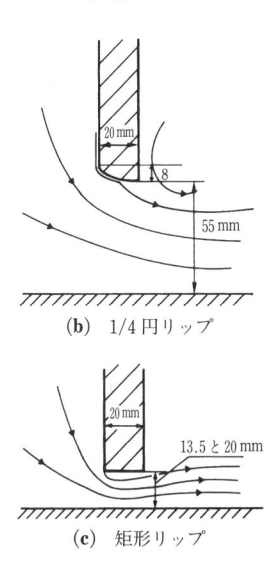

(b) 1/4円リップ

(c) 矩形リップ

図2.26

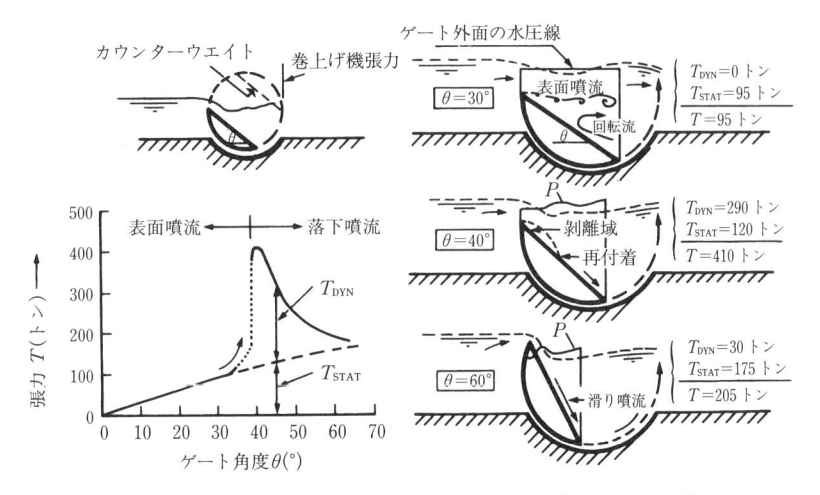

図 2.27 テムズ堰の模型実験での不安定流れパターン (Hardwick [14])

強制力を大きくした．$\theta=40°$ 条件では不安定指標が適用され，急激なゲート開操作では流量が絞りがちになり，上流側圧力の増加に従い水脈が遠方に落下し，低い圧力を示す剥離域は規模的にも大きくなった．さらに，この剥離域では流れ去る流量は増加するが，供給される流量が不足するため低い圧力になるという結論が得られる．この機構に対するもう一つの理由として，図 2.8 で示してきたように，ゲートの急激な開操作に伴って付加される質量流れおよび越流水脈の持上げでゲートが左側へ移動し，流量係数の減少などを生ずることからも説明が可能となる．ゲートに沿っての極端な圧力変化は，ゲートを持ち上げる方向に作用する．

2.4.3 自励振動の他の例

(1) 例題 1

図 2.28 に示されるゲートの縮尺模型実験で，初期の上方へのゲートの動きは，下段桁に落下する水脈の力の減少によって生ずるが，これは，上向き力の発生メカニズムと同じであって，振動が認められる．この現象は，衝突点と回転軸との水平距離に関係し，さらに桁上の変動する水脈層の厚さにも影響される．こ

の振動を阻止するには，ゲート越流部にスポイラを追加することによって可能である (二次元流れパターンを乱す). 水脈分離による給気法については効果が認められなかった．

(2) 例題 2

ホローコーンジェットバルブ (HCJV) での失敗と損傷の事例 (**図 2.29**) が報告されている．コーンでは捩れと曲げの振動が認められ，内部にある翼も振動した．これらの事故の解析を通じて Mercer [34] は，振動阻止に関する有効な剛性パラメータを導入している．この事例は，流体力学的な観点からコーン中心の頂点でのポテンシャル流れの不安定が原因であると結論付けている．さらに，翼が流れ中で不安定となること，すなわち固定端 (フルート) での風音あるいはアコーディオンの弾性的なリップでの風音と同じ現象が発生した．後者のケースについては，不安定指標から説明が可能であり，リップが初期に上方へ曲げられると揚力の発生につながる．

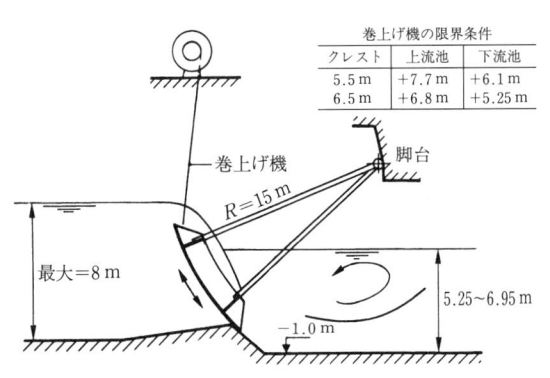

巻上げ機の限界条件		
クレスト	上流池	下流池
5.5 m	+7.7 m	+6.1 m
6.5 m	+6.8 m	+5.25 m

図 2.28 Nakdong 堰の潜りテンターゲート (De Jong ら [22])

(3) 例題 3

鋭い下端形状を有するローラゲートについての縮尺模型実験から，上方の

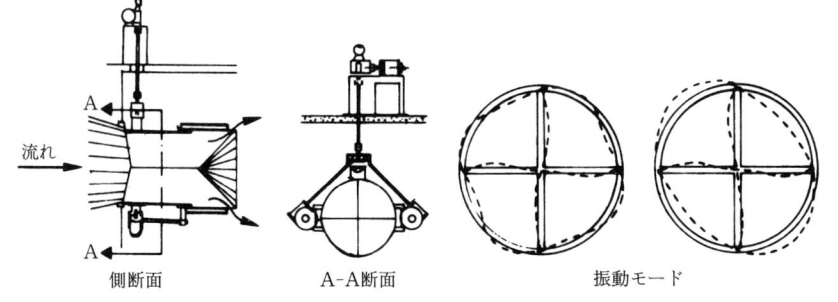

図 2.29 ホローコーンジェットバルブ (Mercer [34])

ローラが無荷重になるような水位条件で微小開度の時に大きな水平振動が生じることが判明した．導水路用ゲートにおいて，全開かそれに近い状態でローラに荷重が作用しない場合に，時々大きな振動の発生が認められる．

強制力の発生メカニズムは，常に同じではないが，図 2.30 の例では多分，変動流量係数が影響しているものと思われる．

無荷重にある上方ローラは，ゲートの回転に対する抵抗が存在していないため，わずかな流れの不安定さでも振動を誘起させるに十分なものとなる．

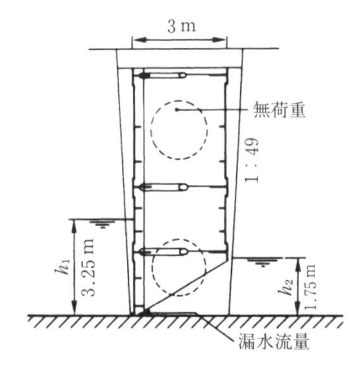

図 2.30 上段ローラに対して無荷重状態にあるローラゲート (Kolkman [27])

2.5 せん断層の不安定性による自己制御系のゲート振動

自己制御系の振動原因は，流れの剥離のちょうど背後でのせん断層の不安定性に基づく．不安定な流れの剥離あるいは再付着を常に発生させないのが設計上の問題となる．図 2.31 に示すように，小開度で自然な流れの収縮が形成される円弧状のゲート下部形状 (文献 [42] に引用されているように Smetana 参照) において，大きな開度で不安定な流れの剥離を伴うことがある例を示している．長方形の形状では，下端板厚の 65% が限界開度となり，この開度において不安定性をもたらす再付着現象が発生する．

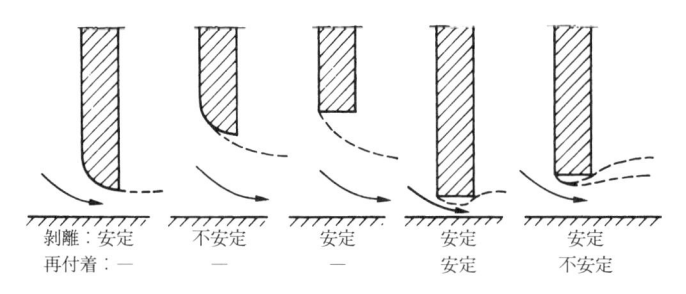

図 2.31 ゲート開度およびリップ形状に関する流れ状況

2.5 せん断層の不安定性による自己制御系のゲート振動

強制力の大きさがゲートの振動によって増大する場合を一般に自己制御系の振動と呼んでいる。自励系に対比して自己制御系の振動では，増加現象が制限されるか，乱れ強制力から共振振動数域へエネルギーがシフトされることが認められる。**2.2** で，不安定な剥離あるいは再付着が水平方向のゲート振動に関連付けられている。これらの条件では，変動流量係数への影響が考えられるが，自己制御系とは別問題である。せん断層(流速が大きくなる噴流と旋回渦が存在する死水域間の過渡領域)では，最初にこの層内では大きい流速勾配の旋回流れが距離とともに規模が増大する渦へと変化すること，次に流れの剥離と再付着が完全なものでない場合，せん断域と剥離と再付着が繰り返して発生している間でのフィードバック現象による動的圧力の発生が考えられる。**図 2.31** に流れの剥離と流れの再付着の不安定の条件を図解で示している。

Naudascher と Locher [39] は，2種の形状のゲートに発生する流れの強制力，鉛直振動の影響およびゲートに対するキャビテーションに関する研究結果を発表している。以下に主として3つの研究成果を要約する。

初めの研究としては $b/a=1$ となる**図 2.32** の A の状態 $(b=a)$ では，流れの剥離は安定であり，再付着点はリブから離れた点にあるが，B の状態 $(b=3a)$ では，再付着点はゲート面で発生し，ゲートの動きに容易に影響される。$b/a=4.5$ では，再付着はおおよそ安定である，と記載されている。

研究された条件では，ゲートが完全に巻き上げられた場合も，これと同じ条件になることを示している。V を接近流速と定義すれば，ストローハル数は，$S=fa/V$，動的な強制力係数は，

$$C_{F'} = \frac{\sqrt{F'^2}}{\frac{1}{2}\rho V^2 bL}$$

ここに，bL：リブ底面の面積．

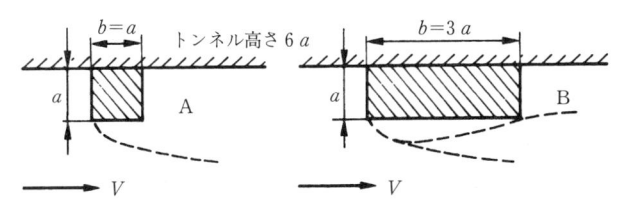

図 2.32 Naudascher と Locher の実験装置の状況 [39]

[状態 A]　　ゲートの鉛直方向振動の動的な強制力係数が計測され，$C_F'=$ 2％と評価されている．リブ全長にわたっての強制力の相関の式が与えられている (図に直交する方向)．

・計測断面で，リブの L は小さい (b のオーダである) とすれば，C_F' は $6b$ 長さで得られた2％に比べ局部的に4％となった．スペクトラムからは，支配的な振動数は存在せず，$S=0.015$ 以上でほとんどのようなエネルギーも存在していない．

・リブが鉛直方向に振動する (振幅としてリブ高さ a の1％と2％で) と，C_F' は6％に増大し，ほとんど全エネルギーは加振振動数に集中したものとなる (自己制御系)．

[状態 B]　　$S=0.022$ でピークとなり，$C_F'=5.5$％となる．鉛直方向振動 (リブ高さ a の1％と2％) は，スペクトラムに影響を及ぼす．状態 A に反し，状態 B では，強い流れの振動が限定された長さのせん断層を伴い，この条件下での引き金となっている．

キャビテーションが発生すると，状態 B では非常な影響が現れる．この現象は，いまだ難問であり，一般的に応用できる理論はない．**2.2** には，微小なゲート開度で不安定な再付着が影響するが，水平方向振動ではなんら影響されないことを示した．振動によって，水路の閉塞比が変化するため状態 A では，自励系に対して敏感となるが，小さな閉塞比では，この現象は生じないことに注意されたい．

Martin ら [33] による2つ目の研究は，ゲートが低い位置にあって，ゲートの下端部でのせん断層が不安定になる場合であり，この状態は，高圧ゲートで遭遇するものと同じである．

上流側が円弧となっているゲート (**図 2.33**) では，流れの剥離が生じるが，微小開度では，下流側のリップ面で流れの再付着が生じる．ゲート開度 δ が $0.25b$ から $4b$ で，リップ高さ e が $0.2b$ から $0.6b$ の条件で実験された．ゲート底部で計測された圧力から，動的係数 $C_P'=\sqrt{\overline{P'^2}}/(\rho V^2/2)=3\sim 7$％が得られた．ここに，$V=q/0.61(\delta+e+r)$．

ゲート開度範囲は，再付着の有無の条件を満たすものである．これらの実験条件は，2つの支配的なストローハル数が $S=f\delta/V=0.33$ と 0.84 であり，δ と e のわずかな変化のみで可能である．理論的解析から $\lambda=0.5\,V/f$ (f：支配的な強

制振動数，$0.5V$：せん断層での平均流速）で定義される波長の存在と不安定性として $b=\lambda(n\pm1/4)$ を示している（この理論は，**2.7** の越流水脈の不安定性に関連して見出された結果と関連した手法である）．取り囲まれた流体容積が圧力変動により変化するため，せん断層での波動が振動を誘起させていると考えられる．$n\pm1/4$ では，最大容積変化が起こる．$b=0.75\lambda$ と $b=1.75\lambda$ に対応する2つの支配 S 値では，圧力計測のスペクトル中に他のピーク値は存在していない．同じ支配ストローハル数の実験で，ゲート開度が大きい時の流れでゲート下端での再付着が発生しなくても，振動が認められる理由についてはいまだ明らかにされていない．

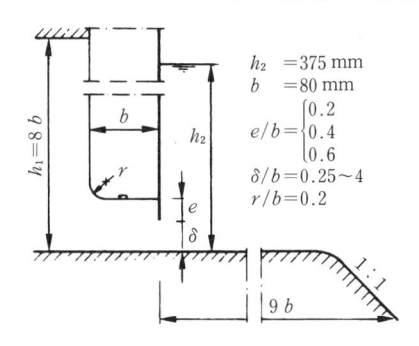

図 2.33 Martin らが実験に使用したゲート形状 [33]

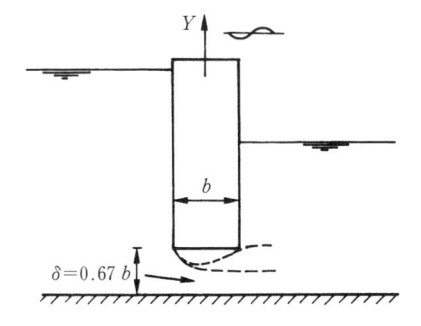

図 2.34 Hardwick が実験に使用した条件 [15]

3つ目の研究 (Hardwick [15]) は，鉛直方向振動（**図 2.34** 参照）で加振されている自由表面下の長方形の矩形断面ゲートについてのものである．付加質量の影響を差し引いた流体力が計測されている．

ゲート開度がゲート厚さ b の67％の時，流れの再付着による最大の不安定の条件となり，最大の振動振幅になることが多くの研究者によって経験されている．S を $S=fb/\sqrt{2g\Delta H}$ で定義すると，$S=0.3\sim0.5$ が最も厳しい限界値であることが実験から明らかにされている．強制力が解析され，2つの方法として，① あたかも力が純周期的なものとして，係数 $C_{F'}=F/(\rho V^2 b/2)$（F：ゲートの単位幅当りの力），② あたかも力が負の減衰 c_w であると示されている．$C_{F'}$ および無次元減衰 $C_d=c_w/(\rho\sqrt{2g\Delta H}\,b\times\text{span})$ は，一定値からはかなり外れている．すなわち，S の関数および振動振幅 y_0/b に関係するものとなっている．$C_{F'}$ は，y_0/b が 2〜3％ の振幅までは増加傾向にある．この結果は，強制力の発生メカニズムに関して，いまだ明確な結論を導くことができていないことを意味する．

本節での結論は，せん断層の不安定性および定量化する難しさを含む自己制御系について記載した．ゲート設計では，支配ストローハル数から外した共振振動数を保持するような助言をした．縮尺模型実験の実施なしでは，自己制御系のゲート振動を定量化することはできない．可能ならば，不安定な流れ現象が生ずると考えられる形状を避ける必要がある．

2.6 ゲート振動に関係する水密構造設計

前に多くの事例を示したが，ゲートの水密構造の形状がきわめて重要である．ゲート振動に関する他の文献では（古くて系統的な研究が 1993 年 Müller [36] によって発表された），すべての水密構造は 15〜40 cm の厚さの堅い木製の梁であり，これらの水密では，非弾性体であるため，初期の段階から漏水が生じているし，浮遊してくる砂で潰食した時には，さらに漏水がひどくなる．基本形状は，長方形であるが，時々コーナーを丸めたり，斜めに面取りされる．あらゆる条件下で振動が発生しないと保障される一般的な形状はない．さらに，上述したように砂による潰食によって縁面の形状が変わってしまう．

ゴム水密構造の開発によって，形状の多様化と水密構造の厚さが薄くなった．この傾向は，また流れからの力が作用する面積の減少をもたらす利点となっている．一方，ストローハル数は，大きくオーダは変わらないが，強制振動数は，増加し，共振振動数にさらに接近するため高次振動モードも含まれてくる．また，さらに弾性的な材料は，水密ゴムに限定した振動の発生と全ゲートに作用する動的荷重の誘発も招く．

木製の側面水密は，一般に閉じた位置で支持され，ゲートの姿勢に影響される設計となっている．ゲートが少し開くと，ゲート荷重が滑車に伝達され，微小な隙間が生じ，その瞬間に振動が発現する（図 2.23）．現在では一般的な水密構造となっているゴムの側面水密は，例えば図 2.16 に示されるように正常が水密を保持できる．この方式で壁面が不陸があっても水圧を完全に止めることが可能である．この方式は，高水位に対しては，摩擦が極端に大きくなるため問題となる．水密構造で漏水が存在しない限り，振動の大きな原因は取り除かれる．

耐磨耗性のために，ナイロンや青銅がはめ込まれた側部金物に容積のあるゴム

2.6 ゲート振動に関係する水密構造設計

水密が考えられている.これら側部水密は,ゲートが操作される間は部分的に圧縮されるため水圧に影響されない構造となっている.

水密構造の開発で重要な役割は,Petrikatによってなされた.Petrikatは,ゲート振動に及ぼす水密形状および弾性影響を研究するために多くの実機と模型実験を実施している.彼の初期の論文(文献[45]参照)で,非連成強制力のみについて2.2で示している式(1)をもとにした理論的な展開を試みている.任意の漏水隙間あるいはゲート開度での強制力は,以下に示す力(単位当り)の式で純周期的な特性にあると仮定している.

$$\hat{F} = C_A \frac{\rho}{2} V^2 b$$

ここに,b:リップ厚さ.C_Aは,

$$C_A = \frac{\hat{F}}{\frac{\rho}{2} V^2 b} \tag{33}$$

ここに,$\hat{F}$:ゲートの単位幅当りの力振幅,C_A:強制力係数.

共振時,平衡状態にあるゲート振幅は,強制力と減衰力との平衡状態に左右される.

$$(c + c_w)\dot{y} = \hat{F} \sin \omega t \tag{34}$$

多くのゲート形式についてのC_A値と$(c+c_w)$値に関する広範な研究,および実機と水理模型実験でのゲート水密構造から最良の形状が求められている(文献[45]参照).最新の開発例が文献[46, 47, 48]に示されている.

2.5に事例を示したようにHardwick[15]の実験についてのC_Aは,$S_n = f_n b/V$および振動振幅y_0/bに関係している.最後のパラメータ(y_0/b)は,Petrikat(例えば,文献[48]参照)の最新の論文で論及されている.式(33)の考え方は,非常に明解であるが,異なる水密構造の比較を通してPetrikatのきわめて多くの経験をもとに導かれたものである.この方法をもとに多くの研究者が試みたが,これに優る一般的で有用な公式は得られていない.

ゲート下端部の最新の水密構造設計は,しばしば可能な限り鋭くしている(ゴム水密なしの鋼板,あるいは底部で固定されたゴム止金との組合せ,あるいは図2.19のC_3形状).

ゲート頂部では,水密構造はある程度摺動する.微小な漏水隙間が生じると〔図2.35の変形(**a**)〕,音符形(P形)の水密構造は振動するが,ゲートが上方へ

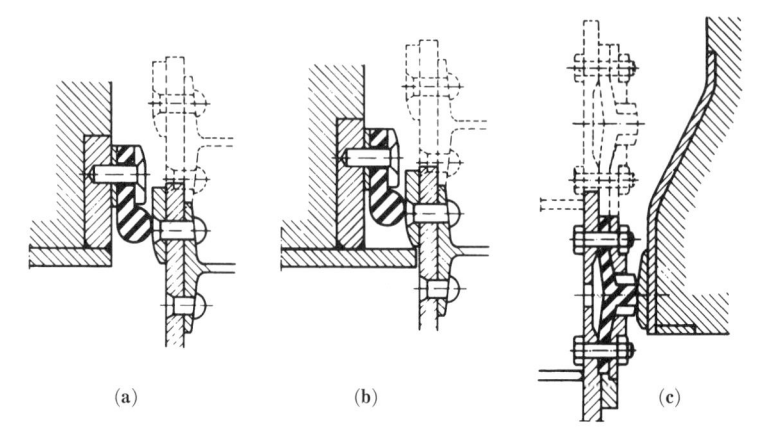

図 2.35　導水路用ゲートの頂部水密 (Petrikat [48])

移動すると，水密構造に沿っての圧力差が消滅するため振動がなくなる．変形 (**b**) に変更することによって，ゲート位置での限界域がなくなる．高水頭ゲートでは両側面に沿って水密構造を固定する〔変形 (**c**)〕のが最良であるが，随時，変形 (**b**) の止め金との組合せもある．

2.7　越流ゲート

自励振動の発現による危険性を有するゲートには，多くの発生メカニズムが存在する．

① 　ゲートが剛である場合，閉鎖された空気層の下方では，振動する越流ナップのために空気層の体積変化が生じる．この体積変化は，空気層内の圧力変化となり，ナップの振動原因となる．この現象は，自励系の発生メカニズムの可能性となる．理論展開については，Schwarz [53]，Treiber [57] および Kolkman [26] を参照されたい．これらの研究者によって空気クッション内でエネルギーあるいはダンピングが導入され，系として調和振動が持続する理論が提示されている．特定化パラメータは，振動数 f とナップが落下するに必要な時間 T との積として示される．$fT=n+1/4$ と与えられる場合，最大振動エネルギーは，$n=1,2,3,etc$ の条件よって形成される．理

2.7 越流ゲート

論と実験との食い違いは，空気クッションの剛性を考慮することにある．実験からは相対的に高い剛性の振動の可能性を示しているが，理論的に展開されていない．ゲート荷重に対する大きな脈動となるナップ振動への最良の対応は，ナップ・スプリッタによる空気クッション内への給気である．ナップの分断化の可能性は，2つの異なるレベルで交差する"鋸歯状"のゲートクレストの採用も考えられる．Partenskyら[44]は，剛なるゲートの越流ナップの最大限界厚みを決定している（全高の約5%まで）．

② ゲートが弾性的に振動すると，ナップもそれにつれて振動し，この振動が空気圧変動をもたらし，ゲートを起振する原因となる．この現象も自励系の発生メカニズムの一つである．理論的には，明らかに空気層の容積がナップ振動とゲート振動によって変化するが，ゲート振動の影響は時々小さいと仮定される．〔Homma（本間）ら[17]を参照〕．経験的に限界ナップ厚さ（ゲート端近傍で定義）は，Partenskyら[44]の剛なるゲートから与えられるものより大きくなる．著者の経験によると，落下高に対して5%より少なくとも2倍になること，Pulpitel[49]は，おおよそ15%と報告している．ゲートクレスト上のエネルギーレベルは，ナップ厚さのほぼ2倍に対応する．

V形のナップ・スプリッタの設計（例えば，**図2.36**参照）は，ナップにゴシック型の窓形ベンチレーションホールによる給気を考え

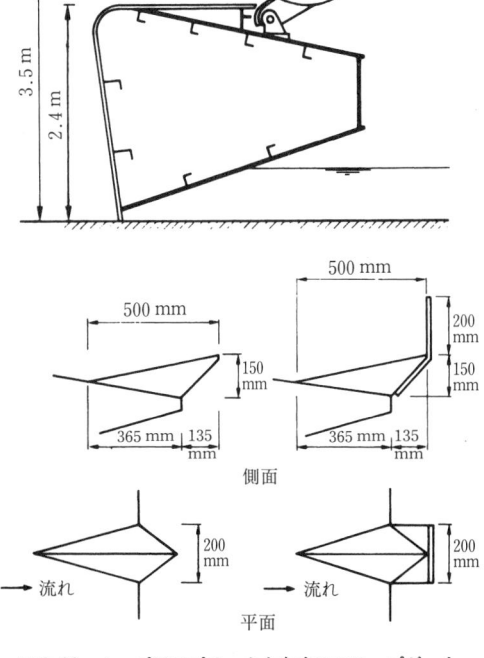

図2.36 ナップ用スプリッタを有するフラップゲート（Ogihara[43]）

る．ナップに直交する平面板がさらに効果を高めるが，氷やごみを溜める弊害がある．スプリッタ間の最大許容間隔は，文献からは見出せないが，ナップの落下高さの1/2程度である．間隔が大きすぎると，空気層での共鳴現象が振動を増大させる方向となる．背の高いスプッリタの適用は，常に良い結果とはならない．この場合，他の解決法としてナップがクレストの落下点で引き裂かれるような"鋸歯状"のものも考えられる．二次的効果として，ゲート越流部分で異なる fT（落下時間 T の差）となって，全体的に振動が弱められることもある．

③ 空気層に給気されたとしても，ナップの両面には境界層の発達に伴う振動の原因 (Binnie [8] と De Somer ら [54] を参照) や，層内に十分な給気がなされない場合にはゲート振動の発現もあり得る．

[注意] スプリッタは，その背後に氷や浮遊破片を堰き止めることがあるため敬遠されるし，結果的に流量への影響も生ずる．Minor [35] は，空気管によるナップ底部での空気の放出が低い振動域のナップ振動を抑制するし，また，ナップ振動に対してスプリッタは有効であることを示している．小型ゲートの給気は両受台 (abutmennts) に通気口を設置することによって可能である．

④ 大きなナップ厚みおよび高下流水位では，越流ナップ下の空気層は流れによって移動し，その隙間には低い水圧で満たされる．**図 2.37** は，上記のような原因で厳しい振動が発現した一例である．

縮尺模型による実験では，わずかな給気量であっても，この条件下の振動は防止できることが明らかにされている．この自励系の原因は，**2.2** に記述されているものと同様であり，水平振動は流量係数の変動をもたらす．**図 2.27** のケースがこれに対応する．

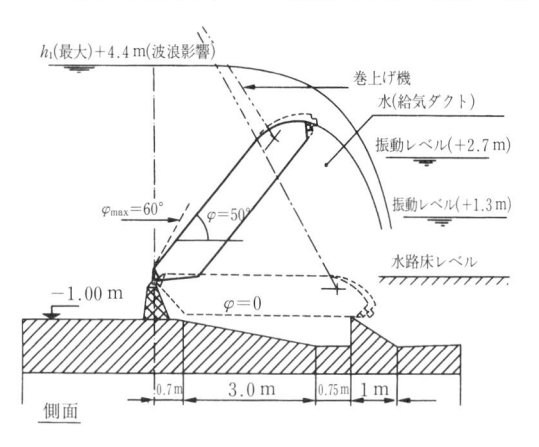

図 2.37 越流時に空気クッションを伴わないフラップゲート [27]

⑤ 2.1に記述したように，潜り流出と越流とが存在（例えば，図2.18のストニーゲート，あるいはフックゲート）する場合は，自由流出中の物体背後にカルマン渦が形成される流れとなる．この現象は，越流ナップに空気が流れ込むと部分的に抑制される．より多くの情報が早い時期にNaudascher[37]によって報告されている．

2.8 ゲート振動の防止法

この短い文脈で，振動防止についての秘訣の多くを提供することは不可能であるが，前述した事例および理論から完璧なゲート設計に際しての基本要素を示すことができる．多くの場合，水理模型実験の実施が必要とされるが（2.10参照），このような条件下にあっても，ゲートの初期設計では前以って問題点を整理できる．

以下に示す①〜④は，水理的条件とゲート形状に関連するものである．⑤〜⑦は，機械的な特性との干渉についてである．

① 流れ条件として，一般的な流れの不安定性，すなわち不安定な流れの剥離あるいは不安定な流れの再付着などを完全に取り除くような良い設計例は，自由下端水脈として下流側へ放出される放水路上にあるテンターゲートである．

② 自励系は，阻止しなければならない．この現象に対して，吸引力が自励系の指標としてしばしば使用される変動-隙間理論が適用されるが，阻止に対してさらに洗練された方法が2.2に示される安定化指標の活用である．越流ゲートでの給気は，重要なものである．吸引力は，しばしば水密構造の形状変更や水密構造の寸法の縮小などによっても阻止できる．導水路内のゲートの頂部水密構造では，最大漏水流れを阻止する金属止め金の採用によって，吸引力の低減ができる〔図2.35(b)〕．しかし，スキンプレートの振動を誘発する図2.15の事例は，危険を伴う条件であるので，安全性が保障される対策が必要である．

③ 波，不安定な跳水，キャビテーション，導水路流れで局部給気による動的荷重は，阻止あるいは最小にする必要がある．

④ 相互の干渉を阻止するために，滑車および巻上げ装置に加わる荷重を完全に0にはできない．
⑤ 共振振動数を強制振動数以上とする．
⑥ 一般的に高い剛性にすることは，2つの理由から安全性が増加することを意味する．一つには共振振動数の増加，二つには変動-隙間理論から負の流体力学的な減衰が即座に流体力学的な剛性に変換される．
⑦ 高い機械的減衰は好ましいことである．小規模の高水頭ゲートでは，摺動タイプのゲートが採用されるのもこの理由による．付加減衰はあまり魅力的でなく，不完全な設計がなされた時の改善策として考えるべきである．

実用上，ゲート設計では多くの要求や十分な安全性および経済設計への困難さを受け入れることに集約される．これは，しばしばゲートのみでなく，すべての水理構造物の形状と流体力学作用が含まれている場合である．

2.9 ゲートに関係するキャビテーション

ゲートで騒音か振動が認められると，しばしば流れによる振動かキャビテーションの発生が考えられる．故に，キャビテーション現象とその対策についての簡単な紹介をする．キャビテーションに関する詳しい文献は，Knappら[25]の文献があり，さらに最新の文献としてHamitt[13]のもがある．

ゲートあるいはゲート回りでのキャビテーションから生ずる問題点は，騒音，振動，衝撃，水密部分の端部損耗および巻上げ装置と滑車への損傷，これらの問題の主なものは，キャビテーション気泡あるいは気塊の崩壊に伴う衝突現象によって生ずるものである．崩壊する気塊が構造物から離れていても，衝突は流体を介して壁面やゲートに伝達される．

以下に示す段階は，バルブあるいはノズルを含む鉄管で徐々に圧力が低下する時に聞かれる騒音である．

① 初生のキャビテーション：あたかも砂が通過するような極端な騒音．実験室ではマイクロフォンや圧力変換器は非常に鋭敏であるため，初生のキャビテーションのきわめて初期の段階から探知できる．ある段階では，気泡のあるものが気化されるので，騒音は小さくなり弱められる．

② 発達段階のキャビテーション：砂利あるいは小石が通過するような騒音．

以上2つの段階は，ゲート背面の局部的に低い圧力域および乱れ域に発生し，ゲート下流側でのキャビテーションとなる．圧力がさらに低下すると，第3段階が生じる．

③ 閉塞流れ：低レベル騒音（しかし破裂の段階では衝撃効果が現れる）．

ゲート下流側の圧力は，蒸気圧以下とはならないが，流量に対する限界をもたらし，自由流出噴流となる．

管内流で，気塊の発生するもう一つの原因は，非定常流れと圧力波に関係する流れの剥離である．気塊の崩壊は，きわめて強い水撃波の発生を伴う．

初生キャビテーションは，圧力の低い場所か，しばしば渦あるいは渦巻の核かに発生する．

二次元問題では，渦は壁に沿って発達する境界層に関係し，特にゲートにおいては，収縮流域のせん断層に影響される（P_0：せん断層の域の値．図 2.38 参照）．この場合，渦の核は，一般的には導水路の天井あるいはゲートには接触しない．しかし，鉛直方向に側壁が存在する場合，核（真空だから）は，直接この壁に接触する．この現象は，きわめて厳しい壁面潰食をもたらす（Kenn ら [24] 参照）．

上記のせん断層キャビテーションは不規則なもので，真空は破裂するまで流れとともに移動し，気泡は膨張し破裂が連続的に発生する．

キャビテーションは，定常的な渦を形成し，流れの中での初期旋回（主として壁面摩擦による）を伴うこれらのキャビティは安定である．ゲート近傍ではゲートの上流側の流れがゲート下端で強制的に潜り込む場合に発生する（図 2.38）．この現象は，空気吸込みのあるゲート面あるいは自由表面流れのある導水路用ゲートで発生する渦と全く同じである．これら相対的に安定な渦は，ゲート戸溝にも発生する．これらキャビティは，長時間持続するので，水に溶けたガスが拡散する．また，これらの安定な特性およびキャビティ内に含まれるガスのために破裂は有害ではないが，キャビティに含まれる渦核が壁面に接触すれば，局部的な潰食の発生原因となる．

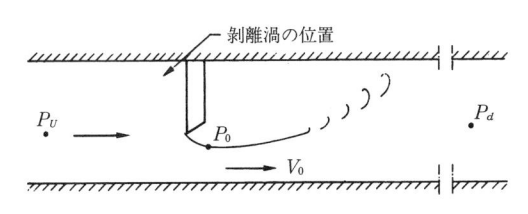

図 2.38　圧力と流速に対する検査面

キャビテーションの発生は，流れのパラメータと流体の物理的パラメータに含まれるガスの蒸気との比から決定される．

流れのパラメータは，周囲の圧力，流速（これらパラメータに支配される局部的および瞬間的な圧力変動），流速分布および乱れである．

物理的パラメータに含まれるものは，蒸発，ガス拡散（温度影響およびそれ自身熱発生となる），蒸気圧，ガス定数（無溶解と溶解）および表面張力である．流れパラメータのみが構造物の設計によって影響される．

2.9.1 Thoma係数の定義と大きさ

キャビテーションを含む流れ条件を決定するために，Thoma係数あるいはキャビテーション数が以下のように導入される．

$$\sigma = \frac{p_0 - p_v}{\frac{1}{2}\rho V_0^2} \tag{35}$$

ここに，p_0, V_0：ある決められた検査面での圧力と流速，p_v：蒸気圧．

キャビテーションがちょうど発生（初生キャビテーション数 σ_i）する時は，$\sigma = \sigma_i$ となる．検査面で気泡崩壊が始まる時は，その点は $\sigma_i = 0$ となる．この現象は，実際には生じないが，σ_i が低い値を維持し，異なった条件下での σ_i との比較ができることからキャビテーションの発生を設定できる利点がある．

ゲートにおいて，最も危険なキャビテーションの一つとして，ゲート背後のせん断層の収縮面の p_0 と V_0 を評価値とするのは妥当である（**図2.38**）．さて，σ_i のオーダとしては1.2～2.0である[29]が，キャビテーションの発達段階前では1以下となる．急拡大する管（またはゲートでの微小開度）では σ_i は小さくなり（Rouse[51]参照），無限水域に放出される円形噴流では $\sigma_i = 0.6$ に近づく．p_0 と V_0 について選定された位置がゲート操作によって変化した時の検査面の位置が変化することになるが，一般にはこれを無視する．式(35)から設定されるキャビテーション数 σ が初生キャビテーション数 σ_i よりも大きければ（$\sigma > \sigma_i$），キャビテーションは発生しない．

V_0 と p_0 のパラメータは，実用上，上流水位と下流水位から算出される（ベルヌーイの定理および水頭損失係数に変換される収縮係数を適用することによっ

2.9 ゲートに関係するキャビテーション

て)ので，Tullis [58] は，σ について以下の定義式を与えている(図 2.38 参照).

$$\sigma = \frac{p_d - p_v}{p_u - p_d} \tag{36}$$

σ_i についての Tullis の値は，ゲート開度および異なるゲート形状に対して広く変化する．Tullis の他の研究は，縮尺影響に関するものであり，σ_i はゲート寸法によって相当大きくなることを結論付けている [59]．縮尺影響についての明確な結論は出ておらず，壁での衝撃波の強さについてのみ明らかにしているが，その手法には縮尺効果が含まれている．しかし，実験室の可視化法からは，正確な縮尺についての決定法は見出せなかった．

重要な σ_i の他の値は，

① 壁面粗度によるキャビテーション (Arndt [4])．

$$\sigma_i = 16 \, C_F \tag{37}$$

(C_F：壁面の摩擦係数)．

② ゲート戸溝でのキャビテーション：最適な σ_i 値(最小値)が Ball [5] と Ethembabaoglu ら [11] によって示されたゲート戸溝形状の研究が完成している．Rosanov ら [50] の研究は，形状によって変化し $\sigma_i = 0.3 \sim 2.5$ (V_0 と p_0 は通過する流れの数値) を与えている．

③ 壁面の不陸によるキャビテーション：Arndt [4] は，不陸形状で σ_i は変化することと，「寸法/境界層厚さ」の関係を見出している．実用的には，二次元形状および壁面の不陸について，Ball [6] の実験結果が許容できる最大の壁面粗度としてしばしば使用されているが，Ball の論文では，「寸法/境界層厚さ」の相関関係が記述されていない．壁面不陸の損傷に関する多くの経験例については，Falvey [12] を参照されたい．

キャビテーション損傷に関し，σ 値が σ_i よりも低くなった時，多くの研究者が損傷との関係，すなわち σ 値と材料の耐損傷特性を確立するための試みがなされている．

実際上，σ 値は明白なパラメータではない．Kenn ら [24] は，潰食という重要な事柄が発生するのは，流速が 30 m/s 以上必要であるとの結論(せん断層内の渦軸が壁面に直交する条件で)に達している．Kolkman は，上記数値以下でも壁面損傷の発生を経験している(オーダとして 25 m/s 程度)．

2.9.2 キャビテーションに対する改善

キャビテーションに対する改善は，修繕と保守が不要となり，3つの異なった事柄の改善，すなわち，流れ条件の改善（および圧力），給気（衝撃影響の低減と圧力の上昇），および耐潰食材料の選定によって対処が可能である．以下の改善法が考えられる．

① 低圧，高速および高い乱れ条件の改善：これは，高水頭ダムでは避けられない最悪条件の一つで，ゲートで物を嚙み，非常用ゲートを閉操作する時に発生する．上流ゲートの減速された噴流の収縮が下流ゲート端にほぼ接触する時，流れの妨害が2箇所で発生し，ゲートによる損失係数の減少が認められる．この現象は，制限された長さで発達するせん断境界層が，きわめて高い乱れ場にあるという条件のもとで，高い速度および低い圧力で発生し，キャビテーションはきわめて大きい動圧の発生をもたらす．

② 導水路下端にゲート設置あるいはゲート下流での自由流出を保障する他の方法：長時間にわたってある開度が保持されるゲートについては，特に重要な事項であり，**図 2.29** には高水頭ゲートでしばしば使用されるホローコーンジェットバルブが示されている（これ以外にも解決策がある）．

③ ゲート戸溝の配慮：例えば，テンターゲートの使用，あるいは非常用ゲート立坑に詰め用ブロックを装填する．または，低い σ_i 値が期待できるゲート戸溝の設計が可能である（**図 2.39** 参照）．

④ 完全潜り流出ゲートでは，低位放流点（深い位置）の採用．

⑤ ゲート上流側での広幅導水路の採用：これは接近流の低減と圧力の増加が期待できる．

⑥ 完全潜りゲート：ゲートの下流端に対応する導水路を一段と広く採用する．このような対策を講じればキャビテーションは，壁面から遠く離れた場所で発生するので，ゲートでの損失水頭は増加する（文献 [10] 参照）．

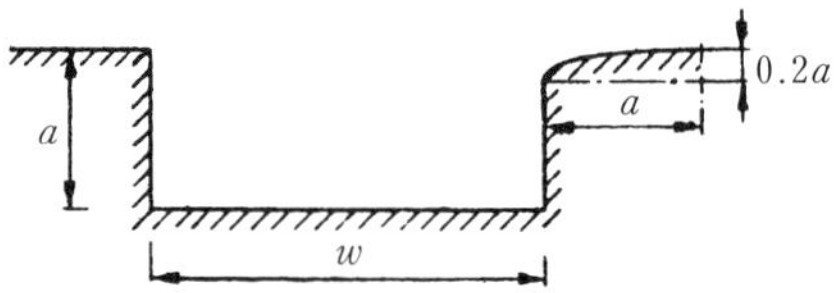

⑦ 鋭い底部を有するゲートの採

図 2.39　低い σ_i 値となる戸溝
(Ethembabaoglu [11])

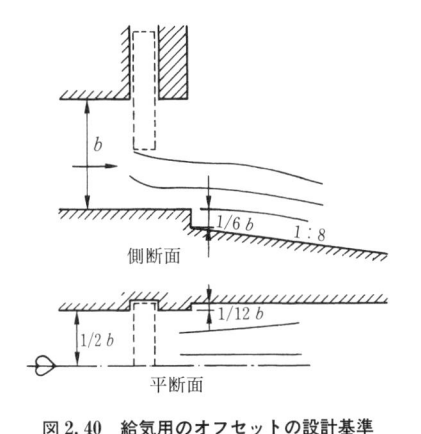

図 2.40 給気用のオフセットの設計基準 (Beichley ら [7])

⑧ 滑らかな壁面の採用．
⑨ 給気管の採用(平均圧力が大気圧よりも低下する場合)：微小気泡が形成される場所に給気すると，クッション効果によって動圧のピークは消滅する．自由表面流出では，給気のための溝あるいはオフセットが設けられる．文献 [7] および図 2.40 を参照．明確な方法で給気を絶つこと，破裂の除去および流れの変更あるいは不安定流れの分布を避ける対策(導水路ネットワーク系)がとられなければならない．
⑩ 耐キャビテーション用壁面被覆(Inox は非常に良いが，高価被覆)：コンクリートでは表層にファイバー層を固めることによって可能である．
⑪ 取替え可能な壁面被覆およびゲート底部形状の採用．
⑫ 小規模構造物で，低いキャビテーション係数を有するゲートの採用：エネルギー損失がある長さ(摩擦について)にわたって分布するか，ゲート全域に分布する(大開度について)という考え方が基本となっており，適切な材料を用いることによって可能である．

導水路の位置についての必要深さの計算では，σ_i をかなり正確に知ることができる．実験的な検討のためには，低圧水槽(キャビテーション水槽)が必要となる．給気溝の設計では，フルード則に則った通常の縮尺模型が必要給気を吸っているかどうかの検証と給気量について，きわめて大きな安全値を与えるのかどうかの検証に使用される(6～8%の濃度が十分な安全性設計に必要であると記述されている)．

2.10 流体弾性模型の活用

振動を阻止するゲート設計に対する重要な道具は，流体弾性模型である．これ

らの模型は，1自由度系，多自由度系，あるいは弾性の全体再現が可能である．最後の形式が最も完全なものであるが，形状および剛性の同時変更なしには設計の修正ができないことから，最終設計のすべてを検討するための主な組合せにすべきである．

オランダにおける大型寸法を有するゲート計画のすべては，弾性の全体再現した模型で検討された．他の事例では，イギリスのテムズ堰の例があるのを知っている[9]．しばしば数種の模型がゲート設計開発に使用されている．すなわち，文献[23]には異なった縮尺の影響が期待できるように，異なった形状の模型を用いるゲート設計に対する研究手法を報告している．

流体弾性模型は，ゲートと水密構造，そして本章ではこの模型を用いた経験なしに到底記述できない最新の設計に際してきわめて重要な役割を果たしている．流体弾性模型の活用に際して，精巧な機械仕上，接着および溶接法，さらに樹脂材料の適用，水中下で使用可能な小型化された歪み計および加速度計，データ収集とスペクトル解析，特に固有モードおよび構造減衰の決定に際しての相関や自己相関などの適用が増加する傾向にある．

図 2.41 には，オランダの Eastern Scheldt 川を横切る洪水調節ゲートの水理模型の状況を示している．この研究において，流体弾性模型とFEM解析モデル間で，きわめて有用な相互相関が得られた．FEM解析モデルは，連続弾性体である流体弾性模型の設計の精密化を可能とした．すなわち，縮尺模型での数多く

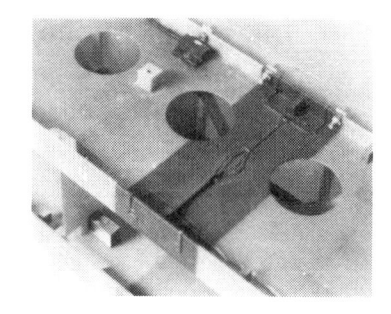

図 2.41　波衝撃力と流れに伴う振動計測用のゲートの流体弾性模型

の局部的な張力の計測を通じて,ゲート全域にわたる張力の計算を可能にした.同様に,この模型は流れに伴う振動および風浪荷重による応答,さらに両成分の組合せによる現象などに使用された.最新の設計に至る前の波圧計測用およびゲートの断面形状および水密構造の研究に1自由度系の振動模型としての剛模型が使用された(水平方向および鉛直方向振動系の変更も可能).

文献[30]に,縮尺則および異なった模型形状についての適用と限界の概説がある.この文献には,弾性の全再現性,関連する共振振動数,構造および流体力学的な減衰,さらに流れに伴う振動に関する広範囲の検討例(実機計測を含む)が記述されている.Haszpra は,異なる縮尺を用いた beam-in-flow(流れ方向)模型で検討をしている[16].

文　献

1. ABELEV, A. S. Investigations of the total pulsating hydrodynamic load acting on bottom outlet sliding gates and its scale modelling, 8*th IAHR Congress*, Montreal, 1959, paper 10A1.
2. ABELEV, A. S. Pulsations of hydrodynamic loads acting on bottom gates of hydraulic structures and their calculating methods, 10*th IAHR Congress*, London, 1963, paper 3.21.
3. ABELEV, A. S. and DOLNIKOV, L. L. Experimental investigations of self-excited vibrations of vertical lift gates. In ref. 18.
4. ARNDT, R. E. A. Cavitation in fluid machinery and hydraulic structures, *Ann. Rev. Fluid Mech.* (1981), 273–327.
5. BALL, J. W. Hydraulic characteristics of gate slots, *Proc. ASCE, J. Hydr. Div.*, **HY10, 85** (Oct. 1959), 81.
6. BALL, J. W. Cavitation from surface irregularities in high velocity, *Proc. ASCE, J. Hydr. Div.*, **HY9** (Sept. 1976), paper 12435, 1283–97.
7. BEICHLEY, G. L. and KING, D. L. Cavitation control by aeration of high velocity jets, *Proc. ASCE, J. Hydr. Div.*, **HY7** (July 1975), 829.
8. BINNIE, A. M. The stability of a falling sheet of water, *Proc. Roy. Soc. London, Series A*, **326** (Jan. 1972), 149–63.
9. CROW, D. A., KING, R. and PROSSER, M. J. Hydraulic model studies of the rising sector gate, hydrodynamic loads and vibration studies. In ref. 55.
10. DOMINY, F. E. Applied research in cavitation in hydraulic structures, *IAHR Congress*, Leningrad, 1965, paper 1.18.
11. ETHEMBABAOGLU, S. Some characteristics of static pressures in the vicinity of slots, 13*th IAHR Congress on Large Dams*, New Delhi, 1979, Question 50, R20.
12. FALVEY, H. T. Predicting cavitation in tunnel spillways, *Water, Power*

Dam Constr. (Aug. 1982), 13.
13. HAMITT, F. G. *Cavitation and Multiphase Flow Phenomena*, McGraw-Hill Book Co., New York, 1980.
14. HARDWICK, J. D. Hydraulic model studies of the rising sector gate conducted at Imperial College. In ref. 55.
15. HARDWICK, J. D. Flow-induced vibration of vertical lift gate, *Proc. ASCE, J. Hydr. Div.*, **HY5** (May 1974), paper 10546.
16. HASZPRA, O. Verification of hydro elastic similitude criteria, *Proc. ASCE, J. Hydr. Div.*, **HY4** (April 1976), paper 12048.
17. HOMMA, M. and OGIHARA, K. Theoretical analysis of flap gate oscillation, 17*th IAHR Congress*, Baden-Baden, 1977, vol. 4, paper C51.
18. NAUDASCHER, E. (Ed.) *Flow-Induced Structural Vibrations, IAHR/IUTAM Symp. Karlsruhe*, 1972, Springer Verlag, Berlin, 1974.
19. NAUDASCHER, E. and ROCKWELL, D. (Eds.) *Practical Experiences with Flow-Induced Vibrations, IAHR/IUTAM Symp. Karlsruhe*, 1979, Springer Verlag, Berlin, 1980.
20. IMAICHI, K. and ISHII, N. Instability of an idealized Tainter gate system without damping caused by surface waves on the back water of dam, *Bull. Japan. Soc. Mech. Engrs.*, **20** (146) (Aug. 1977), paper 146/9.
21. ISHII, N., IMAICHI, K. and HIROSE, A. Dynamic instability of Tainter gates. In ref. 19.
22. DE JONG, R. J. and JONGELING, T. H. G. Fluid elastic response study of the Nakdong barrage gates, *Int. Conf. on Flow-Induced Vibrations in Fluid Engineering*, BHRA, (Ed.), Reading, Sept., 1982.
23. DE JONG, R. J. Research strategy for the investigation of flow-induced vibrations of a grid gate, *IAHR Symposium, Section Hydr. Mach., Equipm.*, Amsterdam, 1983, paper 13.
24. KENN, M. J. and GARROD, A. D. *Cavitation Damage and the Tarbela Tunnel Collapse of 1974*, Instn. Civ. Engrs, Part I, No. 70, Febr., 1981.
25. KNAPP, R. T., DAILY, J. W. and HAMMIT, F. G. *Cavitation*, McGraw-Hill Book Co., Engineering Societies Monographs, 1970.
26. KOLKMAN, P. A. Instability of a vertical water-curtain closing an air-chamber. In ref. 18.
27. KOLKMAN, P. A. Development of vibration-free gate design. In ref. 19.
28. KOLKMAN, P. A. Analysis of vibration measurements on an underflow type of gate, 10*th Congress of IAHR*, London, 1963, paper 3.23.
29. KOLKMAN, P. A. *Cavitatie Inceptie Getallen bij Schuiven, Voorwerpen*. In: *Series Hydraulica bij Schutsluizen*, Note 7, Delft Technical University, Dept. of Civ. Eng., Hydraul. Struct. Branch, Nov., 1969.
30. KOLKMAN, P. A. Flow-induced gate vibrations, Thesis, Delft Univ. of Technology; Publ. No. 164, Delft Hydraulics Lab., 1976.
31. KOLKMAN, P. A. and VRIJER, A. Gate edge suction as a cause of self-exciting vertical vibrations, 17*th IAHR Congress*, Baden-Baden 1977, paper C49; Delft Hydraulics Lab. Publ. 188.
32. LIEBL, A. High pressure sluice gates, 11*th IAHR Congress on Large Dams*, Question 41, R42, Vol. II, 1973.
33. MARTIN, W. W., NAUDASCHER, E. and PADMNABHAN, M. Fluid-dynamic excitation involving flow instability, *Proc. ASCE, J. Hydr. Div.*, **HY6** (June

1975), paper 11361.
34. MERCER, A. G. Vane failures of hollow-cone valves, *IAHR Symposium on Hydraulic Machinery*, Stockholm, 1970, paper G 4.
35. MINOR, H. E. Schwingungen überströmter Wehre und ihre Beseitigung, No. 35, Univ. of Stuttgart, Inst. für Wasserbau, Oct., 1975.
36. MÜLLER, O. Schwingungsuntersuchungen an unterströmten Wehren, *Mitt. Preuss. Versuchsanstalt für Wasserbau und Schiffahrt*, Berlin, 1933.
37. NAUDASCHER, E. Beitrag zur Untersuchung Schwingungserregenden Kräfte an gleichzeitig über- und unterströmten Wehrverschlüssen, *Technische Mitteilungen Krupp*, **17** (5) (1959).
38. NAUDASCHER, E. Hydrodynamische und Hydro-elastische Beanspruchung von Tiefschützen, *Der Stahlbau*, Nos. 7 and 9 (1964).
39. NAUDASCHER, E. and LOCHER, A. Flow-induced forces on protruding walls, *Proc. ASCE, J. Hydr. Div.*, **HY2** (Febr. 1974), paper 10347.
40. NAUDASCHER, E. and ROCKWELL, D. Practical experiences with flow-induced vibrations. In ref. 18.
41. NEILSON, F. M. and PICKETT, E. B. Corps of Engineers experiences with flow-induced vibrations. In ref. 19.
42. NOVAK, P. and ČÁBLEKA, J. *Models in Hydraulic Engineering*, Pitman, London, 1981.
43. OGIHARA, K. and UEDA, S. Flap gate oscillation. In ref. 19.
44. PARTENSCKY, H. W. and SAR KHLOEUNG, I. Oscillations de lames déversantes non-aérées, *12th IAHR Congress*, Seminar paper S6, Paris, 1971.
45. PETRIKAT, K. Schwingungserregungen an Stahlwasserbauten, *Der Stahlbau* (Sept. and Dec. 1955).
46. PETRIKAT, K. *Bestimmung der Schwingungserregenden Vertikalkräfte an Sohldichtungen von Hubschützen und Segmentwehrverschlüssen*, No. 21, Univ. of Stuttgart, Inst. für Wasserbau, Apr., 1972.
47. PETRIKAT, K. Structure vibrations of segment gates, *8th Symp. IAHR, Section Hydr. Mach., Equipm. and Cavitation*, Leningrad, 1976, paper 1.2.
48. PETRIKAT, K. Seal vibration. In ref. 19.
49. PULPITEL, L. Some experiences with curing flap gate vibrations. In ref. 19.
50. ROSANOV, N. P., MOYS, P. P., PASHKOV, N. N. and VOROBJOB, G. A. Research of vacuum characteristics of elements of hydrotechnical structures, *IAHR Congress*, Leningrad, 1965, paper 1.33.
51. ROUSE, H. Jet diffusion and cavitation, *J. Boston Soc. Civ. Engrs.*, **53** (3) (July 1966). 529–44.
52. SCHMIDGALL, T. Spillway gate vibrations on Arkansas river dams, *Proc. ASCE, J. Hydr. Div.*, **HY1** (Jan. 1972), paper 8676.
53. SCHWARZ, H. I. Nappe oscillation, *Proc. ASCE, J. Hydr. Div.*, **HY6** (Nov. 1964), paper 4138.
54. DE SOMER, M. *Discussion* [on papers mentioned in ref. 18], Univ. of Karlsruhe, 1972.
55. *Conf. on Thames Barrier Design*, London, Oct., 1977, Inst. of Civ. Engrs, London.
56. THANG, N. D. Added mass behaviour and its characteristics at sluice gates, *Int. BHRA Symp. on Flow-Induced Vibrations*, Reading, Sept., 1982,

paper A2.
57. TREIBER, B. Theoretical study of nappe oscillation. In ref. 18.
58. TULLIS, J. P. and MARSCHNER, B. W. Review of cavitation research on valves, *Proc. ASCE, J. Hydr. Div.*, **HY1** (Jan. 1968).
59. TULLIS, J. P. Cavitation scale effects from valves, *Proc. ASCE, J. Hydr. Div.*, **HY7** (July 1973).
60. VRIJER, A. Stability of vertically movable gates. In ref. 19.
61. WEAVER, D. S. Flow-induced vibrations in valves operating at small openings. In ref. 19.

第3章 水理構造物の給気

K. Haindl

3.1 水理構造物の給気；原因

水理構造物での流水による給気は，以下の原因による．
① 空気中での噴流の崩壊．
② 滑り水路(シュート)あるいは越流水路での空気・液体混合流をもたらす臨界流れの高流速(横流れあるいは定在波が発生する場合は，さらなる給気の増加)．
③ 水面への噴流衝突時の跳水，あるいは局所転波．
④ 流水面の表面影響(例えば，越流水脈の下面)．
⑤ 管路内の定常流れの過渡現象(例えば，自由表面での超臨界流の跳水，あるいは圧力流れの成層流れでの過渡域の跳水，管路全断面流の壁面に沿った環状流での過渡域の跳水)．
⑥ 流動開始時の水面上の空気層(例えば，鉛直水路とか下端放流水路用のギャラリー)．

給気は，流れに沿って生ずる負圧によっても空気が供給されるので，この現象についても考察すべきである．

取水設備に対する給気は，しばしば渦発生の結果として現れる[1,2]．

安定な運転が可能なように管路系では，給気問題が発生しないような対応が必要である．二相流としての空気は，管路の頂部に集まり急激な水撃作用による衝撃力の緩和としての空気クッションの形成につながるが，現象の持続化と不安定な圧縮空気圧の発生をもたらす．

今まで給気の発生メカニズムの局面に限って記述したが，化学的な影響も含まれている．特に富栄養化現象による溶解した酸素，あるいは酸素欠乏の貯水池の低層から水が放出される時，あるいは高酸素を必要とする汚染された河川に気泡が水と接触すれば酸素が溶け込むので水質の改善につながる．質量輸送現象で考えられる乱流加速は，水理構造物においても有効に活用できる．

他の例題としての給気問題は，二相流メカニズムの基礎として解くことが可能である．多くは水理実験による解決法であり，模型実験および実機実験などは重要な役割を果たしている[3]．もちろん，実験結果は，ある種の制限や適用される装置および計測法などに影響されるが，これらの課題の多くは，近い将来解決されるものと考えられる．

気体と液体間の相互の容積関係：すなわち空気と水は，気体成分の容積濃度，気体-液体流量比，あるいは液体成分の容積濃度などによって示される．

液体-気体混合の気相の容積濃度は，気体成分の全容積 V_a，混合体の全容積 V_m，液体成分の容積 $V = V_m - V_a$ とすると，

$$c = \frac{V_a}{V_a + V}$$

空気混入された流れで二相成分が同一速度であれば，気体成分の全容積 V_a および液体成分の容積 V にそれぞれの流量 Q_a, Q を代入することができる．すなわち，空気流量 Q_a，液体流量 Q（添字 a は気体成分について）とすると，

$$c = \frac{Q_a}{Q_a + Q} \tag{1}$$

空気混入において，液相の容積成分は，通常，水係数といわれる．

$$\omega = \frac{Q}{Q_a + Q} \tag{2}$$

空気-流量比（給気比）は，

$$\beta = \frac{Q_a}{Q} \tag{3}$$

相互の関係式は，

$$\omega = 1 - c, \quad \omega = \frac{1}{1+\beta}, \quad \beta = \frac{c}{1-c}$$

$$\beta = \frac{1-\omega}{\omega}, \quad c = \frac{\beta}{1+\beta}, \quad c = 1 - \omega$$

空気-水混合における流量の方程式は，

$$Q = \omega A v$$

気体成分の流量 Q_a，給気比 β は，検査面の圧力に影響される．圧力水頭を x とすると，

$$\beta = \varepsilon \beta_b \tag{4}$$

もし，β_b を大気圧下での給気比とすれば，

$$\varepsilon = \frac{h_b}{h_b + x}$$

が得られ，等温圧縮-容積変化を仮定すれば，ε は圧縮係数となる（h_b：気圧高さ）．圧力水頭 x での混合体の比質量は，

$$\rho_m = \frac{\rho Q + \rho_a Q_a}{Q + Q_a} = \frac{\rho}{1+\beta}\left(1 + \beta \frac{\rho_a}{\rho}\right) \approx \frac{\rho}{1+\beta} \tag{5}$$

ここに，（ ）内の第2項は，第1項の1/1000オーダであり省略できる．
混合体の比重量は，簡単に以下のように示される．

$$\gamma_m = \gamma \frac{1}{1+\beta} = \gamma \omega \tag{5a}$$

3.2 開水路の給気

3.2.1 空気混入流れの特性と給気比

急傾斜水路での流れの給気は，乱れによる運動がもととなる．給気は，乱流境界層に生成する乱れ強さに影響される．放流速度がある最低値（3～6 m/s）を超える時，および境界層厚さ δ が入口からの距離 l と線形化された粗度との関係で示される Bauer [4] の限界点では，境界層厚さが流れの全深さに達する場合，空気が流れ中へ混入し始める．

$$\frac{\delta}{l} = 0.0175 - 0.0025 \log \frac{l}{k} \tag{6}$$

気泡は，乱れ率に比例して流体中に拡散するし，気泡を包み込む流体と同一の平均速度となる．給気は，明らかにまず最初に乱流が発達する水路壁面に沿って起こり，空気濃度は，流れ中で増える．同様に，水路中あるいは放水路上のピア

（台座）は，給気の増加に寄与する．

　空気混入流れについての最初の取組みは，Ehrenberger [5] であり，実験室での結果を実機で検証しているし，Ehrenberger の研究は，多くの研究者に受け継がれている [6, 7]．自己給気する超臨界流れに関する実験研究は，Straub や Anderson ら [8] によって実施された．その条件としては，上層部分でのシュート流れ，空気中へ放出された流体の落下および気泡が浮遊する乱流層とみなされる底層などが考えられる．空気濃度は，底面で増加し，自由大気圧の $c=1$ に近づく．Straub や Anderson らの結果は，$\sin \delta'/q^{1/5}$ の関数で示される粗度の大きい水路について平均濃度を実験的に与えたものであり，δ' は水平からの水路の傾斜角，q は，単位幅当りの流量である．最近，Anderson [9] は，パラメータ $\sin \delta'/q^{2/3}$ で示される滑面水路についての実験的な関係式を示している．実験範囲内で，$q(\mathrm{m}^3/\mathrm{s}\cdot\mathrm{m})$ とした場合，粗度の大きい水路についての関係式は，

$$c = 0.7226 + 0.7431 \log\left(\frac{\sin \delta'}{q^{1/5}}\right) \tag{7}$$

滑面の水路について

$$c = 0.5027 \left(\frac{\sin \delta'}{q^{2/3}}\right)^{0.385} \tag{8}$$

　実機での計測から導き出された給気とフルード数との関係は，実用的な使用に際して有効である．Hall [10] は，以下の関係によって給気比を示している．

$$\beta = K F_r^2 \tag{9}$$

ただし，

$$F_r^2 = \frac{v^2}{gR}$$

であり，水力半径は，

$$R = \frac{q}{v + \dfrac{2q}{b}}$$

である．Hall は，木製水路，コンクリート水路および多くの分岐を有するコンクリート水路などについて係数 K を求めている．

$$K = 0.00355 : 0.0041 : 0.00535 : 0.0104$$

Hall が使用した水路は，狭いシュート，すなわち幅が水路深さの 5 倍以下のものである（壁面に発達する乱流は，急速にシュートの全幅にわたって影響するの

で，幅広水路で得られる給気よりも大き目の結果を与える)．

YevjevichとLevin [11] は，以下の式によってHallの関係を完全なものにしている．

$$\Psi = \frac{n}{R^{1/6}\sqrt{g}}$$

ここに，n：給気されていない流体についてのManning-Strickler係数．またCoriolis係数についての修正は，

$$a_a = \frac{\int_0^y \omega_x u^3 \mathrm{d}y}{\omega v^3 y}$$

Ehrenbergerの木製水路については，$a_a=0.94$，粗度の大きいMostarsko Blatoの水路(石造り)については$a_a=1.18$と与えているし，彼らはHallの関係式を以下のように修正している．

$$\beta = K' F_r^2 \Psi a_a \tag{10}$$

彼らは，K'係数として偏差±10％とする比較的一定値となる0.175を得ている．

両著者らは，水路底面，壁面および給気された流れにおいての摩擦損失が流体への給気(ω)に影響されることなどを明らかにしている．

Manning-Strickler方程式の妥当性のもとに，超々臨界流速においても給気された流れに対応する実験的な粗度係数nは，常に同じ特性の水路での給気されていない流れに対する値よりも小さいことを示している．彼ら自身および他の試験結果を利用して，YevjevichとLevin [11] は，係数nと水路底部近傍の水係数ω_bとの関係式を誘導している(例えば，係数$\omega_b=0.4$について，彼らは給気された流れのnは，給気されていない流れよりも約30％低いものを得ている)．

図3.1に，Anderson [9] による同一流量で，15°勾配の水路についての結果として，木製のEhrenberger水路(曲線a)，

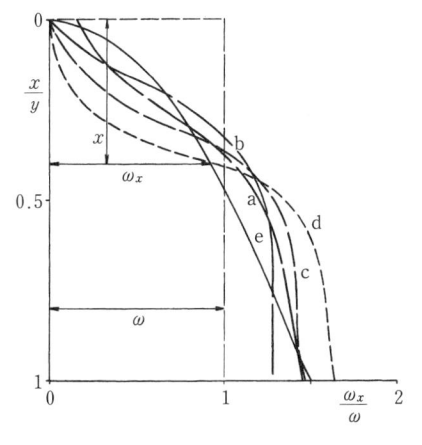

図3.1 給気された開水路流れの鉛直方向の液相濃度分布

粗度付 Mostarsko Blato 水路 [11] (曲線 b), 代表的な粗度および滑らかな水路 (曲線 c と d) に対する鉛直方向に沿っての水係数の分布状態を示している. 鉛直方向での水係数に符合する関係式として, 給気比とフルード数との関係を Thandaveswara と Lakshmana Rao ら [12] が実験的に示している.

超臨界流速による給気は, 水路で段波が形成される時にきわめて増加するし, 鉛直方向における給気分布と流速分布などによっても異なる. 同様に, 定在波の存在は給気の強さに大いに寄与する.

一方, 給気メカニズムの理論的解析および自己給気される流れについての水理学的パラメータへの影響などは, まだ満足すべき状態から遠いが, 最も実用的な課題については, 十分な回答を与えている.

3.2.2 比エネルギーと不均一に給気された流れの方程式

鉛直方向での水係数を二次曲線分布と仮定すると (**図 3.1** での曲線 e), 水面下 x の水深方向の水係数は,

$$\omega_x = \frac{3}{2}\omega \frac{x^{1/2}}{y^{1/2}}$$

比圧力は,

$$p = \int_0^x g\rho\omega_x \mathrm{d}x = g\rho \int_0^x \frac{3}{2}\omega \frac{x^{1/2}}{y^{1/2}}\mathrm{d}x = g\rho\omega \frac{x^{3/2}}{y^{1/2}}$$

エネルギーの静的部分の平均値は,

$$\begin{aligned}
e &= \frac{1}{y}\int_0^y \left(x + \frac{p}{\gamma}\right)\mathrm{d}z \\
&= \frac{1}{y}\int_0^y \left(z + \omega \frac{x^{3/2}}{y^{1/2}}\right)\mathrm{d}z \\
&= y\left(\frac{1}{2} + \frac{\omega}{2.5}\right), \quad (x = y - z,\ \mathrm{d}z = -\mathrm{d}x)
\end{aligned}$$

$(\omega/2.5)(\omega/m)$, 二次曲線の水係数分布の $m = 2.5$ を代入すると,

$$e = y\left(\frac{1}{2} + \frac{\omega}{m}\right) = yk$$

ここに,

$$k = \frac{1}{2} + \frac{\omega}{m}$$

3.2 開水路の給気

$\omega \leq 1$, ≥ 2 から, $k \leq 1$ となる.

鉛直方向分布での水係数の $m=2$ の矩形分布(均一)および $m=3$ の三角形分布, 鉛直方向での水係数の $m=2.45$ の木製水路(図3.1 曲線 a), また, 石造りの粗度を有する Mastarsko Blato 水路(曲線 b)では $m=2.35$ となる.

同一流量での Anderson [9] の実験によれば(曲線 c), 15%底面勾配の粗度付水路は, $m=2.47$, 滑らかな水路(曲線 b)は, $m=2.73$ となる.

給気された流れでの比エネルギーの方程式は, 以下のように与えられる.

$$E = ky + \frac{\alpha v^2}{2g} \tag{11}$$

係数 k は, 鉛直方向における分布と給気量を示す. 給気された流れの比エネルギーに対する方程式には, 水中での空気存在による運動エネルギーは, 考慮されていないが, 実用上は無視できる. 同様に, 横方向および水平方向流速変動などは, 考慮されていない(変動を伴うエネルギーには水頭損失として表示される).

均一な給気された流れに対する関係式は, 不均一な流れ場でも妥当性があると仮定している. 2つの検査面, 距離 dl, 水深 y_1, y_2 である1と2に対するベルヌーイの方程式から

$$E_1 + idl = E_2 + dy_z$$

ここに, dy_z : 2つの検査面間の水頭損失.

式(11)から,

$$k_1 y_1 + idl + \frac{\alpha_1 v_1^2}{2g} = k_2 y_2 + \frac{\alpha_2 v_2^2}{2g} + dy_z \tag{11a}$$

2つの検査面での ω, k, m および α は, 一定(水路に沿っては変化できるが)とすると, 式(11a)は, 次のようになる.

$$i - \frac{kdy}{dl} = \frac{\alpha}{2g} \frac{dv^2}{dl} + \frac{dy_z}{dl} \tag{12}$$

v^2 に以下に示される給気された流れでの連続の式と Manning 式を用いて整理すると,

$$Q = \omega A v$$

$$\frac{dy}{dl} = \frac{i - \dfrac{Q^2 n^2}{\omega^2 A^2 R^{4/3}}}{k - \dfrac{\alpha Q^2 b}{gA^3 \omega^2}} \tag{13}$$

または,

$$\mathrm{d}l = \frac{k - F_r^2}{i - \dfrac{Q^2 n^2}{\omega^2 A^2 R^{4/3}}} \mathrm{d}y \tag{14}$$

式 (14) に任意の正の勾配 i' を乗じ，断面 A に対して一様流量とし，

$$Q_{i'} = \omega_{i'} A \left(\frac{1}{n_{i'}} R^{2/3} \sqrt{i'} \right)$$

そして，以下の定義を考えると，

$$\frac{\omega}{\omega_{i'}} = r, \quad \frac{n}{n_{i'}} = N$$

式 (14) は，以下のようになる．

$$i' \mathrm{d}l = \frac{k - F_r^2}{\dfrac{i}{i'} - \dfrac{Q^2}{Q_{i'}^2} \left(\dfrac{N}{r} \right)^2} \mathrm{d}y \tag{15}$$

式 (15) を積分するために，以下の変換をする

$$Z = \frac{Q_{i'}}{Q} \frac{r}{N}$$

$$a = \frac{y_1 - y_2}{Z_1 - Z_2} = \frac{\mathrm{d}y}{\mathrm{d}Z}$$

$$F_r^2 = \frac{F_{r_{i'}}^2}{Z^2 N^2}$$

式 (15) は，以下のように示される．

$$\frac{i'}{ak} \mathrm{d}l = \frac{1 - \dfrac{F_{r_{i'}}^2}{Z^2 N^2 k}}{\dfrac{i}{i'} - \dfrac{1}{Z^2}} \mathrm{d}Z \tag{16}$$

水路底面勾配 $i>0$ については，$i'=i$ とすれば，

$$\frac{i}{ak} \mathrm{d}l = \mathrm{d}Z - \left(1 - \frac{F_{r_i}^2}{N^2 k} \right) \frac{dZ}{1 - Z^2} \tag{17}$$

積分に際しては，$Fr_{r_i}^2$ は一定とし，区間 l_{1-2} での平均値に等しいと仮定している．式 (17) を積分すると，

$$l_{1-2} = \frac{ak}{i} \left[Z_2 - Z_1 - \left(1 - \frac{F_{r_i}^2}{N^2 k} \right) \{ B(Z_2) - B(Z_1) \} \right] \tag{18}$$

ここに，

$$B(Z) = \int \frac{\mathrm{d}Z}{1 - Z^2} + C$$

水路底面の勾配が $i=0$ については，一様流量 $Q_{i'}$ に対しての変化量が小さく，

亜臨界流れで仮想勾配 i' をとるとすると，$\omega_i'=1$，n_i は一定となる．
$i=0$ に対する式(16)は，以下のように変換される．

$$dl = \frac{ak}{i'}\left(\frac{F_{r_{i'}}^2}{N^2 k} - Z^2\right)dZ \tag{19}$$

$F_{r_{i'}}^2$ が一定であると仮定して，区間 l_{1-2} で積分すると，

$$l_{1-2} = \frac{ak}{i'}\left[\frac{F_{r_{i'}}^2}{N^2 k}(Z_2 - Z_1) - \{f(Z_2) - f(Z_1)\}\right] \tag{20}$$

ここに，

$$f(Z) = \int Z^2 dZ + C$$

給気された流れが減速されるか，加速されるかの計算精度は，計算の中で考慮された流体の諸係数の決定の確さに影響される．すなわち，鉛直方向での分布，流速分布および高流速に対する Manning 式の確さなどに影響される．

もし，水路底面が人工的な粗度を有していれば，適当なる水路長さでは，実用的に均一な流れ場が再現される．

3.3 過渡現象

3.3.1 一般的特性

水理構造物の給気として非常に多い原因は，定常流れにおける過渡現象である．すなわち，導水路での全層二相流れといわれる過渡現象である[14]．また，過渡現象の一つに導水路での跳水がある[15]．—— 全相流れとなる超臨界流の過渡現象，あるいは圧力流れでの噴流の過渡現象，流体機械で応用される環状跳水[16] —— 全相流れの環状流れの過渡現象である．このグループの中には，我々が分類していない過渡現象も含まれる．これらの過渡現象は，水平にあるもの，あるいは鉛直管を含む(導水路での跳水が期待される最後のケース)水理構造物で発生する．研究者らの努力によって過渡現象は，完全に混合される全流体部分および均一混合流れに分類され，特性が明らかにされてきている．同時に，過渡現象は，エネルギー消散を伴い流速の減少と圧力の増加をもたらす．

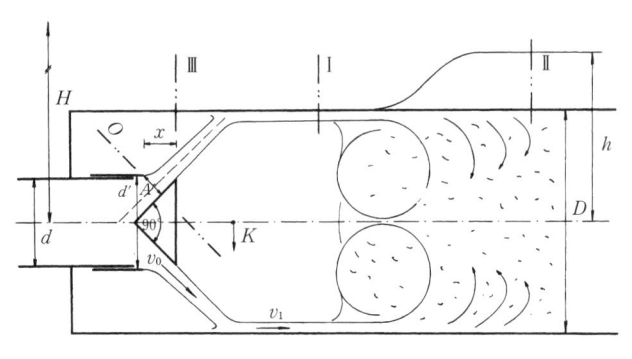

図 3.2 環状跳水

動的水頭が下流の圧力水頭に等しくなる点で，過渡現象が発生する [14]．動的水頭に関する方程式は，環状跳水については以下に示すように検査面Ⅰ，Ⅱ間(**図 3.2**)での運動量の式を適用することによって誘導できる．

$$\varepsilon_2 = \frac{h_b}{h_b + h}$$

$$h = \left[\frac{4\alpha_1 Q v_1}{\pi D^2 g} - \frac{16\alpha_2 Q^2}{g\pi^2 D^4}(1+\beta_b \varepsilon_2) - K\right] = \theta \tag{21}$$

ここに，h_b：大気圧，h：圧力水頭，K：検査面Ⅰでの負圧，α：Boussinesque係数．

式 (21) の右辺の θ は，水頭の次元を有し，過渡現象の動的な数値(過渡現象の動的水頭)を示す．

3.3.2 環状跳水

環状跳水は，環状流れから全相流れへの過渡的な水理学的現象として定義される [14, 16]．水平放流管での動的水頭は，直径 $D-2Y$ を有する円板に沿っての水流による環状流れを形成し，式 (21) によって与えられる．すなわち，環状の幅を Y とすると，噴流収縮の断面での流出面積は，以下のようになる．

$$A_0 = \bar{\mu}\bar{A} = \bar{\mu}\pi Y(D-Y)$$

追記

$$v_2 = \varphi v_0 = \varphi\sqrt{2g(H+K)}$$

動的水頭の式は，以下のように与えられる．

$$\theta = \frac{4\alpha_1 \varphi Q^2}{g\pi^2 D^2 \bar{\mu} Y(D-Y)} - \frac{16\alpha_2 Q^2}{g\pi^2 D^4}(1+\beta_b \varepsilon_2) - K \tag{22}$$

以下に示される給気比の関係式は，環状流れによって取り巻かれた空間での環状跳水であり，給気量に関する包括的な実験研究は，これらに属するものである．

$$\beta_b = a(F_{r_1}-1)^b \tag{23}$$

ここに，F_{r_1} は以下に示される式で，跳水前面の検査面 I での環状流れのフルード数である．

$$F_{r_1} = \frac{v_1}{\sqrt{gy_1}}$$

y_1 は，式 $A_1 = \pi D y_1$ から算出される値より小さいものである．したがって，

$$F_{r_1} = \frac{\varphi^{3/2} Q\sqrt{\pi D}}{\sqrt{g}[\bar{\mu}\pi Y(D-Y)]^{3/2}} = \frac{\varphi^{3/2}\sqrt{2}\sqrt{\frac{H+K}{D}}}{\sqrt{\bar{\mu}}\sqrt{\frac{Y}{D}-\left(1-\frac{Y}{D}\right)}} \tag{24}$$

環状跳水の場合の定数 a, b は，円盤背後の $2D$ の距離での環状跳水の位置関係から決定され，$K=0$ (あるいは K は 0 に近い) については，$a=0.02, b=0.86$ となる．環状流れコアでの負圧 K は，給気比 β の関数となる．

環状流れのコアの給気比の関係式は，

$$\beta_1 = \varepsilon_1 \beta_b, \quad \left(\varepsilon_1 = \frac{h_b}{h_b+K}\right)$$

相対的な負圧は，図 3.3 に示すように F_{r_1} が一定であれば，

$$\frac{K}{H+K}$$

となる．

放流管内の環状跳水について，放流管の直径を D，および拡散が固定されるコーンバルブからの流出による環状流れの直径を d (図 3.2) とすると，$d'=d/\vartheta$ は，バルブスリーブの直径となり，$m=x/d$ は，相対開度となる．コーンに直交する流出断面およびノズルスリーブ端を通過する面積は，

$$A' = 2\pi \frac{x}{\sqrt{2}}\left(\frac{d'}{2}-\frac{x}{4}\right) = \frac{\sqrt{2}\pi d^2}{4\vartheta}m(2-\vartheta m)$$

流出速度は，

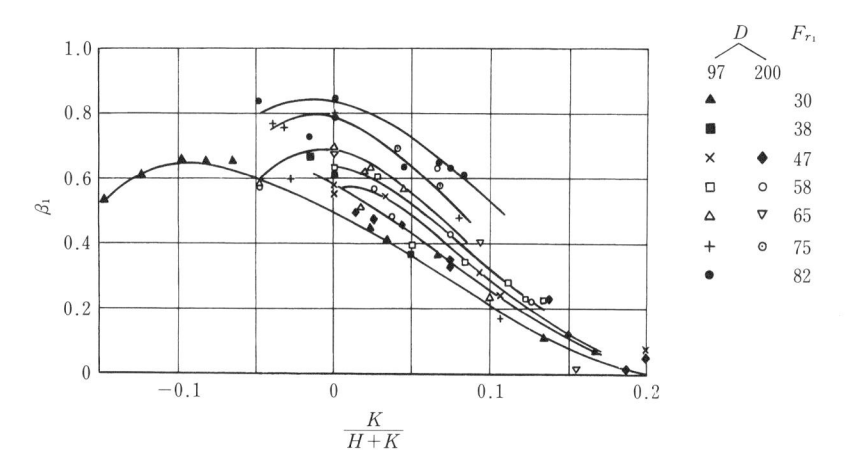

図 3.3 給気比と環状流れの中心部での相対負圧

$$v_0 = \frac{Q}{\varphi_0 A'}$$

ここに,流出する噴流の収縮および実際の流出噴流の角度とバルブコーン角との差異の影響を含む条件では,係数 $\varphi_0 < 1$ となる.検査面 0 と I 間では,係数 $\varphi_0 < 1$ となるようなエネルギー損失が存在する.すなわち,$v_1 = \varphi_1 v_0$, $\varphi_1/\varphi_0 = \varphi$ とすると,

$$v_1 = \frac{4\varphi Q \vartheta}{\pi d^2 m(2-\vartheta m)\sqrt{2}}$$

環状跳水の動的水頭について,

$$\theta = \frac{16 a_1 Q^2 \varphi \vartheta}{g\pi^2 D^2 \sqrt{2} d^2 m(2-\vartheta m)} - \frac{16 a_2 Q^2}{g\pi^2 D^4}(1+\beta_b \varepsilon_2) - K \tag{25}$$

給気量がきわめて少ない時は,$K=0$ となる環状跳水の平衡状態よりも環状流れとして空間を満たす状況が現われ,負圧では,K は増加する.この負圧が形成される間,噴流の運動エネルギーは,理論的に増加し,$|K|=h_b$ なる値をとる.換算値 $\beta(K)$ がある値の時は,跳水の流体力学的平衡は,存続できない.これは,渦面が潜り環状跳水のためにバルブコーンの背後に直接形成されるためである.もし,圧力水頭が動的水頭より低い場合,$h<\theta$ であれば,環状跳水は,下流側へ移動し,係数 φ 値および動的水頭 θ の減少は,環状流れの長さの増加となる.環状流れの可能な長さは,初期の運動エネルギーに関係していることが

判明している．$h=\theta$，あるいは，既に記述した平衡が保持されないとすれば，全放流断面において環状流れは，恐らく変形環状流れとして発生し，環状跳水が形成される．

もし，圧力が高く $h>\theta$ であれば，跳水は，バルブコーンの直後でうねり，そして潜り環状跳水が形成される．初期の仮定では，これらの潜り環状跳水〔式(25)〕とは異なるものとなっている．潜り環状跳水は，空気を取り除き，そして圧力水頭がある値 $h \leq h_0$ を超えない限り，圧力流れへ潜り込むことになる．潜り跳水の β 値から $h=h_0$ で $\beta=0$ になることによって，潜り環状跳水の給気比は，減少する．

図 3.4 は，係数 φ と拡散が固定されるコーンバルブの背後 $2D$ 点で潜り環状跳水を伴う $d/D=1/2$ と $d/D=1/4$ に対する相対開度 m を示している．

環状流れコーンからの環状跳水によって生ずる空気量は，フルード数が以下の形式で示される場合，式 (23) で与えられる．

$$F_{r_1}=\frac{\varphi^{3/2}\vartheta^{3/2}8Q\sqrt{D}}{d^3[m(2-\vartheta m)]^{3/2}\pi\sqrt{2g}\sqrt[4]{2}} \tag{26}$$

コーンバルブ背後 $2D$ 点および $d/D=1/2$ に対する環状跳水の領域について，$K=0$ で $\beta=f(F_{r_1})$ の実験値が図 3.5 に示されている．このケースの場合，定数 a と b は，それぞれ 0.03 と 0.86 となる〔$\beta=0.03(F_{r_1}-1)^{0.86}$〕．

開度 $d/D=1/4$ の場合，実験値は直線よりも低めとなっているが，ピッタリと近接している．

バルブ背後の空間で給気されない時，また背後の圧力放流管が短い場合，バル

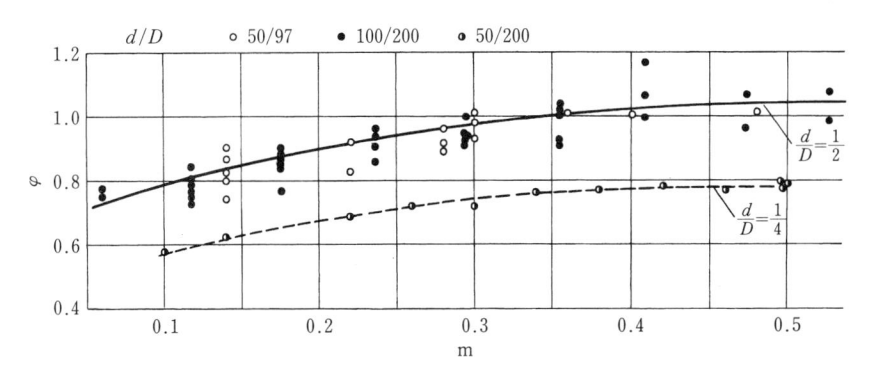

図 3.4 コーン状に拡散するバルブのエネルギー損失

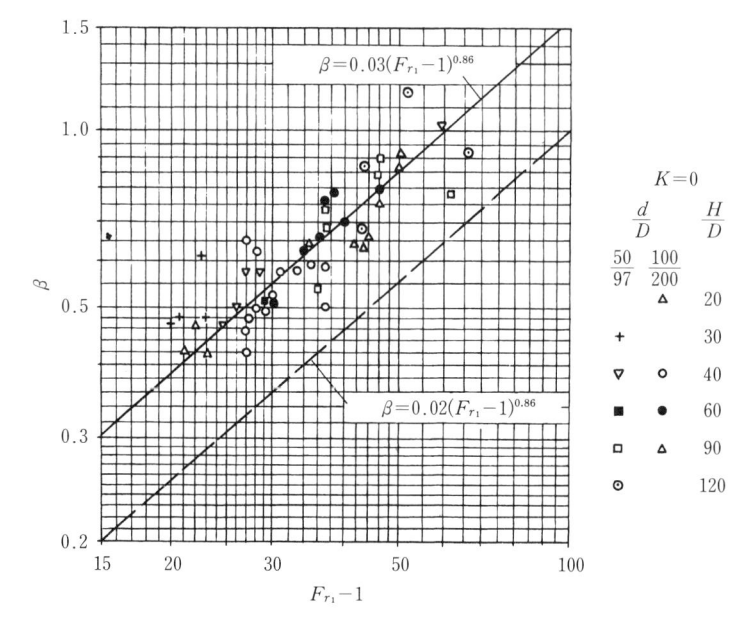

図 3.5 環状跳水の給気比とフルード数との関係

ブ背後の上流側での空気は周期的に連行されるが,跳水によって再び排除される.すなわち,圧力波が発生し,流れ状況は不安定となる [17].

圧力流れの背後に環状跳水によって空気が押し込まれれば,最初に気泡が形成され全流れ断面に拡散する.すなわち,気泡の上昇速度のために空気は,流れ方向に引き込まれ,空気クッションを形成し水平管の頂部に集まる.すべての気泡が跳水背後で散乱するので,放流管の頂部に達する跳水現象の背後における全断面流の長さを水平管での脱気域の長さとして定義すれば,乱流中の上昇速度 u_t によって放流管の底部に発生する環状跳水域の気泡は,時間 $t = D/u_t$ で放流管の頂部に達し,影響する範囲は,以下の式で示される.

$$l_2 = v_2 \frac{D}{u_t}$$

単一気泡の速度に対する空気混入する流れ域の乱流中での上昇速度 u は,

$$u_t = \eta u$$

種々のサイズのモデルでの同一寸法の気泡は,好運にも管内の過渡現象の背後に観察される(通常の水ではおおまかに 2～3 mm 径を有している).2～3 mm 径

の気泡について，上昇速度は，実験的に $u=23$ cm/s (例えば，文献 [19, 20] 参照) 程度となっている．気泡の寸法は，水の化学的組成に影響され，Novak [21] は，例えば蛇口から注がれた水，あるいは 0.3 % $NaNO_2$ および 0.6 % $NaNO_2$ が溶解している水溶液に対して，それぞれ平均気泡径が，2.35, 1.72 および 1.57 mm になることを示している (跳水背後で)．検査面 II (高いレベルの乱流) と脱気断面間のある平均的な値として示される係数 η は，以下の関係式から相対速度 v_2/u および相対長さ l_2/D の比となる．

$$\frac{l_2}{D} = \frac{v_2}{\eta u} \tag{27}$$

図 3.6 に拡散が固定されたコーンバルブからの放出背後の環状跳水に対する係数 η とフルード数 F_{r_1} との関係が円盤に沿った水流によって形成される跳水に関する曲線 a, b として示される．

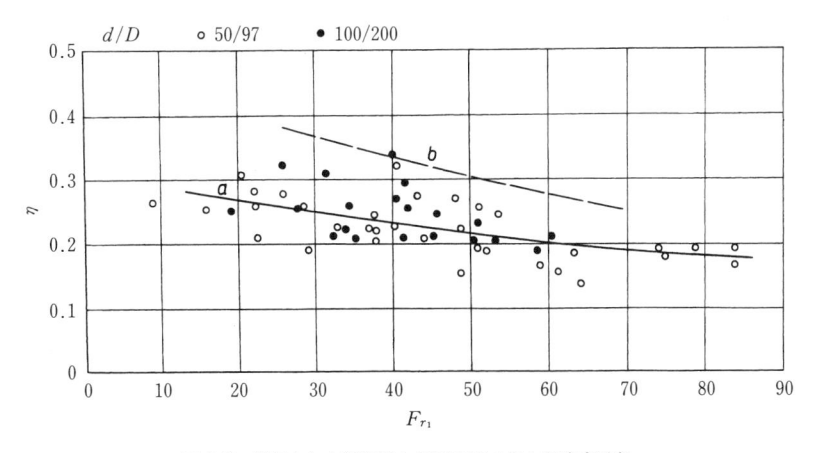

図 3.6 給気された環状跳水の下流域での上昇速度係数

3.3.3 鉛直放流管での過渡現象；潜り立坑*

気-液混合の降下による鉛直流れの給気を伴う鉛直放流管 (例えば，shaft spillway など．図 3.7) での流れの過渡現象を考えてみる (すなわち，2 つの成分の降

---

* 3.3.3 は，M. Haindl との共著である (Institute of Information Theory and Automation, Czechoslovak Academy of Sciences, Prague, Czechoslovakia).

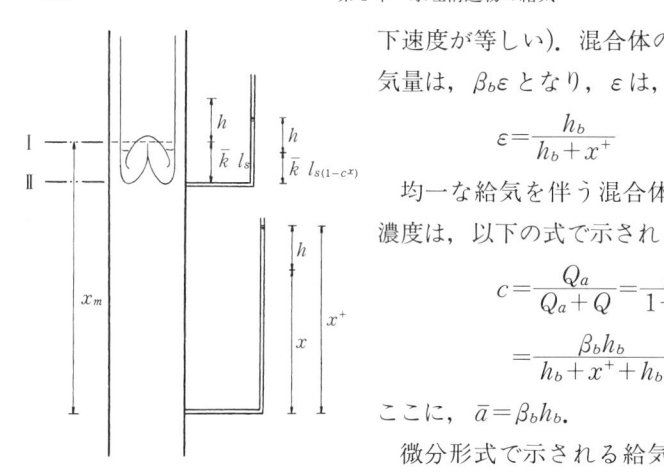

下速度が等しい).混合体の全降下流れでの空気量は,$\beta_b\varepsilon$ となり,ε は,

$$\varepsilon=\frac{h_b}{h_b+x^+}$$

均一な給気を伴う混合体のガス成分の容積濃度は,以下の式で示される.

$$c=\frac{Q_a}{Q_a+Q}=\frac{\beta_b\varepsilon}{1+\beta_b\varepsilon}$$
$$=\frac{\beta_b h_b}{h_b+x^++h_b}=\frac{\bar{a}}{h_b+x^++\bar{a}}$$

ここに,$\bar{a}=\beta_b h_b$.

微分形式で示される給気された水柱の高さと圧力高さとの関係式は,

$$\mathrm{d}x=(1-c)\mathrm{d}x_m$$

図 3.7 立坑での過渡流れの解説図

給気の鉛直方向の降下流れのある点での圧力水頭が B(圧力 $p=g\rho B$)であるとすれば,ある点 x_m 下方での圧力水頭は,相関関係をもとに $x+B$ となる.

$$x_m=\int_0^{x_m}\mathrm{d}x_m=\int_0^x\frac{\mathrm{d}x}{1-c}=\int_0^x\left(1+\frac{\bar{a}}{h_b+x^+}\right)\mathrm{d}x=[x+\bar{a}\ln|h_b+x^+|]_0^x \tag{28}$$

ここに,$x^+=x+B$,すなわち,

$$x_m=x+\bar{a}\ln\left|\frac{h_b+B+x}{h_b+B}\right|$$

さらに,給気および衝突噴流の過渡現象(**図 3.7**)を伴う気-液混合の鉛直方向の降下を考えてみる.過渡現象の旋回域の高さは,

$$B_1=\bar{k}l_s$$

対応する圧力高さ,

$$B=\bar{k}l_s\frac{1}{1+\beta_b\varepsilon^+} \tag{29}$$

深さ x_n での圧力水頭は,$x+h$.式(28)は,B_1 から x_m について積分され結果として,

$$x_m=x+(B_1-B)+\bar{a}\ln\left|\frac{h_b+h+x}{h_b+h+B}\right| \tag{30}$$

ここに,

3.3 過渡現象

$$B_1 - B = \bar{k}l_s - \bar{k}l_s \frac{1}{1+\beta_b \varepsilon^+}$$
$$= \bar{k}l_s \frac{\beta_b \varepsilon^+}{1+\beta_b \varepsilon^+} \quad (31)$$

環状跳水の場合,

$$\bar{k}l_s \cong \frac{D}{2}$$

(D:管径). 渦領域 $\varepsilon^+ = 1$ を考慮すれば,

$$B_1 - B \cong \frac{D}{2} \frac{\beta_b}{1+\beta_b} \quad (31_a)$$

そして,

$$B \cong \frac{D}{2} \frac{1}{1+\beta_b} \quad (29_a)$$

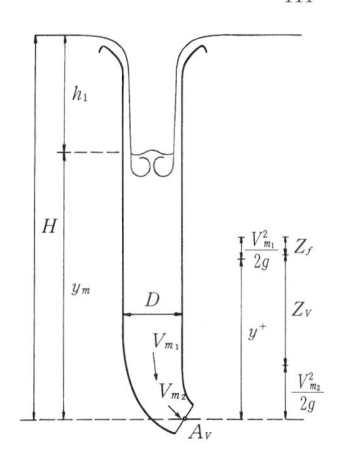

図3.8 立坑での過渡流れ

衝突噴流の過渡現象は, $K=0$ とした式(21)に一致する形式で示され, 運動量の式によって大気圧での過渡現象域で給気された水柱の動的な増加は, 圧力水頭 h で発生することが示される.

過渡現象の背後断面での圧縮係数は,

$$\varepsilon_2 = \frac{h_b}{h_b + h + B} \quad (32)$$

全断面中へ落下する噴流の過渡領域は, 以下に示す方法で決定される [22].

表面上に衝突する噴流の速度は, $v_1 = \varphi\sqrt{2gh_1}$ で与えられる. ここに, h_1:給気された水柱上(**図 3.8**)の貯水池の水位, φ:速度係数.

Manning 式および以下に示す水力半径を用いると,

$$R = \frac{Q}{v_1 \pi D} = \frac{Q}{\pi D \varphi \sqrt{2gh_1}}$$

さらに,

$$v_1 = \sqrt{\frac{2gh_1}{1+\frac{n^2 h_1 2g}{R^{4/3}}}} = \varphi\sqrt{2gh_1}$$

$$\varphi = \sqrt{\frac{Q^{4/3}}{Q^{4/3} + n^2(\pi D)^{4/3}(2g)^{5/3} h_1^{5/3} \varphi^{4/3}}} \quad (33)$$

管の放出断面上の給気された水柱高さを y_m とし, 対応する圧力水頭を y^+ (**図 3.8**) とする. y_m と y^+ の関係として,

$$y_m = y^+ - h + (B_1 - B) + \bar{a} \ln\left|\frac{h_b + y^+}{h_b + h + B}\right| \tag{30a}$$

放出口の給気された水柱高さ y_m は，潜り断面での摩擦による損失水頭 Z_f と出口での損失 Z_v 以上となる管放出口前面の圧力水頭 y^+ および速度水頭の差など(**図3.8**)に対応している．すなわち，

$$y^+ = Z_f + Z_v + \frac{v^2_{m_2}}{2g} - \frac{v^2_{m_1}}{2g} \tag{34}$$

ここに，

$$v_{m_1} = \frac{4Q}{\pi D^2}(1 + \beta_b \varepsilon_{m_1})$$

$$\varepsilon_{m_1} = \frac{h_b}{h_b + y^+}$$

$$v_{m_2} = \frac{Q}{A_v}(1 + \beta_b \varepsilon_{m_2})$$

大気圧下への放出では，$\varepsilon_{m_2} = 1$，トンネル内への放出では，$\varepsilon_{m_2} = h_b/(h_b + z/2)$，$z$ はトンネルの始まり点での深さ(圧力水頭)である．

圧力流れの背後に環状跳水によって空気が押し込まれる量は，$y_1 = R$ とするフルード数によって与えられる実験的な関係式(23)で示される．

$$F_{r_1} = \frac{\varphi^{3/2} 2^{3/4} h_1^{3/4} (\pi D)^{1/2}}{Q^{1/2}} g^{1/4} \tag{35}$$

空気持上げ現象は，管内で自然落下する噴流によっても発生する．すなわち，給気量は，噴流および崩壊の厚さに影響される．

流体が充満している立坑に自然落下することによる噴流の発生は，立坑の入口部分が潜りでない時である．すなわち，自然落下する噴流の速度 v_1 は，充満した立坑での流れ速度よりも大きくなる．この条件は，式(21)($K = 0$ の条件)の右辺が正となる．このことは，$h > 0$ という条件に対する解の制限を満たしている．

以上の条件は，立坑に対して全く潜りのない断面に対応しているが，潜り流出の流量が Q となる立坑内での点 h_1 の計算，あるいは立坑の任意の点での潜り流出の流量の計算法は，電子計算機か図式解法によって実行される．この結果から式(24)の非線形系の解が得られる．$Q = f_1(h_1)$ あるいは $h_1 = f_2(Q)$ を求めることはできないので，式(21)から(35)を用いての数値解法による方法が必要となる．

3.3.4 閉された放流管での跳水

閉された放流管内での跳水は，圧力流れへの超臨界流れの過渡的なものの流体現象である．この現象は，しばしば水理学的事例として発生する．すなわち，放水路ギャラリー，可変底面勾配を持った閉された水路，逆流サイフォン，スルースあるいはテンターゲートの下流放流管などに見られる．これは，また特に波動制限を与える下流側で急流などは，運動エネルギーの消散に対して最適である [12].

超臨界流れの水深 y_1 および跳水背後の圧力水頭 h (**図 3.9**), 幅 b および深さ D を有する矩形流れについて，運動量の式のを用すると，跳水の動的な水深に関する式は [14,23],

$$\theta = \frac{1}{D}\left[\frac{a_1 Q^2}{gb^2 y_1} - \frac{a_2 Q^2}{gb^2 D}(1+\beta_b \varepsilon_2) + \frac{D^2}{2} + \frac{y_1^2}{2}\right] - K \tag{36}$$

閉された放流管での跳水は，$\theta = h$ で $\theta > D$ として形成される．$h < \theta$ の時の跳水は，望ましい平衡状態の形状になるため下流側へ移動するし，$h > \theta$ の時は，潜り跳水の発生となる．

跳水前面の空間からの跳水背後への圧力流れによる強制力のため，跳水の表面での旋回流れは，強い給気の発生となる．

閉された放流管での跳水による給気は，多くの研究者によって行われている．最初に取り扱ったのは，Kalinske と Robertson [24] で，実験範囲〔表面での幅で除された流量面積 y_1 から定義されるフルード数 F_{r_1} ($F_{r_1}=1.5～30$)〕および直径 150 mm の円管を用いた実験から式 (23) の定数 $a=0.0066$, $b=1.4$ を見出している．この結果は，跳水前面で大気圧となる 266×200 mm の矩形断面の開水路を用いた実験から妥当性が検証され [23, 25], 実機計測が追加された大縮尺模型を用いた他の実験データ [26] とともに**図 3.10** に示している [28, 29]．閉された放流管での跳水による給気量は，管の寸法によって増加すること，および実機計測データの上位を含むものからは，式 (23) の係数 $a=0.015$ が使

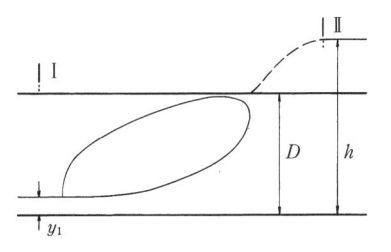

図 3.9 閉された放流管内での跳水

$$\beta_b = 0.015(F_{r_1}-1)^{1.4}$$

$$\beta_b = 0.0066(F_{r_1}-1)^{1.4}$$

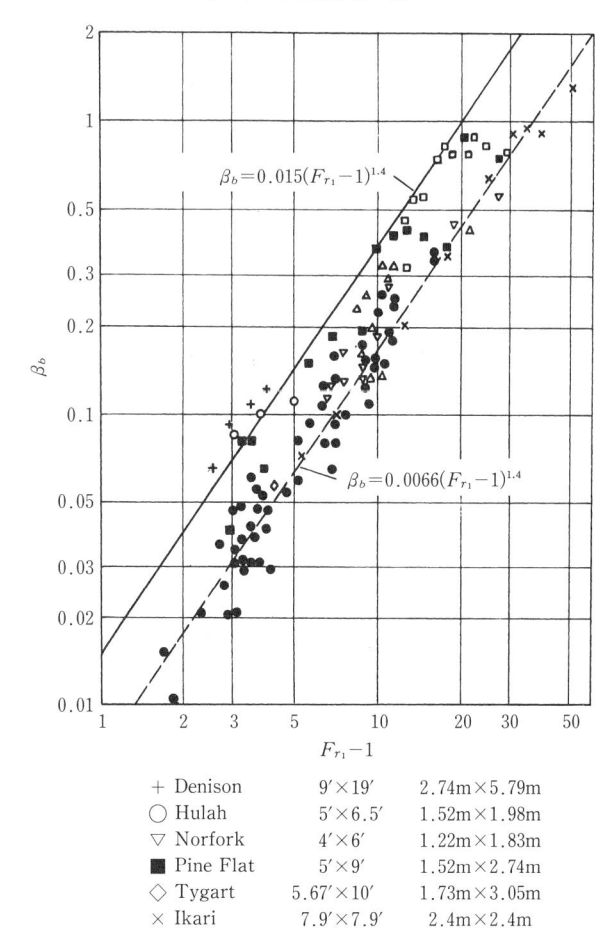

+ Denison	9'×19'	2.74m×5.79m
○ Hulah	5'×6.5'	1.52m×1.98m
▽ Norfork	4'×6'	1.22m×1.83m
■ Pine Flat	5'×9'	1.52m×2.74m
◇ Tygart	5.67'×10'	1.73m×3.05m
× Ikari	7.9'×7.9'	2.4m×2.4m

図 3.10 閉された放流管内での跳水についての式 (23) の図

用される.

跳水背後の開水路での給気域の長さは,式 (27) で示され,Haindl [23] は,係数について種々の寸法の模型から実験的な相関関係を求めている.

$$\eta = \frac{1}{K}\sqrt{\frac{y_1}{D}}$$

結果として,

$$l_2 = K\frac{\theta}{ub}(1+\beta\varepsilon_2)\sqrt{\frac{D}{y_1}} \tag{37}$$

ここに，係数 K 値は，$v_2=0.25$ m/s で $K=0.75$ から流速 v_2 とともに増加し，$v_2>1.5$ m/s では，$K=1.55$ という一定値になる．

水平放流管の頂部で空気の蓄積を伴う場合(あるいは，わずかな勾配を有する放流管)，空気クッションは，粗度の増加とともに(例えば，継手部)なくなる．跳水によって，引き下げられるか，あるいは流れ方向に引き込まれる小さな空気クッションに分裂しながら，最終的には，放流管の天井へ引き寄せられ，全空気クッションは，好ましくない空気衝撃の発生原因となる．放流管が空気クッションの問題から開放されると，逆に厳しい水撃作用の影響が発生する．圧力水路および構造物に対する重大なる欠陥は，これらの現象が誘発することである(例えば，文献[30])．脱気室を設置することは，水路あるいは放流管および空気管の終端の天井への上昇によって形成される空気クッションの発生を避ける良い方法といえる．次元を有する式(37)がこれらの現象によく利用される．作動中サイフォンで頂部に発生する空気を引き下げるのに跳水現象がよく応用される．

3.3.5 噴流の過渡現象；噴流落下

噴流として，式(21)に示されるように動圧と圧力水頭が等しくなる条件下では，放流管(図 3.11)は，充水管流としての流出となる．運動エネルギーの消散と同様に給気は，外面から噴流を包み込むような旋回の発生をもたらす．ここで，給気の相対量は，フルード数として以下の定義が用いられた式(23)で示される．

$$F_{r1} = \frac{v_1}{\sqrt{gd_0}}$$

ここに，d_0：ノズル背後の収縮する位置での噴流径．

$F_{r1}=7\sim25$ の範囲で，$K=0$ のノズルからの流出する背後約 $2D$ 離れた点で水平放流管($D=200$ mm)内で過渡現象が形成される．実験から式(23)の定数 $a=$

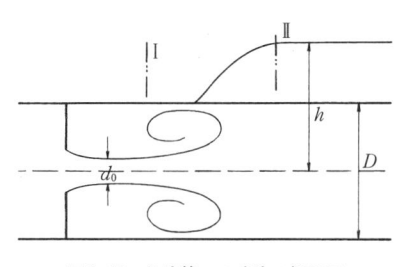

図 3.11 放流管への噴流の解説図

0.017，$b=1.1768$ となることを示している（長い噴流では，水平放流管内での過渡現象を形成することは難しい）．

　自然落下する噴流は，早い段階から崩壊し給気を伴う．Hořeni [32] の水平放出される噴流の縮尺実験で，落下噴流の単位幅当りの流量の関数として，噴流軸に沿って放出点から噴流の崩壊点までの距離 L_0 を以下のように与えている．

$$L_0 = 31.19 \, q^{0.319} \, (\text{cm}, \text{cm}^2/\text{s}) \tag{38}$$

Hořeni は，また噴流の飛翔中の機械的エネルギーの占める割合として，周囲媒体からの摩擦による損失は，約12%ときわめて小さいことも示している．

　減勢池の表面へ自然落下する円形断面の完全乱流噴流について，Elsawy と McKeogh [33] は，縮尺実験から以下のような崩壊長さを示している．

$$L_0 = 48 \, Q^{0.33} \tag{39}$$

（鉛直せん断力による水平方向落下噴流よりもやや大きな値）．

　ある与えられた初期フルード数 F_{r_1} に対する減勢池内での給気量 V_a は，ある限界までは落下高さに比例するが，それ以上の高さでは一定となることを明らかにしている．V_a の値は，以下のように与えられる．

$$\frac{V_a}{d^3} = 1.2 \, F_{r_1}^{1.66} \tag{40}$$

ここに，$F_{r_1} : v_1/\sqrt{gd}$，v_1：噴流の放出点での流速，d：噴流の径．

　立坑内を落下する間で——例えば，旋回流を伴う Glory-hole 放水路の流れが立坑を覆うような環状流れになっている場合——，給気は，環状流れの中での噴流崩壊によって発生する．空気核の中での副次的な圧力は，立坑に沿っての付加的な空気流れを発生させる．環状流れへの中心上の空気核からの給気は，乱流境界層が全流域厚さにわたって混入し始める点から発生するし，開始点の位置は，開水路の高速流について計算できる（**3.2.1** 参照）．

　立坑から越流で自然落下しているとすれば，潜り流出とはならず，過渡現象も発生しない．立坑内での全給気量 Q_a は，落下立坑の中心上の空気核への空気流れ Q_{aC} および環状流れ層への空気流れ Q_{aE} に分けられる．

$$Q_a = Q_{aC} + Q_{aE}$$

Hack [34, 35] は，滑らかな立坑および人工粗度を与えた立坑を用いた自然落下の縮尺実験から環状層内での給気比 $\beta_E = \dfrac{Q_{aE}}{Q}$ は，以下のように与えている．

$$\beta_E = \beta_{EM}(1 - e^{(mFr_o 4/3 - Fr 4/3)}) \tag{41}$$

ここに，フルード数 F_r は，式(35)に従い，給気されていない流体に関する F_{r_o} は，給気開始点での値である．係数 $m=1.8(k/D)+0.0108$ (k：絶対粗度，D：立坑の径)．Hack は，給気比 β_{EM} として 4 を採用している．

全給気量について Hack は，実験式として以下のものを与えている．

$$\beta = 0.35 + 16.09\left(\frac{\beta_E}{1+\beta_E}\right)^{2.88} \tag{42}$$

ここに，$\beta = Q_a/Q$．

放水路，二次的な補給坑など空気流れの正確な量が検討され明確にされてきている．

3.4 水路構造物要素の給気；空気管

3.4.1 一　般

ゲートの放流管後方での圧力として大気圧以下を避けるために，構造物の下流位置に空気管を設置して放流管が大気とつながるようにする必要がある．

　給気量は，構造物の下流での流れ形式や水理現象によって与えられる．放流設備であるゲートで半開操作時の下流側では，自由流出水位が全放流管域にわたって形成される（多分，成層流，波立ちあるいは脈動流れとして現れる）．ゲートで微小開度操作すると泡立ちが発生し，多数の微小水滴の飛沫が発生し，相対的に給気量の増加となる（ほとんど均一な空気・流体混合流で放流管断面は満たされるが，低い圧力下の流れではない）．自由流出水位での流れは，超臨界および亜臨界流での自由流出水位での跳水の構造，または低い圧力下で閉された放流管内へ流れ込む超臨界流れの過渡域での跳水によっても変化する．

　ゲートが設置されている場合，潜り流出となるため閉された放流管での跳水はなくなる．すなわち，潜り流出は，給気量の減少，あるいは全く跳水が現れないため，ただ水流のみの発生となる．Glory-Hole 放水路では，取水口の下流側できわめて多く給気された流入水が生じることを経験している．取水口での給気

は，主として流量が設計流量に近づく時のみに発生する [36]．もし給気されないと，水流は，トンネル天井のある長さにわたってくっついたり，離れたりして不安定な流れとなるが，取水口で給気があれば，自由流出水位は，噴流飛沫の始まる点から下流側以降に形成される．ここで圧力低下の大きさは，給気比やトンネルの始まり点での状況に左右される．

空気管の断面積は，給気量と空気流速 v_a によって決定される．

圧力水頭 $\varDelta h$ が水位で示される時の空気流速は，以下のように与えられる．

$$v_a = \varphi\sqrt{\frac{\rho}{\rho_a}}\sqrt{2g\varDelta h} \cong 27.8\sqrt{2g\varDelta h} \tag{43}$$

ここに，ρ/ρ_a は，水・空気質量比であり，項 φ は，潜り空気管の全損失に対応するものである．通常，$v_a < 40 \text{ m/s}$，なぜならば高速流は，空気管内での好ましくない騒音や流出口点での相当量の圧力降下となる．考えられる圧力降下は，定常状態の水流条件下，あるいは少なくとも流速変化が非常に緩やかに変化する場合の損失と速度水頭の和に等しいものである．しかしながら，空気管内には急激なゲート操作によって非定常な空気流れと水撃作用が発生するので，正常な水頭損失にこれが追加される状態が空気管の流出口での圧力低下となる．

3.4.2 スルースゲートあるいはテンターゲート背後での給気

閉された放流管で跳水がゲート近傍で発生するとすれば，給気量（3.3.4 参照）は，y_1 を収縮深さとする式(23)に従う．

$$y_1 = \bar{a}z$$

ここに，z：ゲート開度，$\bar{a}$：収縮係数．

ゲート開度に対して給気量を検討するために以下のような式を導入する．

$$\frac{dQ_a}{dz} = \frac{d(\beta Q)}{dz} = 0$$

開度 z によるわずかなる v の変化を無視すれば，以下のように最大給気量の式が得られる〔式(23)の指数 $b = 1.4$ となる〕．

$$\frac{v}{\sqrt{\bar{a}z}} = \frac{10}{3} \tag{44}$$

$v = \varphi\sqrt{2g(H+K)}$，最大給気量を与えるゲート開度は，

$$z = 0.18 \frac{\varphi^2}{a}(H+K), \ (z<D) \tag{45}$$

高圧ゲートについて，最大給気はゲート開度が全開（跳水うねりが形成される限り可能性がある）の時に発生する．閉された放流管内での跳水による給気量とゲート開度との関係は，たった一点の極大値を有する．

閉された放流管内での跳水がゲートのある離れた下流側で発生するか，あるいは放流管の放出口点，またはトンネル下端の下流水位点で形成されるとすれば，跳水の上流側の超臨界流れで追加される給気が発生し，結果的に予兆給気を伴った跳水となる．この場合，超臨界流れ域での給気には，跳水による給気と予兆給気とが追加されるために，空気管は，余裕を持った設計が必要である [37]．

部分開度のゲートの下流側の自由流出に伴う放流管内の超臨界流れでは，急傾斜の開水路（**3.2**参照）での高速流に相似となり，給気量も同じ法則によって与えられる．過渡表面と表面抗力あるいは水滴を通しての運動量交換，または両者によって生ずる放流管下端の層内での輸送は，水流によって運ばれる空気輸送を増加させる．超臨界流れへの給気は，空気層内の空気流れおよび空気流速の増加による圧力低下をもたらす．Sharma [27] は，干渉域の空気流速が水流に沿っての平均流速よりも速くなること，および空気流速分布が対数則からずれることなどを示している．波立ち，脈動あるいは成層中のガス相は，液相の平均流速よりもきわめて大きくなることが二相流の研究から明らかにされている一般的事項であり，Ghetti [38] の実験結果からも導かれる．Sharma [27] は，自然落下について平均空気流速と収縮部のフルード数 F_{rc} の関数として，模型と実機で測定された給気量を包含した式を提示している．水滴流れについて，

$$\beta = 0.2 \, F_{rc} \tag{46}$$

自由流出について，

$$\beta = 0.09 \, F_{rc} \tag{47}$$

また，Wunderlich [39] は，泡立ち流れの場合の給気量について，

$$\beta = \bar{r}\left(\frac{1}{\dfrac{A_c}{A_t}} - 1\right) \tag{48}$$

ここに，A_c：収縮部の流れ面積，A_t：放流管の断面積，$\bar{r} = \bar{v}_a/\bar{v} < 1$：平均の空気と水流速比．

放流管のゲート背後に泡立ち流れが形成される条件——収縮部でのフルード

数が十分大きく,しかも流れの水深さが放流管の鉛直寸法と同程度――は,実用上では随分制限されたものである.

Sharma は,パラメータ F_{rc} をもった A_c/A の関数として,模型装置から計測された自由流出する場合の β 値を提示し,種々のフルード数に対する曲線は,式(48)で $\bar{r}=1$ とした線に漸近することを示している.

水滴流出は,ゲート戸溝によって発生する基本的なものである.この現象は,粗度のある放流管での戸溝を有しないゲートの微小開度や,水路構造からの漏水時にも発生する.故に,多くの要素に影響されるため,ゲートの任意開度での水滴流出時の最大給気量の理論的な決定は難しい.ゲート開度による自由流出する放流管での給気曲線は,2つの最大値を有するもの,第一は水滴に対するもの,第二は自由流出のものである.

3.4.3 放流管内への拡散が制限されるコーンバルブからの放流

拡散コーンバルブは,ダム低水位の流量調節用バルブとして頻繁に使用されるものの一つである.このバルブがダム背面に設置され放流されると,水流は非常に拡散されやすく,冬季には氷が形成されることがあるが,放流管内あるいはダム下流面の放出口への放流が制限されるコーンバルブの設置がしばしば最適である.旋回流が発生する閉された放流管内へのバルブ放流からの流出では,旋回流中への給気が必要となる.

この場合も空気管の寸法は,放流管内で形成される跳水域の大きさに左右される.

放流管内で環状跳水が形成されれば,バルブ開度が大きな時,概して $m<0.6$ で最大給気量が発生する.拡散が制限されるコーンバルブの流量は,以下のように与えられる.

$$Q=\mu\frac{\pi d^2}{4}\sqrt{2g(H+K)} \tag{49}$$

ここに,$\mu=f(m)$ は,製造者によって与えられる(m:開度).

環状跳水が発生するとすれば,**3.3.2** で与えた関係は妥当である.バルブから遠くない下流での環状跳水に対する給気量は,ある与えられた定数 a,b で示される式(23)となる.環状流れ域の長さがきわめて大きなものとなる場合,給気

は，環状跳水が存在しない流れでは水脈が放流管の天井に沿って流下するため，給気量は減少する．

放流管内での環状跳水の形成は，運動エネルギーの消散と流出水の酸素飽和に対する改善に結びつく．

3.4.4 放流管中でのニードルバルブからの放流

本項では，このバルブ以外の給気については取り扱わないが，給気がどのようにキャビテーション特性やバルブ形状に影響を及ぼしているかを種々のニードルバルブについて例を示す．

図3.12は，特別な200 mm口径のニードルバルブについてのŽajdlík [40, 41]の模型実験の結果(放流管内にバルブ装填)を示している．キャビテーション数σがバルブの相対開度に対して示されている．σ_1は，初生キャビテーション(バルブ内での騒音と衝撃の増加に伴い明らかとなる現象)に対応のもの，σ_pは，きわめて大きな負圧の発生による水蒸気泡が現れるキャビテーションの第二段階のもの，σ_{min}は，模型実験で測定可能なキャビテーション数の最小値である．図示されているデータで，① β_{b1}値は，6 mm径の開度の微小断面積での条件のものであり，② β_{b2}値は，σ_{min}のキャビテーション数となる40 mm径以上の開度の条件のものである．また，三状態および空気比β_{b1}と流量係数μ〔式(49)で$K=0$〕も示されている．

ニードルバルブあるいは他の類似バルブから放流管内(直径D)

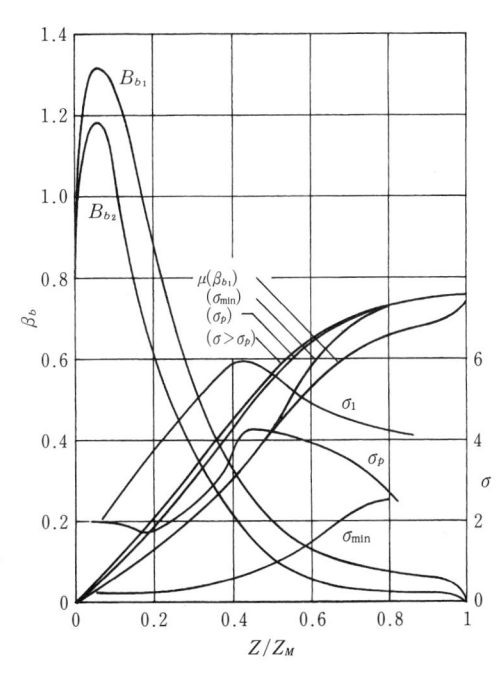

図3.12 放流管へのニードルバルブからの流出-キャビテーション数と空気-流量比

から集中した噴流として流出する場合，給気は，以前に示されたケースと同様，放流管内での流況に従って与えられる．

3.5 立坑内を鉛直落下する流れの自然脱気

実用面から自由落下する水脈の上流部分について，立坑から落下する流れを考えてみる．潜り流出する表面での水脈の衝突があって，この部分に空気-水流れが形成されても，放流管中への給気は排除される．このことは例えば，取水あるいは中間部分で鉛直放流管や立坑があって充水管流れとなる場合，または，圧力管系の部分では給気が存在しない場合である(逆サイフォンや圧力トンネルなど)．

給気域が存在するような流出速度がある鉛直放流管でも，流水中の空気濃度がある量以下，長さがある限度以下，さらに給気域の境界下流で水-空気混合が流下している場合は，水流のみの流れとなる．

この状態を自然脱気の領域と呼んでいる [42]．Curtet Djonin ら [43] は，給気される水流領域の長さ L_s と空気と水流粒子の滑り速度との関係を見出している．

$$v_g = \frac{Q}{A(1-c_s)}$$

ここに，c_s：給気域での平均の空気容積濃度(容積濃度は，ギロチンバルブによって急遮断された後の水位と空気-水容積を記録することによって計測される)．この場合のフルード数を Haindl は，次元解析の結果，以下のように与えている．

$$F_r = \frac{v_g}{\sqrt{gL_s}} = 一定 \tag{50}$$

これらの実験に対して，一定は，$F_r = 0.06$ となっている．

実験的研究から計測された給気域の長さ L_s から平均容積量が決定され，その時の圧力を以下の関係式で示した．

$$p = \varphi g y^+ = \varphi g [L_s(1-c_s) + h] \tag{51}$$

ここに，式(21)で与えらる h は，動的水頭，y^+ は，圧力水頭である．

3.5 立坑内を鉛直落下する流れの自然脱気

式(51)と(21)($K=0$として)から

$$c_s = \frac{L_s - y^+}{L_s} + \frac{Q}{L_s g A}\left[a_1 v_1 - a_2 \frac{Q}{A}(1+\beta_b \varepsilon_2)\right] \tag{52}$$

このケースの場合，平均の空気濃度は，給気域の長さとその時の圧力から与えられることが容易に示される．

給気域の上層部分で低い滑り速度が存在することは，領域の最終部で約 3 mm 径の球状気泡に成長（最小 5～8 mm 径）する．さらに，大きな滑り速度が存在すれば，ほぼ領域の上層部 2/3 にわたって気泡の成長が認められるし，下層 1/3 は，球状気泡で満たされる．

給気域の長さと滑り速度との関係式が図 3.13 に示されており，これらは衝突する軸対称噴流および壁面に沿っての円錐扇状の噴流の 2 つの模型を用いた実験研究から示されたものである．低い v_g 値（小さい L_s 値）についての計測点群から得られる曲線は，式(50)に従えば二次曲線となる．ある滑り速度が $v_g = 0.18$ m/s ($= 18$ cm/s) に達した後は，脱気域の長さは極端に大きくなる．この値を超えると，空気は，鉛直管では落下する空気-水流の下流の流れによって連行される．

3.3.2 で記述したように給気された水流中での気泡寸法は，種々の縮尺模型から大略見出されている．このことは，種々の寸法（多少の寸法差があったとしても）を有する実構造上での給気された水流領域の気泡が同様な振舞いをすることを示している．脱気領域の長さは，滑り速度 v_g に左右される．すなわち，同一の濃度 c_s では，明白な速度を持った脱気領域

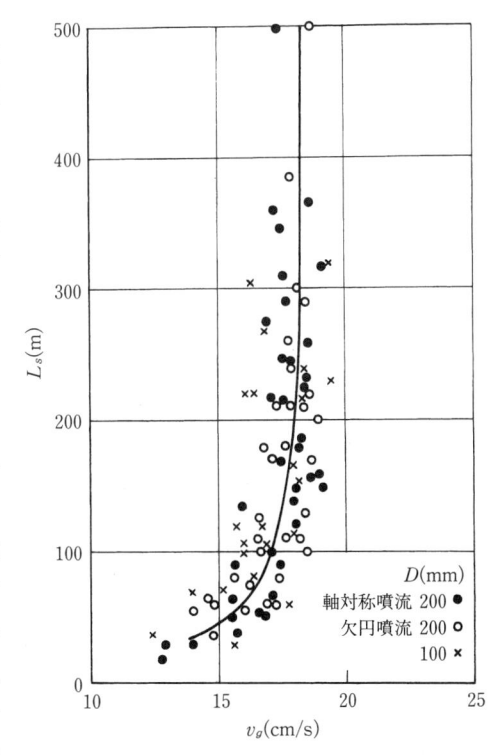

図 3.13 立坑内での鉛直落下における給気域の長さ

の長さは，Q/A（明白な速度は，給気域の落下する流量に等しい）で同一の乱れ効果を仮定できる種々の寸法の管中での現象に等しい．自由落下水の噴流の長さの増加は，c_sのわずかな増加となる．すなわち，付随的に自由落下水の噴流拡散によって空気を持ち上げることによる平均濃度の増加が期待される．c_sの増加に伴いv_gの限界値に対する明白な値は，脱気領域の長さL_sよりも小さくなる．すなわち，$Q/A=v_g(1-c_s)$となる．自由落下水の噴流の長さの増加は，水クッション上の噴流衝突の運動エネルギーの増加および給気現象のある長さの増加となる．

$v_g=0.18 \mathrm{~m/s}$よりも大きな滑り速度となれば，鉛直に降下する放流管では下向きの給気を取り扱う必要がある（たとえ静止空気の完全なる移動に対してより速い速度が必要となったとしても）．

3.6 水理構造物による高酸素化

3.6.1 一　　般

水に溶け込んでいる酸素量は，水質指標の一つである．汚染された河川では，相対的に低酸素か高い酸欠にある．エントロピー過程によって貯水池の底層の水は，酸素のある量，あるいは全量を奪い取られる．その結果，夏季の停滞期には最大の酸欠となる．

河川流れの種々の給気——堰，貯水池あるいは他の手段による越流現象——は，有効であり，平均的に高酸素化と水質改善となる．

流中へのガス流れは，一般に次式で示され，拡散に関するFickの法則に従う．

$$\frac{\mathrm{d}M}{\mathrm{d}t}=k_L A(C_s-C) \tag{53}$$

ここに，$\mathrm{d}M/\mathrm{d}t$：液中(g/s)のガスの質量，k_L：液膜係数(cm/s)，A：ガス-液の接触面積(cm^2)，C：液中でのガス濃度係数($\mathrm{g/cm}^3$)，C_s：液中でのガスの飽和濃度係数($\mathrm{g/cm}^3$)．

容積 $V(\text{cm}^3)$ で除すると,

$$\frac{dC}{dt} = k_L \frac{A}{V}(C_s - C) \tag{54}$$

時間項 $(t_1 \sim t_2)$ で積分 $(C_s, k_L,$ および A/V が一定とする) すれば,

$$\ln \frac{C_s - C_1}{C_s - C_2} = k_L \frac{A}{V}(t_2 - t_1) \tag{55}$$

ここに,

$$\frac{C_s - C_1}{C_s - C_2} = r \tag{56}$$

上式は，不足比といわれる．

恒常的な飽和状態では，液容積 $V = Qt$，ガス成分の容積 $V_a = \beta Qt$，後者は，直径 d_b の球状の気泡としての液-ガス混合として示される．すなわち，給気面積は，気泡表面の N 倍として，またガス成分の容積は，気泡容積の N 倍となる．そして [21],

$$k_L = \ln \frac{C_s - C_1}{C_s - C_2} \frac{1}{(t_2 - t_1)} \frac{d_b}{6\beta} \tag{57}$$

k_L は明らかにガスの拡散係数 (温度 T，拡散粒子の寸法および液体の動粘性係数 v の関数)，および乱れあるいは液相内での混合度合の関数となる．後者の効果は，恒常的な混合では最も重要であるといわれている．

恒常的な水の酸化について，水中に溶解される酸素の質量 (単位時間当りの質量) は，以下に示される．

$$Q_{O_2} = \kappa \beta Q C_P \tag{58}$$

ここに，C_P：空気中での酸素濃度，κ：酸素吸収割合．

酸素吸収割合 κ は，供給される総容積に対する溶解酸素の質量の割合として示される．

$$\kappa = \frac{(C_s - C_1)Qt}{C_P \beta Qt} \tag{59}$$

酸素吸収割合は，給気比 β の関数，さらに混合過程の乱れおよび二相の接触時間に影響される．また，水流中での酸化濃度の存在にも左右される [45, 46]．

最大可能な酸素吸収は，$C_2 - C_1 = C_s$ として酸素吸収割合の最大値は,

$$\kappa_{\max} = \frac{C_s}{C_P \beta} \tag{59 a}$$

酸化に対しては，低い β 値の時に最大値になることが示される．混合モード

は，酸素吸収割合 $\kappa=f(\beta)$ とすることにより明らかとなる．$\kappa_{max}=f(\beta)$ の関係が得られる．

3.6.2 跳水を伴うゲート背後の流出および減勢池へ落下する噴流からの酸素取込み

ダム(堰)からの越流あるいはゲート下端放流は，貯水池からの流出としてしばしば遭遇し，両事例とも給気が発生し，流水の酸化能が高められる．

両事例とも，Novak ら[47]によって系統的に研究された．Novak らは，温度 15 ℃，r_{15} での吸収割合を溶解酸素飽和の関係で示している．

下流側で跳水が生ずるゲート下端放流の研究をもとに，吸収割合を跳水の上流側流れについてのフルード数 F_{r_1} とレイノルズ数 R_e との関係から以下の式で誘導している．

$$r_{15}-1=\kappa_1 F_{r_1}^{2.1} R_e^{0.75} \tag{60}$$

ここに，$F_{r_1}=v_1/\sqrt{gy_1}$，$R_e=Q/bv=q/v$ である．

気泡径は，水の塩分の関数(**3.3.2** 参照)となり，係数 κ は，蛇口水，0.3 % $NaNO_2$ および 0.6 % $NaNO_2$ 濃度水について，それぞれ 1.004×10^{-6}，1.2445×10^{-6} と 1.5502×10^{-6} となる(実験規模での計測値の範囲は，$1.45<q<710$ cm³/s である)．

下流側の減勢池に落下する噴流についての吸収割合を，Novak らは，以下の式で与えている．

$$r_{15}-1=\kappa' F_{r_J}^{1.78} R_e^{0.53} \tag{61}$$

ここに，κ' は，蛇口水，0.3 % $NaNO_2$ および 0.6 % $NaNO_2$ 濃度水では，それぞれ 0.627×10^{-4}，0.869×10^{-4} および 1.243×10^{-4} となる．

分離できない噴流〔式(38)〕について気泡が減勢池の底部に到達しないか最適な接触時間が保障されれば，下流側水深が最適水深 X に等しいか大きいかによって関係式が誘導される．

最適水深 X (cm) として，以下の関係で示される．

$$X=0.433 R_e^{0.39} F_{r_J}^{0.24} \tag{62}$$

分離できない噴流は，種々のエネルギー損失や空気-水の接触が大きく成長する

ことに結び付く(高い酸素取込みは必要ではない).

フルード数は,以下のように定義される.

$$F_{rj} = \left(\frac{\pi\sqrt{2gh_1^5}}{Q}\right)^{1/4} = \left(\frac{gh_1^3}{2q_J^2}\right)^{0.25} \tag{63}$$

噴流径 d (または流量 Q)を用いたフルード数の形式は,円形噴流について妥当であり,長方形断面の噴流では,落下長さ h_1 および衝突点の噴流周長当りの流量 ($q_J = r_{hy}\sqrt{2gh_1}$) を用いたフルード数の形式が適用される (r_{hy}: 衝突点での水力半径).式(61)の $R_e = q_1/v$ は,衝突点での噴流周長当りの流量 q_1 を用いたものである.広い幅の長方形噴流(長径間クレストからの越流)では,周長は噴流の一方か両側が空気と接触するかによって近似的に一つか2つの噴流幅に等しくなると定義してもよい(すなわち,放水路からの噴流あるいは自由落下噴流について).

長方形放水路の噴流は,きわめて速やかに円形か平坦な長方形に拡散する.収束する噴流が円形形状となる落下高さは,実験的に Burley [48] によって示されている.

$$h_1 = 431\ b^{0.36}Q^{0.8}, \quad (h_1, b : \mathrm{m},\ Q : \mathrm{m^3/s}) \tag{64}$$

また,拡散する噴流についての限界値は,

$$\frac{z}{b} > 1.288 \tag{65}$$

ここに,z:落下高さ.

これらの結果は,複数噴流あるいは分割堰にも適用できる.フルード数 F_{rj} の一つの噴流に等しい直径の N 個の噴流に分割されるとすれば,合成フルード数は $F_{rj}\sqrt[4]{N}$ となる.この方法で得られる値には余裕があり,同一の流量や落下高さでは,高いフルード数が得られ,きわめて多量の給気となる.

故に,分割される堰では,減勢池へ自由落下するシリーズとして成立する.連続して変化する酸素飽和の考え方が適用でき,分割されたそれぞれの単一流については酸素飽和の計算が必要となる.研究された酸素飽和モードについての比酸化能の評価法は自由落下および跳水で同様なものであることを Novak [21] によって示されている.ただ,後者(跳水)については,低い下流側水深が条件として必要となる.

実験結果は,実機計測 ($h_2 < 8.5\ \mathrm{m}$) および初期飽和の約50%である 0.91

〜0.16 kgO$_2$/kWh の酸素混入を有するものについて〔式(60)〜(61)〕の整合性の良いことを示している．

前記の予測値は，装置上の給気，例えば水車や水面上にある給気装置に比べて大略妥当なものである．

3.6.3 定常流れの遷移現象による酸化，下流放流および水車からの流出による酸素混入

質量輸送および水流の酸素混入に影響する重要な因子の一つは，混合時の乱れ，すなわち内部混合の強さであり，これらの正当性は，開水路で示される．例えば，跳水について(**3.6.2** および Leutheusser ら[49]の研究参照)，これと同様な現象を示す定常流れの遷移現象が生じる閉された放流管でも存在する．放流管でのこれら遷移現象(**3.3** 参照)は，気泡と水流との接触時間が十分に長くとられるので，明らかに高い乱れが流れに存在している限り高い遷移特性を有している．

遷移現象の限界では，比流量は，式(57)で示され，酸素混入の上限割合の比 κ は，給気比 β に直接的には比例しない．$\kappa=f(\beta)$ の関係式は，常に $\kappa_{max}=f(\beta)$ 〔式(59$_a$)参照〕の関係式と同じであり，多かれ少なかれ低い限界値(C_1)に落ち着く．環状噴流が採用されると，$\kappa=f(\beta)$ の曲線は，非常に $\kappa_{max}=f(\beta)$ 曲線に接近してくる．

約5秒という通常の水流との接触時間は，限界濃度を与える限界値(C_2)を形成するには十分なものである．β 値および給気量が減少すると，κ 値は増加し，β 値は水深とともに増加するが，低い β 値で限界値に達する．通常のダム放流の水深では，水流についての完全な酸素飽和に必要な水深以上となっているが，高い β 値は，その領域で生じている化学的および物理・化学的反応に対して有効である．

ダム放流では，バルブに対する流量と水頭の両方とも変化するので，遷移現象での運動エネルギーも変化することになる．動圧および圧力水頭の平衡を保つために，遷移現象の起こりやバルブ(ゲート)からの流出以降の下り坂となる下流水路で遷移現象が常にその領域で発生するようにする必要がある[50]．**図3.14**に流出水に対する給気設計が示されている．上昇流れの水流-空気が混合する高

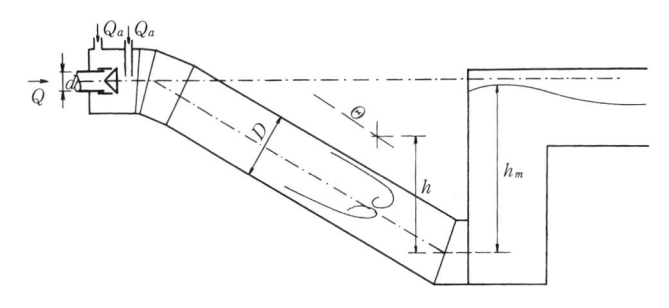

図 3.14　放水路管への放流

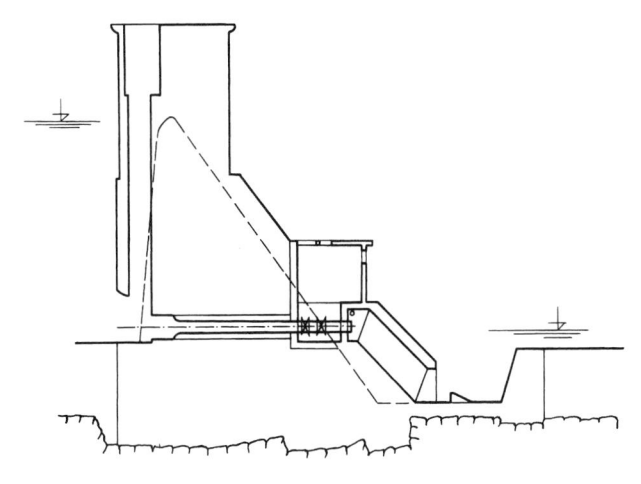

図 3.15　改良された減勢池への放流

さ x_m, 圧力水頭 x は, 最終値が $x_m=h_m$ および $x=h$ となる場合は, 下り坂の流れ〔**3.3.3**, 式(28)参照〕の相似性から誘導される.

図 3.15 は, 減勢池へ流出させる場合の上記の基本的な考え方(下り坂流れと上昇流れの相似性)を応用した例である.

この手法によって, 酸素混入は, 矛盾なく $10\sim13\,g/m^3O_2$ の範囲で達成される結果となっている [51].

ダムからの放流によって生ずる酸素混入の比較から——減勢池での跳水と同様, 自然落下する水脈消散が生ずるジョンソン・バルブ背後の環状円錐噴流での給気——, $0.8\sim5.6\,g/m^3O_2$ に増加することが見出されている. すなわち, 全体的な効果としては特別に設計された給気装置に比べて約 1/4 程度である.

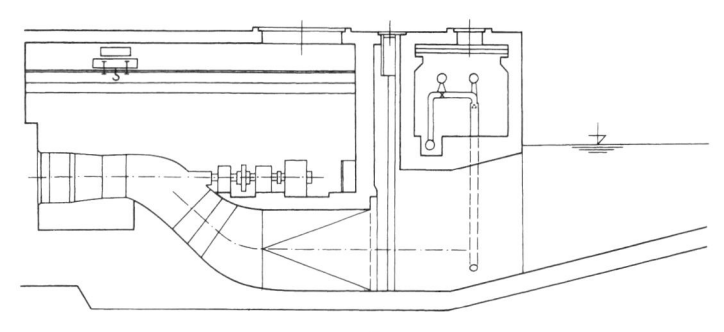

図 3.16 水車吸水管の出口での給気

　低位放流の設計において，遷移現象を形成させることは，流出流れに伴う有効な酸素混入が生じるとともに運動エネルギーの消散にも効果的である．

　水力発電設備を備えたダムでは，水車を通って流出する水流が酸素不足の状態となっており，より現象を複雑化する．例えば，水車での低圧点へ給気をするとすれば，通常これは水車出力の低下をもたらす．遷移現象および水車の吸水管からの流出 (**図 3.16** に従って) を利用する給気装置は，それ自体有効である．これらの補助的な給気装置は，河川で潜在的に酸素不足している状況に活用される (主として夏季沈滞期)．

　酸素混入率——装置としての給気，すなわち水車や水面上の給気装置に比較して——は，きわめて高い．

　同様に，船舶が航行する水路での酸素飽和は，航行用閘門の中で増加する．水が直接落下する閘門での酸素平衡状態の改善は，閘門で囲まれた水路域への補助給気装置からの混入によって可能である．Oder の閘門について著者の解決法が文献 [52] に示されている．

　もし，河川での酸素混入が必要であるならば，他の手段が使用される．例えば，多孔質フィルター，多孔質パイプなどを通した圧縮空気で形成される人工気泡カーテン装置がある (例えば，技術的なパラメータは，Markofsky と Kobus ら [53] によって与えられている)．他の手段として，機械的な給気装置，すなわち水面上の給気装置あるいは潜り水車式給気装置のどちらかの使用が考えられる．

　新しい構造物に対しては環境への悪影響を避けるための斬新な解決法は，たとえ構造物が存在したとしても要求される最小値を満たすことが可能である．どの

ような場合でも，環境に与える構造物の複雑な影響度を考慮した設計をすることが水理技術者の責任である．

文 献

1. CHANG, E. Review of literature on drain vortices in cylindrical tanks, *BHRA-Fluid Engineering* (March 1976), TN 1342.
2. DHILLON, G. S. *Vortex formation at pipe intakes and its prediction*, Report No. 6, Central Board of Irrigation and Power, New Delhi, January 1980.
3. NOVAK, P. and ČÁBELKA, J. *Models in Hydraulic Engineering—Physical Principles and Design Applications*, Pitman & Sons, London, 1981, 480 pp.
4. BAUER, W. J. Turbulent boundary layer on steep slopes, *Proc. ASCE*, **79** (281) (1953).
5. EHRENBERGER, R. Wasserbewegung in steilen Rinnen mit besonderer Berücksichtigung der Selbstbelüftung, *Österreichischer Ingenieur u. Architektenverein* (15/16 and 17/18) (1926).
6. *Aerated flow in open channels*, Progress Report, Task Committee on Air Entrainment in Open Channels, *J. Hyd. Div. ASCE*, **87** (HY 3) (May 1961), Part 1, 73–86.
7. Air entrainment by flowing water, Part IV, *Proc. IAHR*, Minneapolis, 1953, 403–533.
8. STRAUB, L. G. and ANDERSON, A. G. Experiments on self-aerated flow in open channels, *Proc. ASCE*, **84** (HY 7) (December 1958).
9. ANDERSON, A. G. Influence of channel roughness on the aeration of high-velocity, open channel flow, *Proc. IAHR*, Leningrad 1965, Vol. 1 No. 1, 37.
10. HALL, S. L. Open channel flow at high velocities, *Transactions ASCE*, **108** (1943), 1393.
11. YEVJEVICH, V. and LEVIN, L. Entrainment of air in flowing water and technical problems connected with it, *Proc. IAHR*, Minneapolis, 1953, 439–54.
12. THANDAVESWARA, B. S. and LAKSHMANA RAO, N. S. Developing zone characteristics in aerated flows, *J. Hydr. Div. ASCE*, **HY 3** (March 1978) 385–96.
13. HAINDL, K. and LÍSKOVEC, L. *Nadkritické proudění ve vodním stavitelství* (*Supercritical Flow in Hydraulic Engineering*), Práce a studie VÚV (Water Research Institute), Prague, 1973.
14. HAINDL, K. *Prstencový skok a přechodové jevy proudění* (*Ring Jump and Steady Flow Transition Phenomena*), Academia, Prague, 1975.
15. HAINDL, K. Hydraulic jump in closed conduits, *Proc. IAHR Congress*, Lisbon, 1957, D-32.
16. HAINDL, K. Transfer of air by the ring jump of water, *Proc. IAHR Congress*, Paris, 1971, A-44.

17. HAINDL, K.: L'instabilité de l'écoulement à la sortie d'une vanne conique débitant dans un canal couvert, *Comptes Rendus, VII ièmes Journées de l'Hydraulique*, Lille, 1964.
18. HAINDL, K. Zone lengths of air emulsion in water downstream of the ring jump in pipes, *Proc. IAHR Congress*, Kyoto, 1969, B 2, 9–20.
19. BENFRATELLO, G. Moto di una bolla d'aria entro un liquido in quiete, *Memorie e Studi dell Inst. di Idr. e Constr. Idraul.*, Milan, 1953.
20. HABERMAN, W. L. and MORTON, R. K. Experimental study of bubbles moving in liquids, *Proc. ASCE*, **LXXX** (1954), No. 387.
21. NOVAK, P. Luftaufnahme und Sauerstoffeintrag an Wehren und Verschlüssen, *Symposium on Artificial Oxygen Uptake in Rivers, Darmstadt, June*, 1979, DVWK, Publication No. 49, Bonn, 1980.
22. HAINDL, K. and HAINDL, M. Zahlcení šachtového přelivu (*Submerging of a Glory-hole Spillway*), Vodní hospodářství, 1982, No. A 11.
23. HAINDL, K. Teorie vodního skoku v potrubí a její aplikace v praxi (*Theory of the Hydraulic Jump in Closed Conduits and its Use in Practice*), Práce a studie VÚV (Water Research Institute), Prague, 1958, No. 98.
24. KALINSKE, A. A. and ROBERTSON, J. M. Closed conduit flow, *Trans. ASCE*, **CVIII** (1943), No. 2205.
25. HAINDL, K. and SOTORNÍK, V. Quantity of air drawn into a conduit by the hydraulic jump and its measurement by gamma-radiation, *Proc. IAHR Congress*, Lisbon, 1957, D-31.
26. WISNER, P. Sur le rôle du critère de Froude dans l'étude de l'entrainement de l'air par les courants a grande vitesse, *Comptes Rendus AIHR Congrès* Leningrad, 1965.
27. SHARMA, H. R. Air entrainment in high head gated conduits, *J. Hydr. Div. ASCE*, **102** (HY 11) (Nov. 1976), 1629–46.
28. CAMPBELL, F. B. and GUITON, B. Air demand in gated outlet works, *Proc. IAHR Congress*, Minneapolis, 1953, 529–33.
29. JUKIO, M. and ILGININ, S. N. Air demand in conduits partly filled with flowing water, *Proc. IAHR Congress*, Montreal, 1959.
30. BUNATIAN, L. B. K voprosu o pričinach avarii diukerov (About causes of inverted siphon failures), *Trudy Arm. NIIGiM*, No. 1, 1952.
31. CASTELEYN, I. A. and KOLKMAN, P. A. Air entrainment in siphons. Results of tests in two scale models and an attempt at extrapolation, *Proc. IAHR Congress*, Baden-Baden, 1977, A 63.
32. HOŘENÍ, P. Studie rozpadu volného vodního paprsku ve vzduchu (*Disintegration of a Free Jet of Water in Air*), Práce a studie VÚV (Water Research Institute), Prague, 1956, No. 93.
33. ELSAWY, E. M. and MCKEOGH, E. J. Study of self aerated flow with regard to modelling criteria, *Proc. IAHR Congress*, Baden-Baden, 1977, Ab 60, 475–82.
34. HACK, H. P. *Lufteinzug in Fallschächten mit ringförmiger Strömung durch turbulente Diffusion*, Bericht der VAW der Techn. Universität München, 1977, No. 36.
35. HACK, H. P. Air entrainment in dropshafts with annular flow by turbulent diffusion, *Proc. IAHR Congress*, Baden-Baden, 1977, Ab 64, 507–14.
36. HAINDL, K., DOLEŽAL, L. and KRÁL, J. Příspěvek k hydraulice šachtového

přepadu (Contribution to the hydraulics of a glory-hole spillway), *Vodohospodarsky časopis* (1962) (3), 288–314; (4), 370–81.
37. HAINDL, K. Příspěvek k řešení zavzdušovacích potrubí (Contribution to air-vent solution), *Strojírenství* (1957), no. 11.
38. GHETTI, A. Elementi per lo studio idraulico degli organi di scarico profondo da serbatoi, desunti da ricerche sperimentali, *L'Energie Elettrica* (1959) (9), 801–16.
39. WUNDERLICH, W. Die Grundablässe an Talsperren, *Die Wasserwirtschaft* (1963), 70–75, 106–14.
40. ŽAJDLÍK, M. The effect of needle valve profile on its hydrodynamic and cavitation characteristics, *Proc. IAHR Symposium*, Rome, 1972, D 3.
41. ŽAJDLÍK, M. *Hydraulické poměry a dynamické účinky vodného prúdu na kuželový uzáver (Hydraulic and dynamic relations of a water jet on differential needle valve)*, Research Report B-PU-84, VÚVH (Inst. of Water Management), Bratislava, 1969.
42. HAINDL, K. and RAMEŠOVÁ, L. Modelling of zones of natural de-aeration, *Proc. IAHR Congress*, Baden-Baden, 1977, A 66, 523–33.
43. CURTET, R. and DJONIN, K. Etude d'un écoulement mixte air-eau vertical descendant, *Houille Blanche* (1967), No. 5.
44. HAINDL, K. and RAMEŠOVÁ, L. *Dvoufázové proudění kapalina–plyn (Double-phase flow liquid–gas)*, Research Report VÚV (Water Research Institute), Prague, 1975, No. III-6-9/10.
45. HAINDL, K., JURSÍKOVÁ, M. and ŽÁČEK, L. Oxygen transfer into water during ring-jump mixing, *Proc. IAHR Congress*, Cagliari, 1979, Ba 22.
46. HAINDL, K., NACHTMANN, T. and ŽÁČEK, L. *Dvoufázové proudění kapalina–plyn (Double-phase flow liquid–gas)*, Research Report VÚV (Water Research Institute), Prague, 1980, No. III-7-6/2.
47. AVERY, S. T. and NOVAK, P. Oxygen transfer at hydraulic structures, *J. Hydr. Div. ASCE*, **HY 11** (November 1978), 1521–40.
48. BURLEY, G. H. The effect of jet shape on oxygen transfer at free overfall rectangular weirs and the prototype study of oxygen transfer at hydraulic jumps, M.Sc. Thesis, University of Newcastle-upon-Tyne, 1978.
49. LEUTHEUSSER, H. J., RESCH, F. J. and ALEMU, S. Water quality enhancement through hydraulic aeration, *Proc. IAHR Congress*, Istanbul, 1973, B 22, 167–75.
50. HAINDL, K. Suitable solution of bottom outlets of dams and oxidation outlets for the improvement of water quality in rivers, *Proc. IAHR Congress*, Istanbul, 1973, B 24, 187–94.
51. HAINDL, K. and JURSÍKOVÁ, M. Zlepšení kyslíkové bilance toku pod přehradou užitím aeračních výpustí (Enhancement of the oxygen balance downstream of a dam by using aeration outlets), *Proc. Symposium, Czech. National Com. ICOLD*, Banská Bystrica, 1979.
52. ČÁBELKA, J. *Směry rozvoje vodní dopravy a vodních cest v ČSSR (Trends in Development of Water Transport and Inland Waterways in Czechoslovakia)*, Práce SF ČVUT (Technical University—Civil Eng. Faculty), Prague, March, 1981, Ed. V 3/1981, 115–212.
53. MARKOFSKY, M. and KOBUS, H. On the modelling of artificial reoxygenation, *Proc. IAHR Congress*, Baden-Baden, 1977, A, 459–66.

第4章　高水頭ダムの余水吐

J. J. Cassidy and R. A. Elder

4.1　緒　　言

　各ダムの余水吐の機能は，不測の事故なしにダムから安全に洪水を吐くためのものである．余水吐を越える流れは，高速流でエネルギーのレベルも大きいことから，設計で考慮すべき重要な事柄である．高水頭ダムの欠陥の影響力は，同程度の容量の低水頭ダムよりも通常きわめて大きい．余水吐の正しい設計は，容量が適切であり，設計どおりの性能が十分に保証できる滑らかな流況，下流側への問題を含まないような流れ分配，構造物にキャビテーション損傷のないもの，さらに調節ゲート（もし設置されれば）が振動の発生なしに操作できる，ことなどが要求される．本章では，高水頭ダムの余水吐の設計に際しての水理学的な課題を取り上げ，設計流量を決定するための水文学的な取扱いについては省略している．さらに，余水吐の下流側でのエネルギー減勢について要求される減勢池の設計と機能についても省略している．本章での目的を簡単に述べると，フリップバケット減勢工を取り上げるが，減勢メカニズムについては論じない．

　高水頭ダムに採用される余水吐の形式は，ダム形式に左右される．最大流量を余水吐が吐く必要があり，プロジェクトの操作機能を満たし，さらに現地の地形学的，地質学的条件を満たす必要がある．**図4.1**には，通常よく採用される幾つかの余水吐を示す．調節しないクレスト越流は，クレスト余水吐の最も安全なものと理解されている．一般にアースおよびロックフィルダムでは，調節しないクレスト余水吐からの越流は，ゲート機能の限界時期としてダムを乗り越える厳しい結果になる場合に発生する．調節できないクレスト放流は，シュート式余水

(a) コンクリート重力式越流

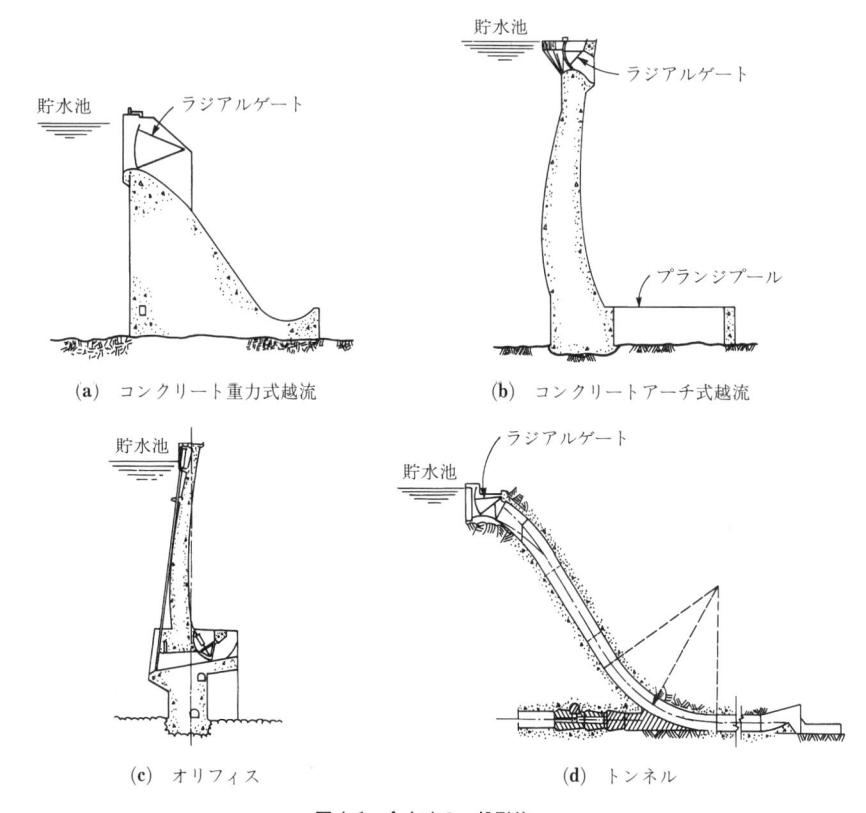

(b) コンクリートアーチ式越流

(c) オリフィス

(d) トンネル

図 4.1　余水吐の一般形状

吐および流木が詰まる可能性のある薄型アーチダムの越流面でしばしば使用される．薄型アーチダムでは，フィクスドホイールによって調節されるオリフィスあるいはラジアルゲートのみか，あるいは越流式余水吐を組み合わせて設置されている．トンネル式余水吐は，しばしば一つか，それ以上の拡大式トンネルとなっている．さらに，側面越流式余水吐の入口は，トンネル式余水吐の多くの中の一つとして使用される．この形式のものは，シュートで予期せぬ流れ条件および経済的な要求や注意深い模型実験に基づく地形的な制約がある場合のみに使用されるべきである．

　余水吐で成功する設計は，種々の局面に対して適切な注意がなされたものである．手がける諸条件；クレストゲートの選定，クレストとピア設計；導流板の高

さおよび底面の潰食を含むシュート設計；長期使用に付随して起こりうる問題点；前述のすべての附属物について，水理模型実験の適切なる活用などが要求される．

成功する設計の最終結論は，水位がダムよりも高くならない，クレストを壊さないような余水吐にすべきであり，減勢池への流れの導入あるいはこれらの構造物が思いどおりに機能するようなフリップバケット (flip-bucket) の設計にある．

4.2 アプローチとクレスト設計法

4.2.1 アプローチ条件

余水吐へのアプローチ流れは，余水吐シュートに対する流れパターンに強い影響を与える．アプローチでの悪い分布流れは，クレストの流量係数の減少に大きく影響する．また悪いアプローチ条件は，クレストゲート振動の原因ともなる．さらに，予期しないアプローチ条件では，余水吐シュート内から減勢池へ導入される流れの平衡分配を乱す強い波の発生が考えられる．高水頭ダムの余水吐のアプローチに対して，対称で妨害されない場合は，余水吐の模型実験からの評価は有効である．

4.2.2 クレスト設計

設計課題は，クレスト形状の選定を含む越流式余水吐，すなわち形式の選定，ゲート寸法（もしクレスト域を制御するとすれば），ピアと脚台の適切な設計の組合せとなる．クレストの適切なる設計は，シュートでの流れの良好な分布（ダム内でも）と問題となる波高が下流側に伝搬されないことである．

実際上，余水吐クレストは，鋭いクレストからの越流によって形成されるナップ（水脈）の下面に従った形状となる．これらの形状の一般的な寸法は，多くの文献に公表されている [1, 11, 21]．選定された形状は，越流に適用される流量係

数とともにクレスト面で経験するし，圧力についても配慮が必要となる．U.S. Army Corps of Engineers(アメリカ陸軍工兵隊；ACE)は，鉛直および傾斜する上流法面と上流側の鉛直法面にオフセットを含む種々の幾何形状についての寸法を与えているし，これらの形状寸法には，アプローチの上流部での流速に影響を与えるものが含まれている．余水吐断面が鋭くなる水頭を設計水頭 H_0 と定義すれば，設計水頭よりも高い水頭で使用されれば，クレスト面のほとんどは大気圧以下となり，流量係数の増大を招く．設計水頭で使用(ACE のクレストを使用すれば)される場合，流量係数 C_0 を用いた流量の式が以下のように示される．

$$Q = C_0 L H^{3/2} \tag{1}$$

ここに，Q：流量(m^3/s)，L：余水吐クレストの長さ(m)，H：クレスト上の水深(m)で，約 2.20 m．もし，クレスト上の水深が 1.33 H_0 に増大すれば，流量係数は，約 2.30 となり，効率的に 4.5 ％ 増となる．上流側の接点近傍で生ずるクレストの最低の圧力水頭は，大気圧から約 $-0.8\ H_0$ に低下する．明らかに，圧力は，蒸気圧を許容するものではなく，観測された最低圧力は，−5 m 水頭であった．

Chief Joseph ダムに関する ACE による実機研究では，14.1 m 水頭(1.11 H_0)について問題となるような圧力変動は認められなかった．Locher は，模型クレストを用いて遷移的な圧力を詳細に研究したが，乱流境界層に理論上発生する現象以外の圧力変動については見出すことができなかった[31]．

Abecasis は，自由流出面上の圧力が大気圧以下となる囲まれた水路を使用して，設計水頭以上の高い水深でクレストを越流する流れの研究を実施した[2]．この研究で Abecasis は，模型クレストで初生キャビテーションの発生の可能性を見出している．彼はさらに，1.5 H_0 以上のクレスト上の水深でなければ，キャビテーション発生の可能性のないことを示した．

4.2.3 ゲート

流量調節するクレスト上のゲートには，ラジアルゲート，ドラムゲート，鉛直昇降用ゲートおよびフラップゲート(跳上げ形式)が含まれる．ラジアルと鉛直昇降用ゲートは，潜り流出ゲートであり，ドラムとフラップゲートは，越流ゲートである．

最も有用な調節ゲートは，最も安価で据付けが容易で水密も簡単で，しかも相対的に失敗の少ないラジアルゲートである．跳上げゲートあるいはフラップゲートは，余水吐クレスト上の水深が6m以下で，ごみあるいは氷がしばしば流下する場合に有用であるが，閉じた状態を保持するためにはきわめて大きな回転モーメントを必要とする欠点がある．このように跳上げゲートは，ラジアルゲートに比べて水頭に対する制限が大きい．ドラムゲートは，近年あまり利用されていないが，アメリカではドラムゲートは首尾よく活用され，Grand Coulee ダム (1941年)，Norris ダム (1936年) に適用されている．ドラムゲートは，全自動でダム水位の調節に用いられるし，ゲート浮体の戸溝の水位は，設計されたゲート位置に調節される．鉛直昇降用ゲートは，高い水位の越流クレストでは滅多に使用されないが，調節用オリフィスクレストとしてしばしば使用される．ラジアルゲートの使用に際し十分な空間がとれない時は，鉛直昇降用ゲートの採用がある．

(a) ラジアルゲート
(b) ドラムゲート
(c) 鉛直昇降式ゲート
(d) フラップゲート

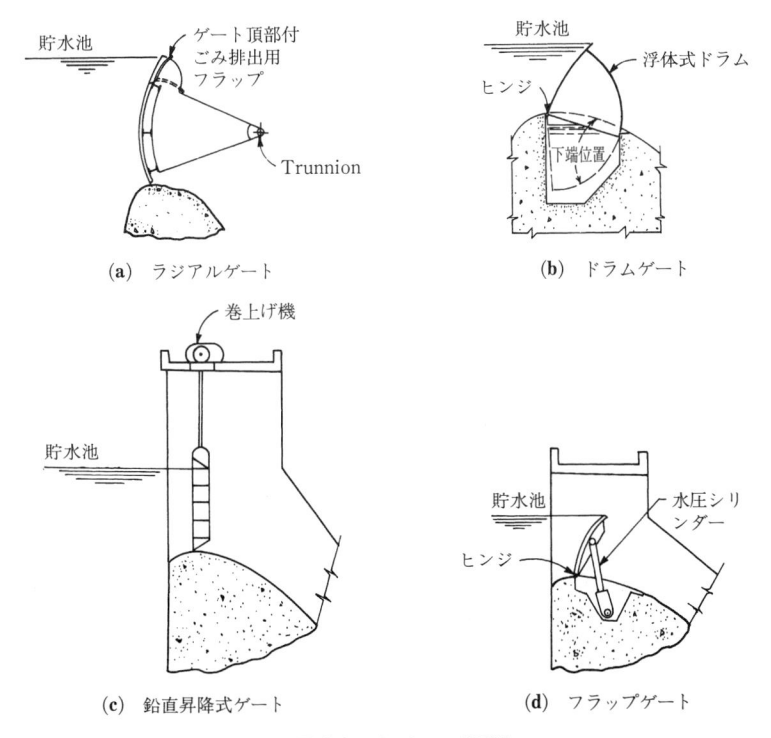

図4.2 ゲートの一般形状

図 4.2 には，一般的に余水吐に使用される種々のゲートを図示している．種々の試みの理由は，少なくとも自動的に部分開度でゲートが使用できることにある．動力なしにラジアルゲートが操作できるように，ドラムゲートの浮力体について特殊な設計を組み合わせ，自動操作可能なものへの変更がなされた．しかしながら自動操作は，定期的な保守，多くの点検，および洪水期における注意深いモニターリングが可能な場合に限る．

トンネル式余水吐に対する余水吐調節は，ラジアルゲート，フラップゲート，およびアメリカの Hungry Horse ダムの朝顔型 (Morning-glory) 入口に設置された特殊な設計のリングゲートが含まれる．朝顔型入口にあるゲートは，トンネルド流側の導水路と開水路間での不安定振動を誘発する非対称なゲート開度によって波の発生と乱れの発生のために厳しい困難さに遭遇した．

ゲートの振動問題は，ゲート下端 (リップ) を通過する流れ，あるいはゲート面での渦作用などの組合せによる．放流水脈の剝離がリップの上流から下流側へ移動するようなリップに設計されているとすれば，ゲート面に変動力が作用することになる．変動力の振動数がゲート支持機構に共鳴するとすれば，振動振幅は，ゲート損傷あるいは操作上ゲートの使用を妨げるに十分な数値となる．このような振動問題は，ラジアルゲートおよび鉛直昇降するゲートの両者に発生し，もしゲートがケーブルで吊られた場合，振動振幅は，きわめて大きくなる．

4.2.4 ピア設計

ゲートに対して問題となる条件が，アプローチ流れあるいはゲートから下流シュートに対して発生しないことが保証されるように心掛ける必要がある．ゲートから下流側の領域での大きな剝離は，余水吐面のもう一方に沿ってのアプローチ流れにも発生して大きな渦発生につながる (図 4.3 (a))．これらの渦は，ゲート振動に影響を与え，ゲートを通過する流れを阻止するか，下流シュートの流れの主な乱れの発生とシュート内での波の発生をもたらす．特に，内側にあるピアで非常に大きなスパンのものでも同様な問題が発生する．

これらの問題は，図 4.3 (b) に示されるような変更によって最小限にとどめることができる．後流の影響を伴う非常に大きな中間ピアでは，単純な解決法のみでは下流側の問題を処理できないことを強調したいし，強度的に可能な限り薄い

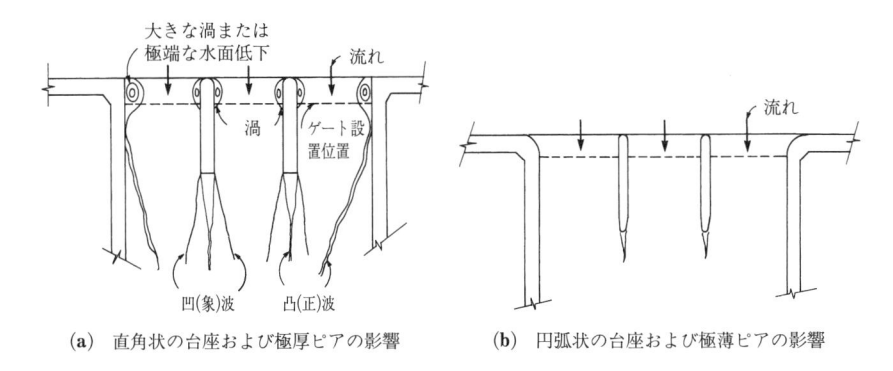

(a) 直角状の台座および極厚ピアの影響　　**(b)** 円弧状の台座および極薄ピアの影響

図4.3　入口条件に対する余水吐設計法

中間ピアにすることが最良である．

4.3　シュートとトンネル設計法

4.3.1　実機での経験

　高水頭ダムのシュートあるいはトンネルでは，常に 30 m/s 以上の流速を経験している．このような高速では，施工の良くないコンクリート表面には潰食を伴う．もし，余水吐にコンクリートが使用されるとすれば，強度的に弱いために流れから生ずる強いせん断力，あるいは流水表面のわずかな不連続性のための圧力変動が発生することによって潰食が容易に生ずる．

　最も一般的に被る厳しい問題は，キャビテーションによる凹みである．20 m/s 以上の流速になれば，流水表面に凹凸が存在する限り，一般的にキャビテーションによる損傷の初期の状態の一つとして，1941年に完成した Grand Coulee ダム [13] が報告されている．キャビテーションは，放水口で横切る余水吐表面に形成される傾斜面からの越流によって発生する．流れの傾斜は 16：1 であって，流速は 30 m/s を超えていた．キャビテーション条件を軽減するには，流れに空気の混入を可能とするシステムを設置することであり，この対策は，損傷を

阻止するのに有効であった．

トンネル式余水吐である Yellowtail ダム (USA) で，水平断面路での厳しいキャビテーション損傷および頂部傾斜部でのわずかな損傷を経験した [4]．9.8 m 径の Yellowtail トンネルは，510 m^3/s 以上の流量を経験し，53 m/s 以上の高い流速に達した．トンネル内の潰食としては，水平部での大きな穴，55° 以下の鉛直曲部には 2.4 m に達する深さと 5.9 m 幅の損傷を含むものであった．曲部では 6.4 mm 深さの小さなエポキシモルタルのパッチでの剥離がキャビテーション発生の引き金となっと考えられる．

もう一つのトンネル式余水吐である Hoover ダム (USA) で，1945 年の完成後わずかな時期において，50° 鉛直曲部近傍かそれ以下の部分で厳しいキャビテーション損傷を経験した [5]．15.9 m 径のトンネルで 1 075 m^3/s を超える流量と 45 m/s 以上の流速となった．この余水吐は，約 328 m^3/s の平均流量のもと 4 箇月間使用された．損傷としては，コンクリートトンネルライニングと下層岩石が 13.7 mm 深さ，35 m 長さにわたっての潰食であった．キャビテーションは，建設時の形状のずれによる曲部から上流に向けてのコンクリートの逆膨れが引き金となった．

Reza Shah Kebir プロジェクト (Iran) の余水吐では，1977 年に厳しいキャビテーション潰食の問題を経験した．16 000 m^3/s の流れに対して設計されたシュート式余水吐が 3 つの分離シュートに分割された．運用 1 年間で，全余水吐のフリップバケットの上流側にキャビテーション損傷が発見された．すなわち，バケット入口のシュートでの流速は，約 45 m/s であった．その損傷は，1.5 m 厚さのコンクリート底面を貫通し，下層岩石に 1 m に達する大きな穴を含むものであった．最近の損傷の主要部分は，一度にキャビテーションによる凹みが広範囲に広がり，弱くなったコンクリートの大きな破片の剥離によるものである．欠落は，鉛直方向 10 cm，水平方向 3 m 相当にわたってシュートのコンクリート表面に変化を与える結果となった．欠落穴下流側にはキャビテーション損傷は小さく，典型的なキャビテーション痕跡形態があった程度であった．

Keban 余水吐 (Turkey) では，余水吐シュートの直角方向接合点の下流側に厳しいキャビテーション損傷を経験した [6]．この余水吐は，1 700 m^3/s の流量に対して設計され，24 m 高さ，16 m 幅を有する 6 門のラジアルゲートによって流量調節された．余水吐は，3 つの水路に分割され，最終部にはフリップバケット

が設けられている．1976年にかけて約1 000 m³/sの流量が余水吐を通過した際，余水吐シュート床の数箇所の直角方向接合点から下流側のキャビテーション損傷が発見された．キャビテーションによって生じた穴は，余水吐シュートの相当量の距離にわたり，流れによって鉄筋の部分でむしり取られた0.4 m深さに達する穴が広がっていた．キャビテーションの原因は，施工不良の直角方向接合点であることが判明した．

Supkhumダム(Korea)の広範囲にわたるキャビテーション損傷に関する研究で，施工不良の接合点，鉄筋の突出，余水吐流水面の滑らかに仕上げられていないピア表面の不規則性の存在などが寄与していることを発見された[7]．

ロシアのBratskダムでも，運用中に際だったキャビテーション損傷を経験した[7]．Bratskダムは，約104 m高さで越流部がコンクリート構造であり，ダムクレストから約70 m下流のところに損傷を経験した．最大で約7.5 m×10.7 m×1.2 m(深さ)となる数個の穴を含む損傷であった．このキャビテーションは，突出した鉄筋および建設時に実施された施工不良の接合形状による凹凸に起因していた．突出高さが40 mm以下では，キャビテーションは経験していない．流速についての情報はないが，キャビテーションの発生は，流速が30 m/sを超えていること示している．余水吐上の給気溝の設置は，最近の試験によればキャビテーション軽減に成功したことを報告している．

「国際大ダム会議のダムに関する水理委員会(Committee on Hydraulics for Dams of International Congress on Large Dams)」の調査には，116箇所の大ダムの運用実績が含まれている[8]．報告書には総計123箇所のダムが含まれ，84箇所にはゲート設備あり，36箇所には流量の調節機能のないもの，残りの3箇所のダムでは，余水吐にゲートと流量の調節機能のない断面の両方を有するものであった．余水吐の容量は，500 m³/s未満から10 000 m³/sを超え，最大流速は，20 m/s未満から40 m/sを超えるものであった．報告されたダムの1/70のダムでは100日以上運用されていた．71箇所のダムのうち，52箇所のダムでは損傷は報告されていないし，9箇所のダムではわずかの潰食(2 cm深さ以下)が報告され，2箇所のダムでは中程度の損傷(2～10 cm深さ)，そして8箇所のダムでは厳しい潰食(10 cm以上)が報告されている．表4.1には，流速と単位幅当りの流量の関係での余水吐損傷に関する統計値を示している．調査結果によれば，流れへの給気が9箇所の余水吐に対して実施された．これら9箇所の余水吐

表 4.1 国際大ダム会議 (ICOLD) に提出された余水吐の潰食例の概要

余水吐の容量範囲 (m³/s·m)	潰食の度合いの数				報告された余水吐の総数
	潰食なし	微小な潰食	中程度の潰食	厳しい潰食	
>200	1	0	0	2	3
100〜200	7	4	1	1	13
50〜100	20	0	1	3	24
10〜50	19	4	0	1	24
<10	5	1	0	1	7
最大流速の範囲 (m/s)					
>40	0	2	1	3	6
30〜40	3	1	0	2	6
20〜30	5	0	1	0	6
<20	14	2	0	1	17

には，4箇所のコンクリートダム上の越流式余水吐，3箇所のトンネル式余水吐，1箇所のシュート式余水吐と1箇所のフラップゲートによって調節される余水吐が含まれている．給気した余水吐9箇所のうち，6箇所で給気をしたにもかかわらず明らかにキャビテーション損傷を受け，2箇所では特に厳しかった．国際大ダム会議 (ICOLD) の委員会による調査から給気の影響について明白な結論を引き出すことは不可能であった．キャビテーションは，慎重な補修，エポキシ樹脂の使用，繊維入コンクリート補修によって大部分は阻止できるが，さらに厳しいキャビテーション損傷を阻止するためには適切なコンクリートの注入あるいはコンクリート表面をきれいに仕上げることの重要性を強調したい．キャビテーション損傷は，小流量運用時でも発生していることに注目したい．給気装置がキャビテーション損傷の発見後，さらに酷くなったとの調査結果はない．

ベネズエラのCaroni川に1968年に完成したGuriダムにおいては，3つのシュート式余水吐と最終端にはフリップバケットの組合せとなっている．隔年ごとに10 000 m³/s程度の流量が放流された．1968年に完成して以来，フリップバケットが6 mほどもキャビテーションによって潰食された．一つのシュートに対して，シュートの頂部近傍に0.75 m高さ，2.47 m長さの給気溝を設けて給気された．余水吐およびフリップバケットには，さらなる損傷の進展なしに1年間にわたって運用された．第一シュートが建設された後，Guriダムは50 m嵩上げされたことにより給気溝も高くされた．給気溝のすぐ下流側で約40％の空気濃

度が得られている．この新しいシュートは，キャビテーション損傷なしに 10 000 m³/s で 100 日間運用された [22]．

数種の相当の高水頭ダムで，気になるキャビテーション損傷なしに相当な期間運用された余水吐のあることを指摘しておきたい．アメリカの Fontana ダムのトンネル式余水吐は，ほとんど問題なく数千時間運用されている [9]．Fontana 余水吐は，10.4 m 径のトンネルであり，48 m/s 以上の高速にさらされている．監視しながらの建設，余水吐表面の調整に許容精度の導入，建設に特殊コンクリートの採用など特別の努力が Tennessee 川開発公社によってなされた．

Mica ダムは，気になるキャビテーション損傷なしに運用された高水頭ダム用シュート余水吐の一例である [10]．2 100 m³/s 以上の流量での初期運用後の 49 日にわずかなキャビテーション損傷が数箇所の不良接合のあった下流側で発見された．損傷面は補修され，エポキシコンクリートで置き換えられた．初期の不良接合は，滑らかに仕上げられ，その後の運用ではさらなる損傷は発生していない．

4.3.2 キャビテーション制御

余水吐のコンクリート表面を高速流れが通過する時，損傷が起きるようなキャビテーションが発生することが経験から示されている．コンクリートの局部的な脹れ，あるいは仕上げ不良の形状は，局部的な表面変動となり，局部的な低圧の発生となる．もし，低圧が蒸気圧に達すれば，キャビテーション発生につながる．高速流れにさらされる部分に高強度コンクリートを施工すれば，損傷阻止の助けとなるが，もしキャビテーションが発生する箇所では損傷が生ずる．

損傷阻止のために表面の削り補修が実施された場合，特殊な流速でキャビテーションが発生するか，しないかの決定は，設計中あるいは建設後になされる必要がある．流速の正確な推定が必要であり，絶対粗度の適切な値も要求され，Elder は 5.5 m 径の Appalachia トンネルについては，0.78 mm から 1.09 mm の値であると報告している [12]．この値は多分，表面を調整鏝で仕上げない場合の最も滑らか表面を与えている．絶対粗度の適切な推定をすれば，余水吐の表面近傍の流速は，水理解析および境界層理論を適用することによって計算できる [1]．

表面変動を通過する流れに対するキャビテーションの可能性は，Ball [3, 13]

と Johnson [30] によって解析されている．突起物および傾斜オフセットに流れ込むか通過する場合の Ball と Johnson らの結果が**図 4.4，4.5，4.6** に示されている．30 m/s の流速では，通過する流れ面のオフセットがたったの 3 mm となったとしても，現場接合部の下流側にキャビテーションが発生することが**図 4.5** に示されており，興味が引かれる事柄である．Ball と Johnson の研究と類似であるが，さらに多くの表面変形の形状寸法についての包括的な研究が Wang と Chou によってなされた [15]．**図 4.7，4.8** には流れ込む場合の傾斜および丸味のあるオフセットについての結果が示されている．初生キャビテーション数 K_i について，Wang と Chou は，以下の式で与えている．

$$K_i = \frac{H_a + H + H_r - H_v}{\dfrac{V_0^2}{2g}} \quad (2)$$

ここに，H_a：大気圧，H：静水圧，H_v：蒸気圧，g：重力加速度，H_r：遠心力による水頭，V_0：オフセット頂部近傍の流速．

遠心力による水頭は，以下のように与えられる．

$$H_r = \frac{V_0^2}{gR} \quad (3)$$

ここに，R：余水吐表面に対する鉛直方向の曲率半径．H_r に

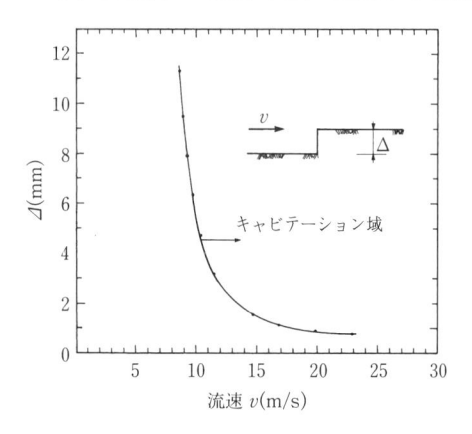

図 4.4 流入オフセットの初生キャビテーション（Ball のデータ [14] より）

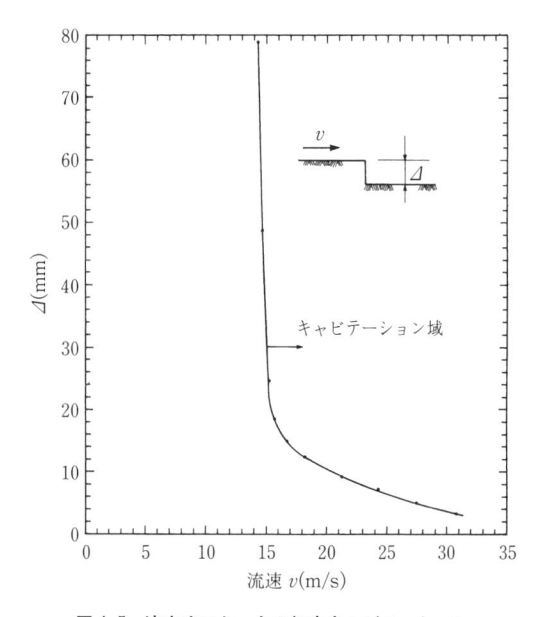

図 4.5 流出オフセットの初生キャビテーション（Johnson のデータ [30] より）

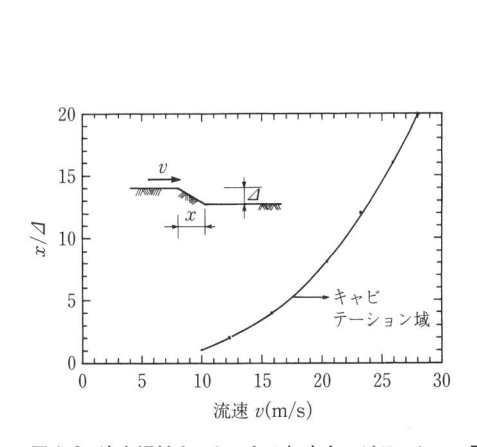

図4.6 流出傾斜オフセットの初生キャビテーション（Ballのデータ[3]より）

図4.7 流入円弧オフセットの初生キャビテーション（WangとChouのデータ[15]より）

は，表面が凸形状であれば負圧，凹形状であれば正圧になるという代数的な符合を含んでいる．

H_r項に含まれている値は，従来の一次元水理学の適用によって得られる値よりも精度の高い圧力水頭の推定を与える．

Arndtは，キャビテーションは均一な粗度表面にも起こることを示している[16]．Arndtは，特に三角溝について研究し，研究した表面に対する初生キャビテーション指標を以下のように示されることを発見した．

$$K_i = 4f \quad (4)$$

ここに，f：Darcy-Weisbach抵抗係数．

余水吐流れの給気は，高速流で運用されキャビテーション潰食（穴あき）による損傷を阻止するため極端に増加している．も

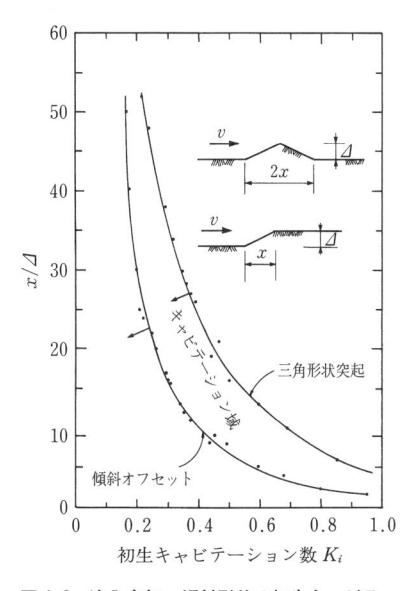

図4.8 流入突起・傾斜形状の初生キャビテーション（WangとChouのデータ[15]より）

し給気がなければ，流れに低圧域があって，もし圧力が蒸気圧に達するとすれば，蒸気溜めあるいは気泡が発生する．気泡が下流側に移動し，高い圧力に入り込めば崩壊し，きわめて微小面積に対してきわめて高い圧力上昇が起こる．濃度6～8%の水に圧縮性流体(空気)が導入されれば，明らかに"クッション"としての気泡崩壊となり，キャビテーション潰食は本質的に軽減できる．少なくとも1941年からキャビテーション損傷に対する軽減技術として余水吐に空気を導入する試みがなされている [19]．

速い流れに給気するための溝あるいは通路が Yellowtail ダム [4]，Guri ダム [22]，Foz do Areia ダム [17, 18, 23]，Bratsk ダム [7] および Nurek ダム [19] などに成功裏に使用されているのが報告されている．これらの溝の設計には，特に注意しなければならないキャビテーション問題を軽減するために使用される主要部分であり，その応用として空気連行する附属物の独特の設計をするため抽出模型による研究も含まれる．今では，設計段階で余水吐に対するキャビテーション損傷を阻止する空気連行装置の一般的な設計を与える試みがなされている．給気溝あるいは通路の設計に対する最小限の要請，すなわちキャビテーション損傷を阻止するための溝がある場合，最初の溝の位置とその連行割合は，適切な連行(しかし，過ぎる必要はない)を持続させるため次の溝の間隔はどうすべきかである．図 4.4～4.8 および Arndt による式 (4) がこの解析に対する基本である．Falvey は，キャビテーション指標が 0.20 か，それ以上では USBR のトンネル式余水吐ではキャビテーション損傷が生じなかった [25] が，キャビテーション指標が 0.20 以下のものでは，しばしばキャビテーション損傷を経験した．それ故に，最初の溝位置の決定に際しては，流速およびキャビテーション指標が余水吐の長さに沿って計算されなければならない．第一の給気溝は，初生キャビテーションが発生し始める点から下流側に設置されるべきである．

最近の幾つかの研究では，空気が通路あるいは給気溝によって連行される割合を解析できることを示している [15, 17, 18, 19, 22, 23]．空気連行割合は，少なくとも次の変数に影響される．すなわち，幾何形状，流速，表面張力と空気管の寸法形状である．溝および通路の幾何形状は，確実に一位の重要なものである．図 4.9 は，代表的な給気溝および通路の幾何形状を図示したものである．

Zaqustin らは，最近有用な実証データを提供し得る Guri ダムに関する設計前の疑問に答えるべく，模型実験と実機計測などが予定された [22]．現在では，

(a) オフセット流況　　　　　　　　**(b)** 前方傾斜付

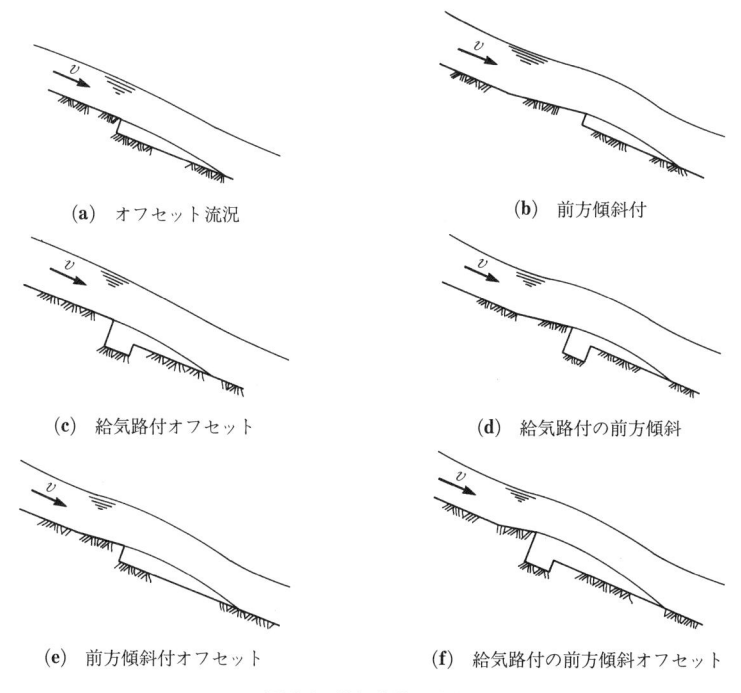

(c) 給気路付オフセット　　　　　　**(d)** 給気路付の前方傾斜

(e) 前方傾斜付オフセット　　　　　**(f)** 給気路付の前方傾斜オフセット

図 4.9　給気装置の形状

設計に際しての最良の解決法が Falvey [20, 25], de S. Pinto と Neidert [23], Zaqustin ら [22] および Galerpin ら [7] による論文に用意されている．

4.3.3　波

シュートおよびトンネル流れの余水吐と開水路の両方とも，波に関する同様な配慮に遭遇するが，トンネル式余水吐での大きな波の形成は，トンネルの天井に達し，あたかも閉じた放水路のような流れがトンネル内に発生してきわめて危険である．圧力流れの不安定な遷移は，空気連行の大きな溜まりを形成し厳しい影響が生じる．このような大きな空気溜まりと水の再流入による大きな力は，トンネルおよびそれに関連する構造物に対して危険きわまりない大きな力の発生となる．

　衝撃波は，超臨界流れではどの部位でも発生する．強い凹み(負)波が厚いピ

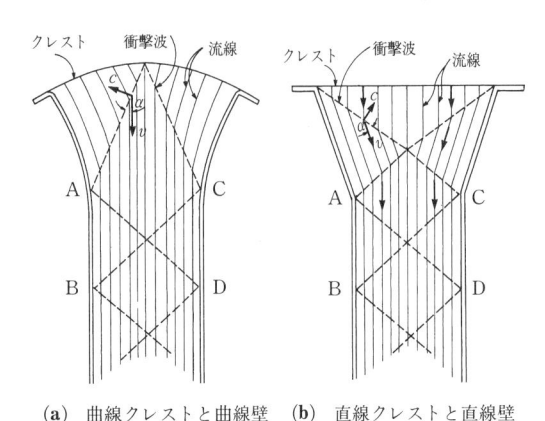

(a) 曲線クレストと曲線壁　(b) 直線クレストと直線壁

図4.10　余水吐の収縮によって形成される波形状

アの終端の下流側に発達する．これらは，図4.3に示すように波速Cでシュート壁の外側に向って伝搬する．余水吐クレスト壁，床と下流側の設計に細心の注意を払えば，シュートを横切る衝撃波の伝搬を極力抑えることができる．長い余水吐については，下流方向に水路を造るのが経済的である．図4.10には，シュートを造るのに効果的な方法が用意できる曲線型および直線型クレスト配置を示している．壁に沿った流れは，一様なシュート幅の終点に凹み波が形成される．凸（正）波は，収縮する流れの中心線に沿って発生し，壁に向う外側へと伝搬する．慎重に設計されると凸波は，ABおよびCDに沿っての凹み波を効果的に打ち消すことが可能で（図4.10），下流側シュートに滑らかな流れパターンが形成される．図4.10に示されるように，定在波と速度ベクトル間の角度は，以下のように与えられる．

$$\alpha = \sin^{-1}\left(\frac{C}{V}\right) \tag{5}$$

Fort Randallダムについての ACE による実機研究で，シュート内の平均流速の2倍とするVが実機計測値ときわめて良い一致を与えることが示された．

波速は，近似的に以下の式で示される．

$$C = \sqrt{gy} \tag{6}$$

ここに，g：重力加速度，y：流れの水深．式(6)は，流れの水深に比べて波が小さい時のみに適用され，解析的な設計法が主張できる条件に限る．大きな波については，重要なエネルギー損失が含まれるため詳細設計に際しては，水理模型実験が実施される必要がある．

水理模型実験によって，AnastasiとSoubrier は，ギリシャのSmokovoダムに対するシュート式余水吐を設計した[26]．収縮する床は，横方向の収縮によって形成される凸型の衝撃波を打ち消す凹み波の形成を局部的に弱め，横方向

の拡がりによって形成される凹み波を打ち消す凸波を助長させるもので，新しい手法ではないが非常に興味深い例である．収縮に関する最終設計は，著者によって理論的に展開されたものは，原案に比べ本質的に異なるものであり，満足な設計を実施するために水理模型実験によって立証された．

4.3.4 空気連行

余水吐水路の壁高さは，衝撃波の発生に対する余裕高さが必要である．修正不可能な損失係数から計算された深さの不確実性および空気連行に伴う容積増などに対する十分なる高さが必要である．ピア背後の衝撃波のような乱れ，ゲート戸溝による渦，給気溝あるいは給気路の設置などによって空気が余水吐に連行される．一般に，空気は自由表面に発達する乱流境界層によって余水吐に連行されるが，乱れエネルギーの高いレベルの流れでなければ空気連行は生じない[27]．Falveyは，シュート式余水吐で生じる空気濃度 m について再評価し，次式を提案している．

$$m = 0.05\, F_r - \frac{(\sin\theta)^{1/2} W}{63\, F_r} \tag{7}$$

ここに，F_r：フルード数で，$V/\sqrt{gD}$，W：ウエバー数で，$V/\sqrt{\sigma/D\rho}$，D：流れの水深，g：重力加速度，σ：表面張力，ρ：流体の密度，θ：シュートの勾配．

式(7)は，0.6以上の空気濃度に対する制限がある．給気された流れの容積深さ D_B は，給気されていない深さ D と濃度との関係で表示できる．

$$D_B = D\left(\frac{1}{1-m}\right) \tag{8}$$

しかしながら，0.25以上の空気濃度を有する給気された流れは，給気されていない流れよりも大きな流速で流れる傾向にあるため，式(8)からの給気された流れの水深は小さ目に見積る必要がある．

給気溝の設計は，空気連行機構の複雑さを増すことになる．給気溝の設計と運用については，**4.3.2** において十分に論じられた．

4.4 運用試験

運用試験が終了し,適切な運用マニュアルが準備されなければ余水吐設計が終了したとはいえない.このような試験を実施することによって余水吐についての注意されるべき2つの基本的な目的に照準を当てるべきである.すなわち,ダムでは越流しないこと,クレストの破壊に対する安全性および減勢工あるいはフリップバケットに対する満足すべき性能のもとに放流できることにある.もし,調節できないクレストが採用されれば,運用マニュアルは,本質的には保守点検マニュアルとなる.

ゲートを設置した余水吐では,特に注意すべきことは,複数門のゲートがある場合,対称な流れを保持するために任意開度のゲート操作を保障しなければならないが,通常のシュートにおいても同様な性能が必要である.不適切なゲート操作は,ゲート振動および越流を兼用しているシュートでの高速流による予測できない流れパターンあるいは局部的なキャビテーション発生の可能性,減勢工あるいはフリップバケットへ注がれる不適切な流れ分布など不適切なアプローチ条件の発生へとつながる.

さらに,運用試験では,規定された保守点検手順が,要求される度にゲート操作ができることを保証しなければならない.このようなケースで必要なことは,個々のゲートおよび全ゲートが定期的に操作ができ,巻上げ装置の試験のみならず水密構造の水密性が保障されることである.

4.5 模型実験

現段階では,水理模型実験は高水頭ダムの減勢工のみならず余水吐アプローチおよび余水吐の特性について必要とされる.余水吐模型は,減勢工を含む場合と含まない場合があるが,アプローチ流れに対する地形への影響が再現された十分な地形学的なアプローチを含めたものとする必要がある.もし,減勢工を含んでいない場合,減勢工に流れ込む流れ条件が,規定できるような設計と実験ができ

る模型にすべきである．

　実験では，アプローチ流れの問題を最初に研究されるべきである．アプローチの問題の大部分が解決された後に，ピアの影響，流れの収縮，シュートの壁高さおよびシュート内の流れの分布が調査され満足すべきアプローチ流れが見出される．キャビテーション発生の可能性が研究されるが，最終的にすべての問題が同時に個々から他への相互影響についても解決される必要がある．最後に，模型は要求されたゲート操作要領を満たすのに使用されなければならないし，この状況からゲートの不具合として，構造系に対する損傷の可能性を評価する必要がある．通常，～1/50～1/100の模型縮尺が余水吐の詳細な研究のために使用される．

　抽出模型実験は，給気溝あるいは給気路について最終的な幾何寸法を決定するための詳細な設計に使用される．空気流れによって，大流量時に溝が塞がれないような空気連行装置を設計することがきわめて重要である．もし，水によって溝が塞がれると，実機での高速流は溝に対して厳しいキャビテーション損傷の可能性となる圧力低下が形成される．流れ中への空気連行は，乱れおよび実験装置の下流側での飛沫の関数となり縮尺模型では正確に再現できない現象である．Vischer [28] ら，de S. Pinto と Neidert [23] は，1/15 の縮尺模型では実機での空気連行の正確な推定のできないことを示しており，この模型では，系の縮尺から分離して要求されるものとして，空気管系での圧力低下を正確に再現することがきわめて重要である．Novak と Čábelka [32] は，詳細なる模型実験をもとに余水吐に関するエネルギー消散係数とともに，空気管系の設計に対するある種の手引書を用意している．

文　献

1. US ARMY CORPS OF ENGINEERS, *Hydraulic Design Criteria*, Waterways Experiment Station, Vicksburg, Mississippi, 1966.
2. ABECASIS, F. M. The behaviour of spillway crests under flow higher than design flow, *Proceedings, International Congress, IAHR*, Baden Baden, 1973.
3. BALL, J. W. *Cavitation damage caused by surface irregularities subjected to high velocities*. Distributed at the ASCE Hydraulics Division Specialty Conference, Seattle, August 1975.

4. COLGATE, D. C., BORDEN, R. C., LEGAS, L. and SELANDER, C. E. *Documentation of operation, damage, repair, and testing of Yellowtail Dam spillway*, Report No. HYD-483, US Bureau of Reclamation, Denver, August 1964.
5. WARNOCK, J. E. Cavitation in hydraulic structures, a symposium; experiences of the Bureau of Reclamation, *ASCE Transactions*, **112** (1947), 43–58.
6. AKSOY, S. and ETHEMBAGOGLU, S. Cavitation damage at the discharge channels of Keban Dam, *Proceedings of the 13th International Congress on Large Dams*, New Delhi, 1979, Vol. III, p. 369.
7. GALERPIN, R. A., OSKOLOKOV, A. G., SEMENKOV, V. M. and TSEDROV, G. N. *Cavitation in Hydraulic Structures* (translation from Russian), Energiya, Moscow, 1977.
8. *Hydraulics for Dams*, Draft Report of ICOLD Committee on Hydraulics for Dams, Comite Francais des Grand Barrages, Paris, April 1980.
9. *Fontana Project Hydraulic Model Studies*, Technical Monograph No. 68, TVA, Knoxville, 1953.
10. HUTCHINSON, H. A. J., DAVIES, J. P. and JONES, C. R. Operation of outlets, spillway, and intakes. Symposium on Mica Project, Planning Design and Construction, Vol. 40. In: *Proceedings, American Power Conference*, Chicago, 1978.
11. US ARMY CORPS OF ENGINEERS, *Hydraulic Design of Spillways*, EM 1110-2-1603, Office of the Chief of Engineers, Washington, D.C., March 31, 1965.
12. ELDER, R. A. Friction measurements in the Appalachia Tunnel, *ASCE Transactions* (1958) Paper No. 2961, p. 1249.
13. BALL, J. W. Cavitation from surface irregularities in high velocity flow, *ASCE Journal of Hydraulics Division*, **112** (HY9) (September 1976), 1283–97.
14. BALL, J. W. Construction finishes and high velocity flow, *ASCE Journal of the Construction Division*, **89** (CO2) (September 1963), 91–110.
15. WANG, X.-R. and CHOU, L.-T. The method of calculation of controlling (or treatment) criteria for the spillway surface irregularities, *13th International Congress on Large Dams*, New Delhi, 1979, p. 977.
16. ARNDT, R. E. A. and IPPEN, A. T. *Cavitation near surfaces of distributed roughness*, Hydrodynamics Report No. 104, Mass. Institute of Technology, June 1967.
17. de S. PINTO, N. L., NEIDERT, S. H. and OTA, J. J. Aeration of high velocity flows; part one, *Water Power and Dam Construction*, **34**(2) (February 1982), 34–8.
18. de S. PINTO, N. L., Aeration of high velocity flows; part two, *Water Power and Dam Construction*, **34**(3) (March 1982), 42–4.
19. SEMENKOV, U. S. and LENTJAEV, L. D. Spillway dams with aeration of the flow over spillways, *XI Congress on Large Dams*, Madrid, 1973.
20. FALVEY, H. T. Predicting cavitation in tunnel spillways, *Water Power and Dam Construction*, **34**(8) (August 1982), 13–15.
21. DAVIS, V. C. and SORENSON, K. E. *Handbook of Applied Hydraulics*, McGraw-Hill Publishing Co., New York, 1969.

22. ZAQUSTIN, K., MANTELLINI, T. and EASTILLEJO, N. Some experience on the relationship between a model and prototype for flow aeration in spillways, *Proceedings International Conference on Modelling of Civil Engineering Structures*, Coventry, September 1982.
23. de S. PINTO, N. L. and NEIDERT, S. H. Model prototype conformity in aerated spillway flow, *Proceedings International Conference on Modelling of Civil Engineering Structures*, Coventry, September 1982.
24. PETERKA, A. J. Effects of entrained air on cavitation pitting, *Proceedings IAHR Congress*, University of Minnesota, Minneapolis, 1955.
25. FALVEY, H. T. *Cavitation in Spillways; Part II, Aeration Groove Design for Cavitation Protection*, US Bureau of Reclamation, Denver, September 1982.
26. ANASTASI, G. and SOUBRIER, G. Essais sur modele hydraulique et etudes d'evacuateurs par rapport aux conditiones de restitution; II, l'elimination des ondes de choc dans les evacuateurs a contraction de coursier, *Proceedings ICOLD 13th Congress on Large Dams*, New Delhi, 1979.
27. FALVEY, H. T. *Air–Water Flow in Hydraulic Structures*, Engineering Monograph No. 41, US Department of the Interior, Water and Power Resources Service, Denver, December 1980.
28. VISCHER, D., VOLKART, P. and SIEGENTHALER, A. Hydraulic modeling of air slots in open chute spillways, *International Conference on the Hydraulic Modeling of Civil Engineering Structures*, Coventry, September 1982.
29. ECCHER, L. and SIEGENTHALER, A. Spillway aeration of the San Raque project, *Water Power and Dam Construction*, **34**(9) (September 1982), 37–41.
30. JOHNSON, V. E. Mechanics of cavitation, *ASCE Journal of the Hydraulics Division*, **89** (HY3) (May 1963), 251–75.
31. LOCHER, F. A. *Some characteristics of pressure fluctuations on low-agee crest spillways relevant to flow-induced structural vibrations*, IIHR Report No. 130, Iowa Institute for Hydraulic Research, University of Iowa, Iowa City, February 1971.
32. NOVAK, P. and ČÁBELKA, J. *Models in Hydraulic Engineering: Physical Principles and Design Applications*, Pitman, London, 1981.

第5章　高水頭ダムのエネルギー減勢

F. A. Locher and S. T. Hsu

記　号

B：二次元噴流の厚さ
b：水路あるいは減勢池の幅
C：式(9)の係数
C_D：抗力係数
$\sqrt{\overline{C_D'^2}}$：抗力係数の rms
C_f：境界層についての抵抗係数
$C_{p'} = \sqrt{\overline{p'^2}}/\{(\rho/2)V_1^2\}$：圧力係数の rms
D：噴流径
d：式(3)と(4)の流れ深さ/水深，式(9)の粒子径
d_s：洗掘深さ
d_{tw}：下流水深
d_{90}：標本の90%以下についての粒子径
F_r：フルード数
F_B：ブロックの抗力
$\sqrt{\overline{F_B'^2}}$：抗力の rms
F_D：シル(sill)上の抗力
$\sqrt{\overline{F_D'^2}}$：シル上の抗力の rms
F_2：静水圧 $= \gamma y^2 b/2$
g：重力加速度

H：貯水池レベルから下流レベルまでの総高さ
h：シュートブロック，バッフルブロックあるいはシルの高さ
h_{cr}：式(10)の限界水深
k：式(7)，(8)の空気抵抗係数
L_0：式(6)の空気抵抗のない時の噴流の飛翔距離
L_1：式(8)の空気抵抗のある場合の噴流の飛翔距離
$\sqrt{\overline{p'^2}}$：圧力変動の rms
q：単位幅当りの流量
R_e：レイノルズ数
R：フリップバケットの半径
s：バッフルブロック間の距離
t_{max}：式(10)の最大潰食深さ
V：流速
V_0：フリップバケットを通過する時の噴流の流速
V_1：跳水前の超臨界流れの流速
V_m：平均流速

w：バッフルブロックの幅，また式(9)の指数

x：流れ方向の座標，また式(9)の指数

y：深さ，x に直交する方向の座標，また式(9)の指数

y_1：跳水前の超臨界流れの水深

y_2：跳水後の水深，$y_2/y_1 = 1/2 [\sqrt{1+8F_{r_1}^2} - 1]$

α：フリップバケットの水平に対する角度，また式(8)のパラメータ

a_1：洗掘穴パラメータ

a_2：洗掘穴パラメータ

β：式(5)の係数

γ：水の比重量，また式(8)のパラメータ

η：閉塞率 $= w/(w+s)$

θ：水平と噴流軌跡との接線との角度

ρ：水の密度

5.1 緒 言

1982年版の記事に記載されている世界で高水頭の上位25箇所のダムで，2箇所以外は1960年後に完成したものである[54]．きわめて大きく高さのある建造物に付随してくるエネルギー減勢の大きさは，想像以上のものである．例えば，Tarbelaのメインおよびサブの余水吐の最大エネルギー減勢は，少なくとも40 000 MWであり，現地で計画された発電量の20倍，あるいは上位35箇所以上の原子力発電設備の容量を超えるか等しいかである．

30〜40 m/sの流速は，キャビテーション問題，潰食，洗掘と乱れなど通常の出来事であり，これらの事象は，流速の数倍で増大し，主要な難しさが非常に発生しやすくなる．問題が発生しない減勢工は存在しない．事例としてTarbelaのメイン余水吐の潜りプールの潰食[46]，TarbelaのトンネルNo.3とNo.4[45]の減勢池についての損傷，GuriのステージIのフリップバケットのキャビテーション潰食[23]，シュートおよびPit 6とPit 7のバッフルブロック[86]の損傷などが含まれる．

高水頭ダムに採用される減勢工の形式の傾向は，フリップバケット，スキージャンプ式余水吐，あるいは高容量，中容量および低位放流となっており，これらの形式は，通常最も経済的な観点が重視される．減勢工の水理的設計における他の傾向は，キャビテーション阻止のための給気(**3**, **4**章)，ゲートからのエネ

ルギー減勢の効率を高めるため規模の大きい減勢ブロックの組合せ，耐キャビテーション用の複合コンクリートの開発，そして変動圧の特性および今日の高水頭用構造物にとって重要となっている力の計測について現地および実験室での電気計測装置の使用，などが含まれる．

減勢池および減勢工の実用設計は，厖大なる研究がされている領域である．開発が完了している標準設計はきわめて少なく，使用される減勢工の分野に限っても現地ごとの特性差がある．最終設計の選定には，多くの要素が相互に絡み合い，プロジェクトの全体配置，経済性，地質的および非常にまれであるが地形的制約も含まれる．結果的に，創作および労作のほとんどが満足すべき設計，文献としての公表，そして解決策を制限するものとして，技術者の想像力と発注者の資金力がある．

本章では，減勢工に対する論点を5つの項目に分類している．

① 跳水減勢池
② ローラバケット
③ フリップバケット
④ 潜りプール
⑤ 放流管での減勢

これらのおのおのの顕著な局面が概説されており，最新の基礎的および応用的な研究結果が要約され，実用上の問題点が実機運用の経験例をもって説明されている．模型実験が高水頭ダムの減勢工設計に用いられ，減勢工に関する模型実験での主要な課題が議論されている．

5.2 跳水減勢池

5.2.1 簡易減勢池

減勢工が十分に研究されている領域とすれば，跳水減勢池はすべての減勢工の主要な研究となる．水平エプロンの減勢池に対する標準設計がUSBRによって示されている [68]．減勢池II (**図5.1**) は，模型実験に頼ることなく水頭 $H<60$

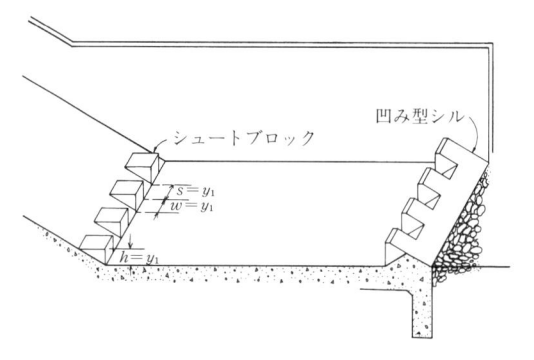

図 5.1 跳水式減勢池，USBR II 型

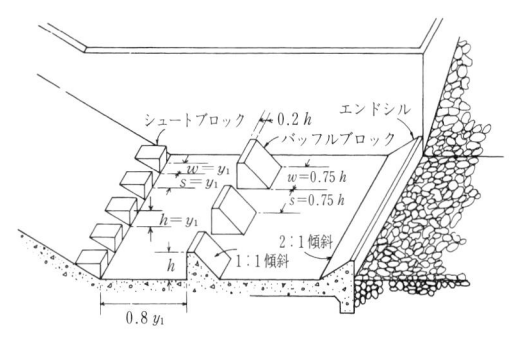

図 5.2 跳水式減勢池，USBR III 型

m，および比流量 $q < 46 \, \text{m}^3/\text{s·m}$ のものに使用できる．減勢池 III（図 5.2）は，模型実験に頼ることなく流速 $V < 18.2 \, \text{m/s}$，および $q < 18.6 \, \text{m}^3/\text{s·m}$ のものに使用できる．減勢池 III は，非常に短くなっているため，減勢池 II よりも減勢池 III がきわめて多く実用化されている．しかし，バッフルブロックは，跳水前方に設置されるので，常に流れ込む高速流にさらされ，高水頭ダムでのキャビテーション問題に発展する．高水頭への適用に対しては，バッフルブロックの適切なる位置は，減勢池 III に比べて減勢池の長さの大幅な減少につながる．これは，$V = 42 \, \text{m/s}$，$q = 63.5 \, \text{m}^3/\text{s·m}$（文献 [30]）および USBR 標準バッフルブロックの採用をもとに設計された Ramganda ダムの減勢池で示されている．これらの条件は，USBR 限界に対する要求事項を大幅に超えていたので，模型実験で十分なる研究が要求されているが，高水頭ダムの減勢工にバッフルブロックの使用は，通常，失望する．

正の勾配の減勢池設計が USBR [68] によって提示されている．逆勾配を有する減勢池が成功裏に使用されているが，4％以上の勾配では，跳水作用よりもバケットに似た挙動となった [79]．Ohashi（大橋）[64] は，設計対応のセットとして逆勾配の跳水減勢池の例を示している．

特殊な跳水減勢池として，急拡する水路幅のもの，跳水安定化のための水路床面に落下するものが含まれる〔図 5.3 (a), (b)〕．水路幅が変化する減勢池の実用化設計の数例が Herbrand と Knauss ら [33] によって提示され，設計手引書的

なものがTorresによって示されている[93].

狭く制限された渓谷での減勢については，側部流入と跳水との組み合わせた減勢池が約83mの水頭のSaucelleに使用され，そしてスペインのCastro（図5.4），San PedroとMontefuradoダムの低水頭のものに使用された[31].高水頭ダムの減勢池についての最近の例は，Ramganda, Bhakra, Libby, DworshakとSaianyダムであり，表5.1に列記されているような主要特性を有するものである.

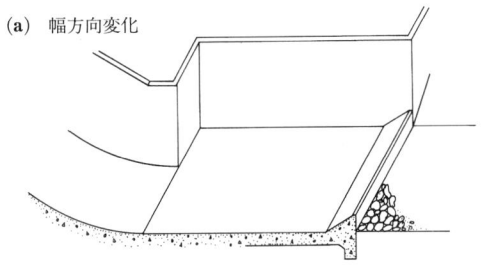

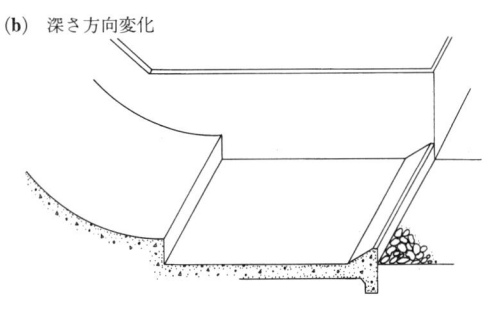

(a) 幅方向変化

(b) 深さ方向変化

図 5.3 特殊跳水式減勢池

表 5.1 最新型の減勢池の特徴

ダム	国名	減勢池でのダム総水頭 (m)	減勢池の幅 b (m)	設計流量 Q (m³/s)	単位流量 q (m³/s·m)	文献
Bhakra	インド	178	79.3	8 212	108	[66]
Dworshak	アメリカ	207	34.7	4 248[*1]	32.6[*1] (122)	[74]
Libby	アメリカ	118	35.4	4 106[*2]	40[*2] (116)	[74]
Nezahualcoytl (Malpaso)	メキシコ	118	50	6 000	120	[16]
Pit 6 and 7	アメリカ	53.3, 67	33.5	2 265	67.6	[86]
Pit 6 (modified)	アメリカ	54.9	33.5	2 831	84.5	[67]
Ramganda	インド	114	120	7 620	63.5	[30]
Saiany	旧ソ連	242	100[*3]	13 600	140	[108]
Tarbela	パキスタン	122	35	2 840	81	[45]

[*1] 1 133 m³/sの標準洪水に対して設計された減勢池
[*2] $Q=1 416$ m³/sでのスイープトアウト流れ
[*3] 文献の図表からの推定値

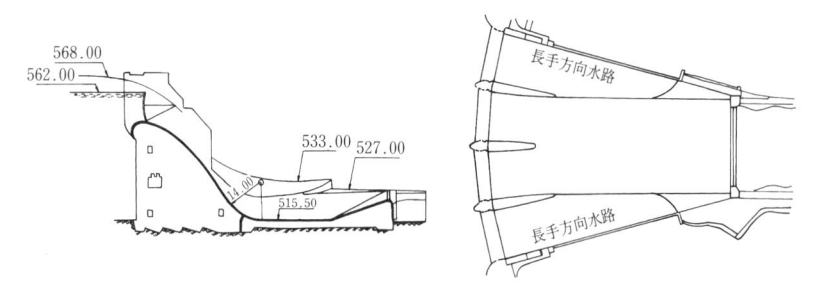

図 5.4 Castro ダムの減勢池 [31]

5.2.2 複合減勢池

階段状の減勢池は，フリップバケットの使用なしに，周囲の勾配あるいは下流側の河床の潰食に対する解決策となり，例えば，Bolgenach [34] である．二重減勢池は，高い地下水面，要求される下流水面を作るのに開削費が膨大に過ぎるなどの基本条件がある場合に使用される．例えば，Sidi Saad [56]，Pusiosa-Ialomita [62]，Polyphyton [34]，および Mangla ダムなどである．

滝状の余水吐は，階段状の減勢池の一種であり，バッフルブロックやエンドシルのような附属物を設けたもの，設けないものが設計された．最大級の滝状の余水吐は，最近カナダの LG-2 に完成し，設計放流量 15 300 m³/s，シュートは 122 m 幅，長さ 1 500 m，そして上流水面から下流水面までの落下高さは約 135 m のものである．プロジェクトの規模は，考慮すべき事柄がきわめて膨大であって，線図に描くことのできないほどの大きなものであり，読者は写真および詳細については文献 [4] を参照されたい．滝状の余水吐の設計パラメータは，Essery と Horner によって提示されている [27]．

5.2.3 基礎および応用研究

(1) 基礎研究

跳水は，数多くの実験的研究の課題として継続されている．Rajaratnam らの 1967 年概要 [72] には 93 の文献が引用されており，その後，引用された文献

は，まさに2倍となっている．
多くの研究からの結果の比較
として困難なものの一つは，
標準的な記述法の欠如である．本章では，跳水の議論に
際して使用された記述法は，
図5.5に示している．アプローチの超臨界流速の水深，流速およびフルード数は，それぞれ y_1, V_1 と $F_{r1}=V_1/\sqrt{gy_1}$ である．自由跳水の下流側に連続する水深 y_2 は，$y_2/y_1=1/2[\sqrt{1+8F_{r1}^2}-1]$ で示される．下流側に連続する水深

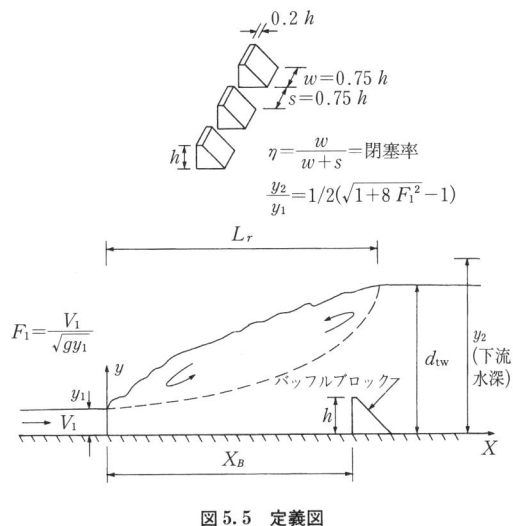

図中:
$w=0.75h$
$s=0.75h$
$\eta=\dfrac{w}{w+s}=$ 閉塞率
$\dfrac{y_2}{y_1}=1/2(\sqrt{1+8F_1^2}-1)$
$F_1=\dfrac{V_1}{\sqrt{gy_1}}$
d_{tw}（下流水深）
バッフルブロック

図5.5 定義図

y_2 よりも下流水深が大きい場合，潜りあるいは強制跳水は，水深 d_{tw} で示され，自由あるいは強制跳水の長さは，L_r および潜り跳水では L_{rs} となる．x 座標の原点は，跳水の開始点であり，X_B は跳水の開始点からバッフルブロックあるいはシルが設置された距離である．他の量は，章の初めに示した定義による．

多分，跳水の研究で最も興味が持たれるものの一つは，Reschら[75]によって集大成されている．Reschによれば，跳水特性は，アプローチの超臨界流れの流速分布に影響されることを指摘している．2つのケースを示す．一つめは，基本的にポテンシャル流れ分布（未発達流として引用される）を有したもの，二つめのケースは，境界層が自由表面に達する完全に発達した分布形のものである．図5.6には，フルード数 $F_{r1}=6$ の時の未発達および発達した流速分布に対する流線を計測した結果を示している．一般にある与えられたフルード数に対しての跳水は，完全に発達した流速分布のもので，

① 一次元の流速分布に近い跳水よりも長いもので，かなり下流側まで回転が拡がり，流線パターンは，跳水の流れの平均的な特性とは基本的に差異が認められるもの．

② 未発達の流速分布の跳水より乱れ強さが大きく，かなり下流側まで高い値

(a) 完全発達の流入時

(b) 不完全発達の流入時

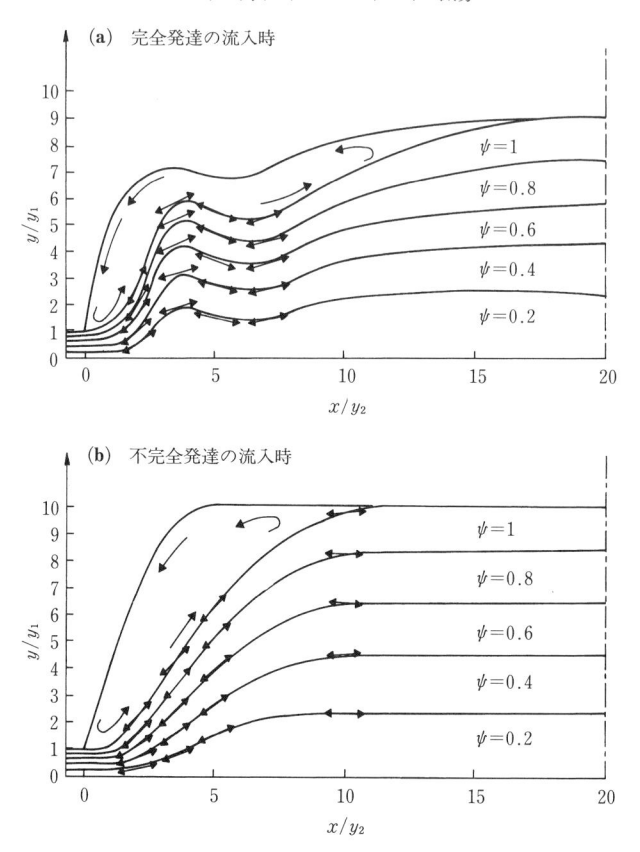

図 5.6 完全発達および不完全発達の流入時の $F_r=6$ の跳水流線 [75]

を持続するもの．

③ 未発達の流れ分布の跳水よりも低い連続した下流水深を有した跳水となり，高い乱れ強さおよび減勢について理論的に矛盾のないもの．

これらの結果には，余水吐の水理模型には縮尺影響，および減勢池についてはレイノルズ数影響が含まれていることなどが指摘されている．余水吐で小さく縮尺された模型は，きわめて滑らかにする必要のあることがよく知られている．このことは，模型での境界層の厚さが実機のものよりもかなり小さくなっていることを意味するし，計算では，これらの差異が評価される．例えば，長いシュートでは，実機の流速分布は，完全に発達した状態であるが，模型では未発達の状態

5.2 跳水減勢池

にある．必然的に，模型での跳水は，図 5.6 に結果が示されているように実機とは相似にならない．未発達分布の跳水は，完全発達分布の跳水に比べて少し高めの下流水位を与えることになるので，一般的に模型実験結果は，控え目の値となる．跳水のこれら 2 つの形式による下流側の乱れ特性の差異は，実用的な意味では大きくないが，Resch らの結果は，跳水現象の研究を通じて乱れと圧力変動データを適切に比較すれば，模型-実機との相関に潜在的な落し穴のあることが指摘される．

(2) 床版上および減勢工での変動圧力

圧力変動は，実験データを詳細に検討することから心配事が解決されるもう一つの分野である．変動特性がレイノルズ数に依存しないとすれば，フルード則に従った縮尺は，現象を満たすものとなる．しかしながら，変動特性は境界層現象であり，さらにレイノルズ数に影響されるので，フルード則に従った縮尺の模型からの余水吐シュートあるいはフリップバケットに沿っての圧力変動の計測は，要求事項を満たしていない．境界層促進材 (trip) の活用は，上記問題の可能な解決策の一つである [42]．バッフルブロック，床面および他の減勢池の附属物に作用する変動圧の研究では，一般的に水理構造物に採用されるのは，非流線形状であるためレイノルズ数に依存したものとはならない．

変動圧および力による損傷は，しばしば際だったものである．メキシコの Nezahualcoytl (Malpaso) ダムの減勢池内の乱れは，例えば重さ 720 トンの $12 \times 12 \times 2$ m の床版が動き移動する結果を招いた．減勢池床面は極端に損傷し，床面の約 40% が補修された．床版の上，下面の圧力変動差が床版に対する鉛直への揚力となったことを模型実験から示された [16]．減勢池内の床版に作用する圧力変動の相互相関およびクロススペクトルに関し，広範囲で系統的な計測結果が文献 [81] に報告されている．

数多くの研究者 [15, 40, 57, 60] が自由流出および潜り流出跳水下での圧力変動に関する一般的な研究を実施している．圧力変動 ($\sqrt{\overline{p'^2}}$) の rms が跳水前を始点とする距離 x およびアプローチ流れのフルード数 $F_{r1} = V_1/\sqrt{gy_1}$ の関数として計測された．圧力変動の rms は，$C_{p'} = \sqrt{\overline{p'^2}}/\{(\rho/2)V_1^2\}$ なる無次元表示として示されている．Akbari [1] らは，図 5.7 に示すようにフルード数 6.2〜11.5 に対す

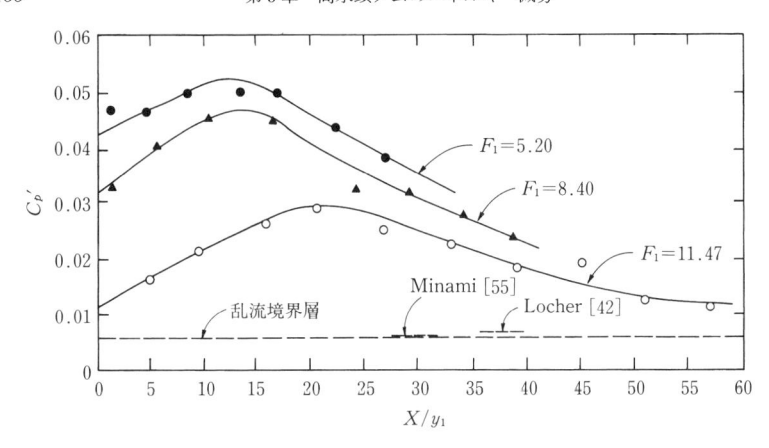

図5.7 自由跳水下の圧力変動 [1]

る自由流出跳水下での床面に作用する圧力変動の計測結果を示している．これらのデータは，Narasimhan と Bhargava [57], Vasiliev [99] および Schiebe と Bowers ら [83] の結果とよく一致している．フルード数が4以上のものについての良い一致から適用できるデータとして，C_p' の最小値は約 0.05 となる．データの傾向としては，フルード数が増加すると，C_p' の最大値は減少し，圧力変動の最大 rms の発生位置は，跳水先端からかなり下流側に移動する．この最大値の位置は，Rouse ら [78] が計測している最大乱れ強さは $(1 \leq x/y_2 \leq 2)$ となる場所に対応している．

図5.8(a) には，潜り流出跳水下での Narasimhan と Bhargava ら [57] が得た結果が示されている．L_{rs} が分離流れの長さ寸法の，適当なものとしてしばしば使用されることから，データの規準化に回転流れ域の長さとして L_{rs} を採用している．Rajaratnam [72] によって与えられたデータから計算された d_{tw}/y_2, L_{rs}/y_1 値について，通常よく使用さるパラメータ y_1 で他のデータを規準化すれば，双方の比較が可能となる．

図5.8(b) には，自由流出跳水と潜り流出跳水について，Narasimahan と Bhargava のデータおよび Narayaman のデータ [60] との比較がなされている．ある与えられたフルード数について，跳水の潜りは圧力変動の rms のピーク値を小さくするが，自由流出跳水に比べて潜り流出跳水ではかなり下流側での圧力変動 rms が高くなり，回転流れ域の長さも大きくなる．潜りが大きくなると，

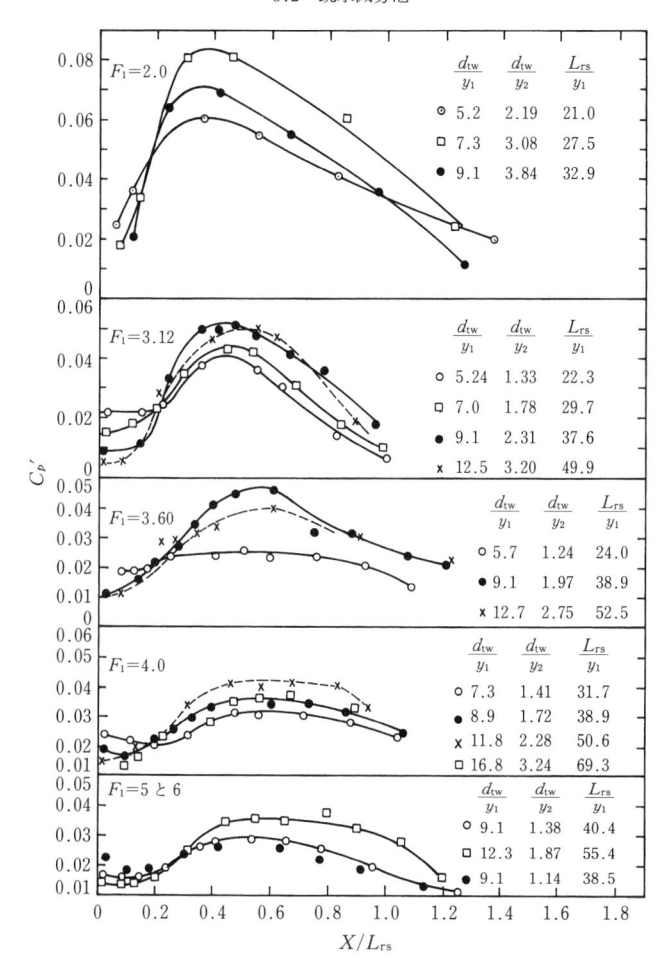

図 5.8 (a) 潜り跳水での水路床上の圧力変動の強さ

$C_{p'}$ 値は，初期に増加し次第に減少する傾向にあるが，$C_{p'}$ の最大値は，自由流出に得られる値を超えることはない．この結果は，潜りに変わることによって自由流出の変動特性と同様に自由せん断層および回転流れに対する幾何的な変化に影響されている．これらのデータは，跳水が潜るとして示されており，跳水下流側の潰食に対する大きな可能性になっている．潜り流出跳水について，$C_{p'}$ は，$1.4 \leq d_{tw}/y_2 \leq 3.2$，フルード数 2〜6〔**図 5.8 (a)**〕に対して 0.021〜0.033 に変化する．

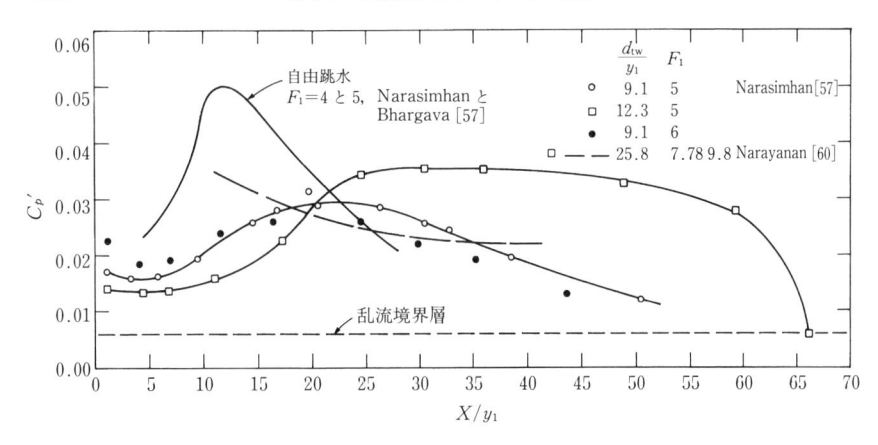

図 5.8 (b)　自由および潜り跳水での圧力変動の流れ方向特性の比較

　減勢池床版に作用する圧力変動の大きさは，バフッルブロックやシルの設置によって影響される．圧力変動の増加傾向の指標が Akbari ら [1] によって与えられ，さらに跳水内でシルの位置 ($13 \leq X_B/y_1 \leq 41$) が変化することによる C_p' 値を計測している．自由流出跳水で，最大圧力変動となる領域にシルが置かれている場合の床版に作用する圧力変動の最大 rms が得られており，$h/y_1=2.3$，$X_B/y_1=14$，$F_{r1}=7$ の条件での C_p' の最大値は，約 0.085，あるいは自由流出で得られた最大値の 1.7 倍である．

　最大乱れ強さの領域で得られる圧力変動のスペクトルは，再付着流れで得られたものと同様の振動数帯域を示している．x/y_1 が増えると，スペクトルの振動数帯域は消滅してしまう [60]．

　多くの情報は，シュートブロックあるいはバッフルピアを設けていない減勢池の床版上に作用する最大圧力変動について，設計者の使用に耐えるものとなっている．圧力変換による計測は，跳水の前方からのある離れた距離 x での圧力変動について，横および長手方向に高い相関のあることから圧力変動の評価に際して控え目な値を与える．減勢池の床版上の計算された力に対する圧力変動の相関についての計算法が Ramos [73] と Spoljaric [85] によって提示されている．

　自由流出跳水についての C_p' の最大値は，境界層内の圧力変動についての C_p' よりも大きなオーダとなっている．Locher [42] と Minami (南) [55] の計測結果は，図 5.7 に示されるように本質的に境界層内の圧力変動となるゲートピア，

あるいは跳水の影響を受けていない領域の余水吐および床版の圧力変動を示している．Minami は，新成羽ダム (Shin-Narima) の発電所の屋根として使用されている余水吐床版について実機での圧力と流速分布を計測している．Minami の結果は，Stutz ら [87] によって余水吐フリップバケットとして作用するように Karakaya ダムの発電所の屋根の設計に採用され，50 m/s 近傍の流速で圧力変動の rms は，5～6 m 水頭程度であった．

境界層内の圧力は，不規則現象であるため構造物の固有振動数との共鳴についての保証はできないが，重い質量，高い剛性および平均圧力に比べて屋根床版に作用する圧力変動のレベルを下げる組合せは，振動が問題とならない程度に抑えられる．薄い床版は，もちろん個々のパネル振動の可能性が生じる [89]．

(3) バッフルブロックの平均および変動力

バッフルブロックに作用する平均および変動力の決定の重要性は，アメリカの Northern California 川にある 2 つのコンクリート重力ダム Pit 6 と 7 で経験したことで十分に説明される．それぞれのダムは，56 m と 69.5 m 高さであり，減勢池は，同一の規模でそれぞれ 33.5 m 幅で，$q=67.6 \mathrm{m}^3/\mathrm{s}\cdot\mathrm{m}$ で設計されている．減勢池には保護されたシュートブロックが設置されており，**図 5.9** に示されるように 10 レーンの保護されたバッフルブロックが設置されている．約 2070 m^3/s のピーク放流後，Pit 7 の 10 箇所のバッフルブロックのうち 6 箇所が減勢池から移動し，Pit 6 の 4 箇所のバッフルブロックが流出，シュート上の保護材が移動していた．

Strassburger [86] が示しているように補修の詳細は，原型のバッフルブロックと同じ形で溶接された 50.8 mm 厚の鋼板で囲まれたバッフルブロックに取り換えるものであった．各ユニットは，横置梁およびロックボルトによって基礎に定着され，コンクリートおよび圧入グラウトによって背面補強された．1974 年の洪水で，Pit 6 の減勢池からきわめて大きく重い保護されたユニットのうち 2 つが流出した．損傷の基本的な要因は，ブロックが壊れ，流出するまで側面ごとに定着されたユニットに対する変動横力の発生にある．

Pit 6 に対する解決策は，H. Thomas [92] によって開発された耐キャビテーション用のバッフルブロックの設計が含まれている．これらのブロックの抗力は，同一の投影面積を有する鋭角ブロックに比べて小さくなっているが，耐キャ

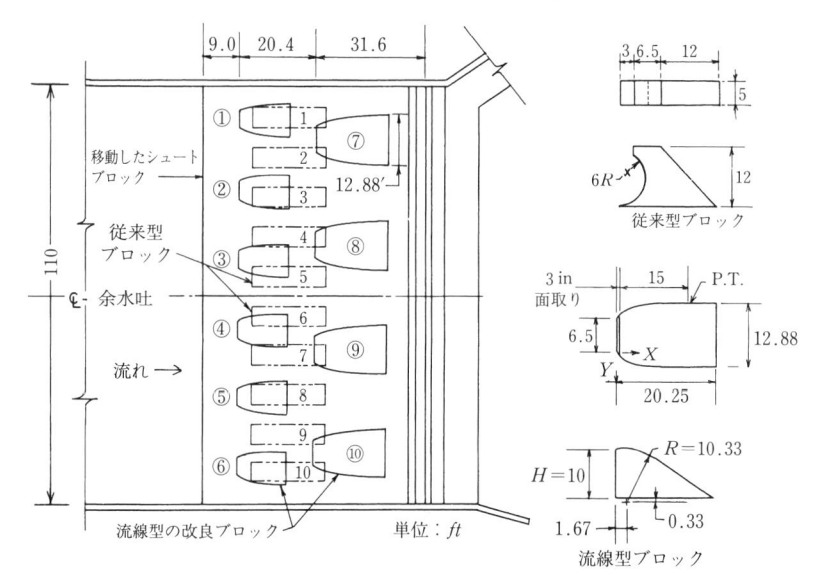

図 5.9 原形と改良後の Pit6, 7 の減勢池 [67]（単位；ft）

ビテーション用ブロックの幅は，原型に比べ大きくなっていて，横方向荷重の変動に対する高い安全性の向上につながる．急な流れの減勢池から下流の洗掘に関して満足すべき性能が得られるため，図 5.9 に示されるような 2 つの列のブロックが設置された．シュートブロックは取り除かれ，Pennino と Larsen ら [67] によって示されているように変動力が計測された．Pit 7 での解決策として，減勢池は，跳水用からフリップバケットに変更されたが，ダムからすぐ下流の川に曲げられたため，Pit 6 に比べ実用性に富んだものではない．

潜り跳水でない条件でのバッフルブロックの平均力についての広範囲な研究が Basco と Adams [10] によって実施され，バッフルブロック列に作用する平均力を計測している．抗力は，次に示すような関数関係が導入された．

$$\frac{F_B}{F_2} = f\left(F_r, \frac{X_B}{y_2}, \frac{h}{y_1}, \frac{w}{h}, \eta, R_e, \text{shape}\right) \tag{1}$$

ここに，F_B：流れよってブロックに発生する総抗力，$F_2 = \gamma y_2^2 b/2$，b：静水圧，y_2：自由流出跳水についての下流水深，$\eta = w/(w+s)$：閉塞率，R_e：レイノルズ数，X_B, h：図 5.5 に示される定義．

引き続き論文の中で Basco [11] は，USBR の標準バッフルブロックについて

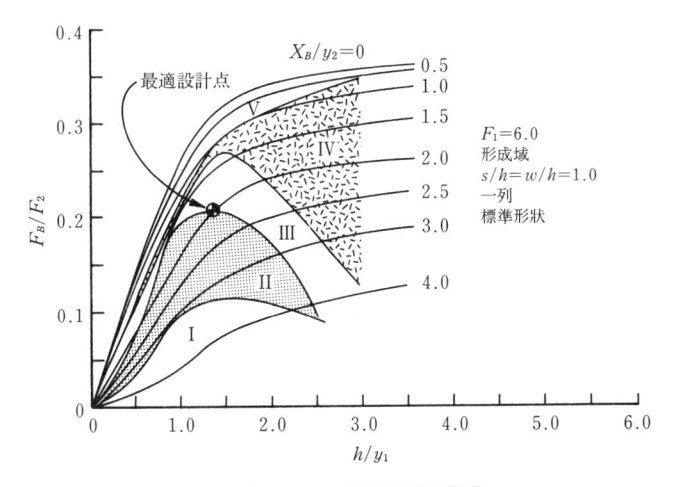

図5.10 $F_r=6$ の跳水形成域 [11]

フルード数の関数として適切な高さと設置位置を示している．これらの研究でカバーされているパラメータの範囲は，$3 \leq F_r \leq 10$，$0.344 \leq \eta \leq 0.649$，$0.3 \leq h/y_2 \leq 9$ および $0 \leq X_B/y_2 \leq 4$ であり，最適設計が明白な主題となっている．Bascoは，水面形状の計測から4つの領域に分類している．すなわち，領域Iは，自由流出跳水と同じ跳水形，領域IIは，下流水深の10～15％以上の水深における泡立ちの発生，際だった回転流れが存在するが，下流域での波高は普通程度，領域IIIは，第二の跳水が明らかに形成され，床面から表面に反射されるためにブロックの背後には潜り込む噴流を伴い，下流側にはきわめて高い波を形成，そして領域IVは，跳水がバッフルから下流側の流れに近づくものとなる．フルード数が6の場合の4つに分類された描写が**図5.10**に示されている．

これらの研究の主要な結論は，

① 最適な閉塞率は，50％であり，USBR III型式の減勢池に対して推奨されたものに一致する．

② バッフルブロックの第二列について領域IIの跳水に対する F_B/F_2 は，約5～10％増となる．もし第二列が流速分布の改善につながらなければ，下流側での潰食の低減にはならないし（これはPit 6でのケースである），ブロックの第二列を正当化しないとすれば，減勢池長さの追加につながる．バッフルブロックの一列でも十分な下流水位をもたらし，このことはUSBR標準

ブロック[68]に関する以前の研究にも一致している.

③ d_tw/y_1, h/y_1およびブロック位置X_B/y_2に関する適切な幾何寸法が図5.11に示されている.

図5.11には,Bascoの結果と設計に対するU. S. Army Corps of Engineers(アメリカ陸軍工兵隊；ACE)との比較,III型の減勢池に対するUSBRの推奨案[95a]とが比較されており,文献[8]では,ACEプロジェクト20からのデータとの比較が示されている.USBRとBascoブロック高さは,きわめて良い一致となっている.すなわち,両推奨案は,多くのACEプロジェクトのものよりも高いバッフルブロックとなっている.バッフルブロックは,USBR減勢池よりもさらに下流側に設置されることになる.最も際だった差異は,下流水位条件であり,BascoとACEの両者は,y_2よりも低い下流水位条件を要求しており,強制的に跳水させる減勢池に対する旧ACE設計とは矛盾しないものである.II型あるいはIII型減勢池に対するUSBR[68]の推奨案は,明らかに控え目でありわずかに潜り跳水になる.II型あるいはIII型減勢池は,変動力および圧力について控え目な設計であり,これらの諸量は潜り流出になれば減少する.この結果は,模型実験が要求されない推奨案の標準型あるいは原設計案に対する用心深い評価指針となる.その他の多くの構造物では模型実験が要求され,最終設計に際して経済性が問われることは確かである.

Ranga-Rajuら[71]は,BascoとAdams[10]のデータおよびGomasta[29]のデータと同様,長方形ブロックを用いたMurahari(未発表)のデータを含むものを再解析している.3つのデータ間には一般的な一致が認められるが,長方形ブロックは,USBR標準型ブロックより小さい抗力になっている.Ranga-Rajuらは,一つの曲線上にBascoとAdamsのデータが重なることを説明している.特に,最適な範囲である$9 \leq X_B/y_1 \leq 24$では,ばらつきがかなり大きい.F_B/F_2の決定およびd_tw/y_2の計算では,文献[9]に示されているもとのデータの使用が最良の手法となる.最適幾何寸法について,図5.11に示されるデータは,設計において十分なものとなる.

USBRの標準の一列バッフルブロックの平均および変動力は,Gomastaら[29]によって研究され,次式で示される.

$$C_D, \frac{\sqrt{\overline{C_D'^2}}}{C_D} = \phi_{1,2}\left(F_r, \frac{X_B}{y_1}, \frac{h}{y_1}, \eta\right) \tag{2}$$

5.2 跳水減勢池

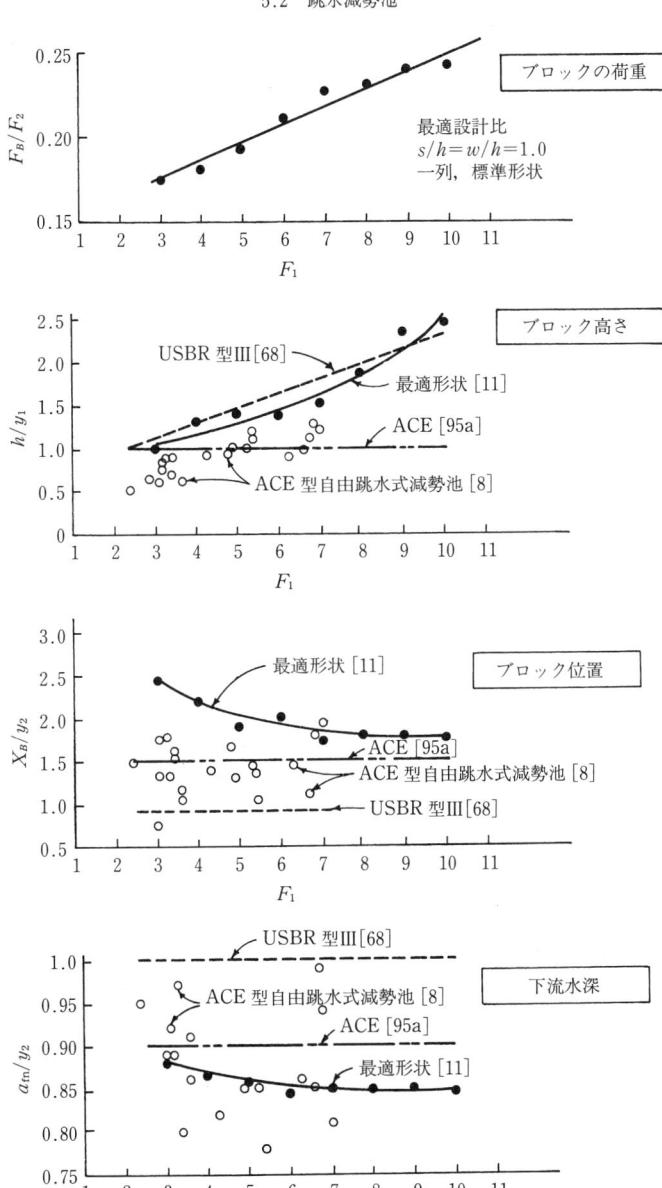

図5.11 自由跳水式減勢池の最適ブロック形状と荷重比，ACE と USBR との比較

ここに，$C_D : F_B/\{(\rho/2)(V_1^2 h)\}$，$F_B$：ブロックの単位幅当りの抗力．研究されたパラメータ範囲は，$4.3 \leq F_r \leq 11.5$, $1.45 \leq h/y_1 \leq 4.4$ と $0.375 \leq \eta \leq 0.73$ である．平均力は，Basco と Adams [10] の結果とよく一致している．変動力の最大 rms 値は，$11 \leq X_B/y_1 \leq 16$ 間で発生する．Gomasta のデータが Tyagi ら [95] によって F_B/F_2 と $\sqrt{\overline{F_B'^2}}/F_2$ の形式に再加工された．ここに，F_B：単位幅当りの力，$F_2 = \gamma y_2^2/2$．これらの結果から，$\eta = 0.5$，$F_{r1} = 7$ に対する $\sqrt{\overline{F_B'^2}}/F_2$ の最大値が約 0.3 であることを示している．この値は，F_B/F_2 と同じオーダであり，抗力変動の rms が平均抗力そのものと同程度であることを示している．

USBR 標準バッフルブロックの前面，側面，上面および背後に作用する圧力変動は，Lopardo ら [43] によって報告されている．ブロックは，III 型減勢池用，USBR の推奨形状に従って余水吐の先端から $0.8\,y_2$ の減勢池に設置されている．Lopardo の実験では，シュートブロックは採用されていない．圧力変動に及ぼす下流水位の影響は大きく，ブロック側面の圧力変動は，下流水位の減少につれて増加し，減勢池床版における圧力変動と対応している．予測されたように，ブロックからの流れの剥離によるブロック側面の圧力変動での支配的な振動数が計測された．

USBR 標準形状のブロックについて，1.33 の高さ幅比は，疑いもなく成功裏に実機性能が得られ，十分な安定性のあることが証明された．非線形型のバッフルブロックは，減勢池において十分低い水位で大きな抵抗力を発生させるのに時々使用されるが，この種のブロックは高く，細い形となっている．高さ幅比 2.4 の Pit 6 と Pit 7 の原型は，良い例であり，Silver Jack 減勢池 [22] のブロックと同じである．Pit 6 と Pit 7 のブロックの損傷は，横方向力によって生じたもので，大きな高さ幅比を有する非線形型について，平均力および圧力計測のみならず，横方向および長手方向の変動力が計測され，損傷原因が明らかにされた．

(4) シュートブロック

シュートブロックの圧力変動の決定，およびエネルギー減勢に対するシュートブロックの効果の評価は，Suryavanshi ら [88] によって実施された．彼らは，跳水する減勢池でのエネルギー減勢へのシュートブロックの効果は小さく，減勢池から下流側の洗掘深さに比例してシュートブロックの圧力が増加することを結

論付けている．計測された圧力分布から，高水頭ダムで常用されているシュートブロックは，キャビテーションへの危険性がきわめて高いことを示している．他の実機実験でシュートブロックは不要であり，不利であることが明らかにされていると同様，Pit 6とPit 7についても初期段階から経験が引用されており，十分な下流水位(II型減勢池では1.05 y_2，あるいはIII型減勢池では y_2)が利用されるように計画された．

最小下流水位になるケースとしては次の場合で，下流水位での危険性は，定常状態の遅れる時，最大洪水の期間あるいは主要な洪水の期間中の危険性のある場合であり，シュートブロックは減勢池内に跳水を保持しようと作用するので，減勢池壁は低くとれる．減勢池性能は，損傷を許容するような条件下で正当に判断されるべきである．必要な下流水位を計画する場合，最小の掘削にする代わりにシュートブロックに対する損傷を許容すれば，より経済的であるが，危険の可能性に重きを置くか，経済性をとるかの問題となる．一般論として著者らは，シュートブロックなしの減勢池を支持するし，高水頭ダムでシュートブロック使用は明らかに問題である．

(5) シル上の力

シル(sill)上に作用する平均および変動力は，広範囲に研究されており，代表的な研究として，McCorquodale [51]，Karki [38]，NarayananとSchizas [58, 59]およびAkbariら[1]のものが含まれる．特別なケースもこの研究に含まれている．例えば，広範囲な研究として，流れが減勢池を流れ去るデフレクタやフリップバケットの流れによるシルの平均および変動力は，Ohashi (大橋)[64]によって実施されている．模型としてシルを含む振動問題の可能性に関する研究も実施されている．限られた領域での偏流するエンドシルの研究が，Anastasiら[2]によって報告されている．

二次元シルに関する研究の主要な結果は，シル高さと流れ込む水深との比 h/y_1 に影響される抗力係数 $C_D = F_D / \{(\rho/2)(V_1^2 hb)\}$ として0.3〜0.45に変化するシルへの超臨界流れの場合の最大力を示している．変動力係数 $\sqrt{F_D'^2} / \{(\rho/2)(V_1^2 hb)\}$ の最大値は，跳水の先端がシルを超える位置で発生し，$1 \leq h/y_1 \leq 3$ で0.03〜0.05に変化する．跳水内の種々の位置に置かれたシルについて，種々の

条件下で利用できるデータがある [1, 59].

(6) 実用上の問題

　一般的に減勢池で跳水を伴う場合の実用上の問題は，2つに分類される．すなわち，① キャビテーションおよび減勢池床版と付属物に作用する動的力の組合せと，② 運用上の問題である．

　高く細いバッフルブロックの横力と Pit 6 と Pit 7 [86] のシュートブロックのキャビテーションの組合せの難しさは，既に議論した．Bluestone と Bonneville バッフルブロックのキャビテーション損傷は，十分に文書化されている [18, 21]．それぞれ X_B/y_2=0.19 と 0.67〔X_B/y_1=1.7 と 2.3〕であり，ブロックが跳水先端にきわめて近く設置されるため流入速度および圧力変動は，大きいことからキャビテーション損傷が発生することは明白であり，現に応用できる圧力および変動力データについての Basco の推奨案は [9, 11]，キャビテーションの発生し難い初期設計を可能としている．

　減勢池床版および壁に作用する力は，Malpaso ダムで議論されたように損傷に結びつく．すなわち，不適当なブロック表面流れと薄い床版の組合せからの変動力は，設計流量の約 1/3 程度であっても Holjes [25 a] で見られたように広い範囲での損傷となる．変動の最大を許容するデータが，初期設計に応用された [1, 16, 57, 60, 81]．

　運用の問題については，Libby ダムと Dworshak ダム [74] での最近の経験で説明されている．Dworshak ダムでは，余水吐ゲートの不平衡放流が，減勢池に使用された材料の移動が，減勢池終端部での渦の発生につながった．結果的に，ボールミル効果によって磨耗が発生し，約 1 530 m^3 のコンクリートが移動した．模型実験から，減勢池に採用された，ある一つの施工材料については流出しないことがわかった．Libby ダムでは 1 330 m^3 のコンクリートがボールミル効果によって移動している．再び不平衡な余水吐運用によって放水路から減勢池の施工材料が移動した．大流量の平衡流量でも，施工材料の移動を伴うが，このような流況は減多にない．

　減勢池内の施工材料による他の損傷例として，Jupia ダムと Ilha Solteria ダム [19] があり，ゲート操作の変更が厳しい潰食を和らげる結果となり，Strmec [28] では，誤操作で重量 30 トンの岩石が移動し減勢池壁面を削り取ったし，

Anderson Ranch [36] では，ダム周辺からのごみが減勢池へ落下し，さらに Bhakra [66] では，施工中の流れによって下流から減勢池へごみが引き込まれた例がある．バッフルブロックを有する減勢池の損傷は，ブロック背後に生ずる渦によるボールミル効果によって特に厳しいものとなる．

現在の構造物について減勢池放出部に円丘(hump)を設けると，均一流れ分布が要求されるラッパ状の壁を有する減勢池に対して渦形成を妨げる効果がある[65]．施工材料が減勢池へ流出する可能性について，注意深い模型実験の重要性は明白である．

5.3 ローラバケット減勢工

図 5.12 (a), (b) に，平滑面および細長いスロットを有するローラバケットの設計資料が，Peterka [68] によって提示されている．Grand Coulee ダムのバケットは，平滑面を有するローラバケットの最も注目すべき事例である．Al-Ibtissam [12] の減勢ブロックで顕著な効果を発揮した細長いスロットのバケットが，Angostora 減勢工として提示されている．ローラバケットは，満足な性能を発揮するのに標準的な跳水式減勢池に比べて本質的に高い下流水位が要求されるため，広く一般には採用されていない．ソリッドバケットは，バケット内に施工材料が流れ込む場合，側面での回転流れを阻止するために対称なゲート操作が要求される．バケット内でのボールミル効果は，多数の設備に損傷をもたらす結果となる．構造物から下流側での潰食が主とした問題点となったGrand Coulee ダムでは，ローラバケットが最も適切な設計として提案された．

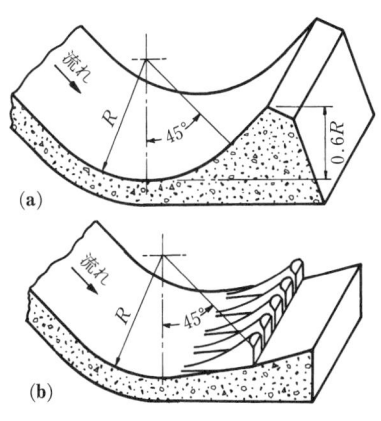

図 5.12 平面式とスロット式ローラバケット

5.4 フリップバケット

5.4.1 適　　用

　地質学および地形的な条件が許されるならば，減勢工としてフリップバケットあるいはスキージャンプ型式が高水頭ダムにおけるエネルギー減勢として一般的で，しかも最も経済的な設計である．フリップバケットは，越流式余水吐の基部，すなわちシュート端部，トンネル式余水吐あるいは流出点の中間点か底部に設けられる．高速のアプローチ流れに採用されるのは，バケット効果によって余水吐流れを下流側の河川水路および主要構造物から離れた地点へ飛ばすためである．エネルギー減勢は，バケット自身（低い流速は除く）で発生するのではなく，空気中および厳しい潰食が生ずると予想される河床で生ずる．

　フリップバケットの一つの特性は，きわめて高流速に伴うエネルギーの集中化であって，50 m/s に近い流速および単位幅当りの流量 200 m^3/s·m，単位幅当り約 250 MW のエネルギーレベルに達するのが普通である．

　トンネル式余水吐のケースにおいて，エネルギーレベルは同程度以上であり，例えば，Glen Canyon プロジェクトでは，単位幅当り約 390 MW となっている．比較のために，Grand Coulee のローラバケット付減勢池では，エネルギーレベルは高々 38 MW 程度である．

5.4.2 バケット形状と流れ挙動

　フリップバケットには，種々の形状・寸法のものがあり，円筒形，幅方向に収縮するもの，あるいは拡大するもの，平面形のもの [13]，Fontana ダム [68, 94] で採用されたもの，および既に記述してきたように複雑な幾何形状となっている P. K. Le Roux ダム [5] のものがある．しかしながら，どの形状についても，全流量に対して大きな減勢が期待できるように，余水吐から河川へ流出するという通常の目的を持った設計となっている．このアプローチは，単位面積当り

の流れのエネルギーの最小化，水路堤の潰食をもたらす渦流れの軽減化につながる．計画されたプロジェクトおよび設計されたフリップバケットに関しては，必ず水理模型実験による検証がなされる．

円弧フリップバケットの設計要点は，アプローチ流速と水深，バケット半径とリップ角である．これらのパラメータは，バケットに作用する動的流体力およびナップ軌跡に影響を与える．Balloffet [7] (図 5.13) は，二次元円弧バケットについて以下のようにバケット内での流れが非回転(渦なし)であるとの仮定のもとに，最大圧力水頭を理論的に求めている．

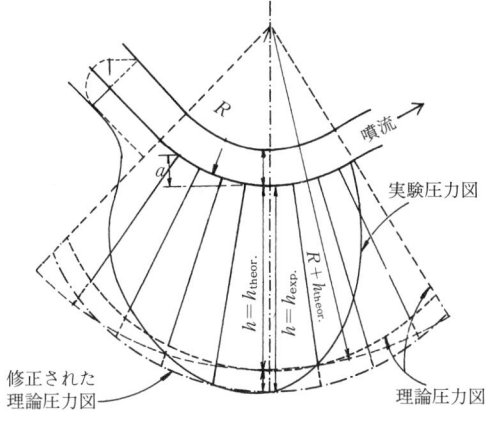

図 5.13　Guri フリップバケット面の代表的な圧力分布 [7]

$$h = d + \frac{V_1^2}{2g}\left[1 - \frac{(R-d)^2}{R}\right] \qquad (3)$$

ここに，d は，以下のように計算される．

$$d = \frac{q}{\sqrt{2gH}} \qquad (4)$$

ここに，q：単位幅当りの流量，V_1：バケット内の表面流速，R：バケット半径，g：重力加速度．式(3)は，Pine Flat と Hartwell ダムの ACE のシュート式余水吐の模型実験データ，および Flaming Gorge, Glen Canyon と Whiskeytown ダムの USBR トンネル式余水吐のデータとも比較された．比較された結果によれば，計算された h 値は，実験に比べてわずか 2～4％程度低めであった．トンネル式余水吐について，式(3)を適用する際 d と V_1 は，それぞれフリップバケットの入口点での水深およびそれに対応する流速を採用する必要がある．図 5.13 に代表的な圧力分布を示しているが，圧力上昇は接触点から上流水深の約 2 倍の位置で発生し，圧力の最大は，バケットの最下点あるいはその近傍である．Balloffet は，最大圧はリップ角には影響されないが，最大圧の位置はリップ角が増加すれば，下流側に移動することを示している．

境界層が発達する流速では，バケット内での変動圧を発生させる．Kraichnan [87] によれば，変動圧の rms ($\sqrt{\overline{p'^2}}$) は，次式で示される．

$$\sqrt{\overline{p'^2}} = \beta C_f \rho \frac{V_m^2}{2} \tag{5}$$

ここに，β：係数で3~5に変化，C_f：摩擦係数，V_m：平均流速，ρ：流体の密度．$C_f=0.013$ であると，変動圧の rms は速度水頭 $V_m^2/2g$ の約 2.5~4 %である．平均流速 50 m/s に対する設計では，変動圧は約 5 m となる．

著者らは，適切なる下流流れに対して要求されるバケット半径を設定する系統的な実験については，熟知していない．Rhone と Peterka [77] は，バケット半径について流れの最大水深の少なくとも 4 倍必要であると示している．カナダ Manitoba の Nelson 川の Kettle プロジェクト [101] についての模型実験から，R/d が 3 以下の時，流れがバケットによって適切に制御されないし，川へ注がれる水脈が低流量の時よりもバケットに接近した距離になることが報告されている．Guri 拡張プロジェクト [23] の模型実験では，$R/d=3.33$ のフリップバケットが使用された．この結果から判断して，明らかに R/d は 3 もしくはそれ以上確保する必要があり，著者らは，用心深く R/d は 4 を下回らないことを推奨する．

設計が悪く，またリップが下流水深以下に設置されれば，バケットリップは負圧となり，キャビテーション損傷を被る．Guri ステージ I フリップバケットの損傷は，指摘してきたケースである [23]．この設計では，リップは潜り条件である．現地調査から，約 3 年間以上使用された余水吐の一つのリップ先端から 10 m 以上にわたってキャビテーションによる潰食が認められた．追試された模型実験から，リップより 13 m 上流点で約 -7 psig の負圧の発生が認められた．問題解決のために，バケット内の圧力が正圧となるために，**図 5.14** に示すような長さ 0.75 m の小さな楔がリップに追加された．この改良は，水理学的には妥当であるが，構造的な難しさがあることを Chavarri [23] は指摘している．同様な楔が Itaipu [91] のフリップバケットリップに採用された．

下流水深上にリップを設けることは，囲い堰効果を期待しなければ，大洪水あるいは補修後のバケット点

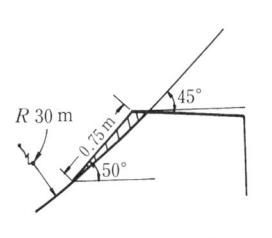

図 5.14　Guri フリップバケットの変更 [23]

検を容易にするためきわめて良い設計である．

バケット半径およびリップ角効果は，スイープアウト (sweep-out) 流量に対してリップ効果が認められ有効である．この流量以下では，フリップバケット内で跳水が生じ，リップ摩擦は，越流堰と同程度となる．このような現象は，フリップバケットの設計では重要となり，特にしばしば発生する洪水は，通常，スイープアウト流量よりも少ないが，フリップバケットの支持層で厳しい潰食を伴うので，余水吐では重要となる．洪水が通過すると，バケット内で跳水が認められるスイープイン (sweep-in) 流量となる．予測されるように，スイープアウト流れは，スイープイン流れよりも影響は大きい．

5.4.3 減勢ブロック

減勢ブロックは，しばしば噴流内の水脈を壊すためにバケット端に設置される．これは，空気連行および河川水路での衝撃面積の増加となるため下流側での潰食が軽減される．例題の中で，アメリカのOrovilleダム，メキシコのM'jaraダム [69] とアルジェリアのAL-Ibtissam [12] の余水吐では減勢ブロックが用いられている．大型の減勢ブロックが，ブラジルのIlha-Solteria，スペインのAlcantraダム [103] とSobronダムで用いられ，跳水に対してSobronでは十分なる下流水深となっている [31]．また，減勢ブロックがブラジルのEdgard de Souzaダム [2] の補修に，スウェーデンのLangb jornダム [25 a] の改修法に採用された．給気を伴うスキージャンプブロックは，数多くのスウェーデンのダム [25 a] で用いられている．低位放流点の減勢ブロックの例としては，フランスのSt. Croixと南アフリカのP. K. Le Rouxダム [35] が含まれる．

高水頭ダムの減勢ブロックは，高流速とキャビテーションの可能性にさらされる．ブラジルのItaipuダム [91] では，減勢ブロックが計画され実験もされたが，キャビテーションの危険性について下流側の潰食を軽減する効果を重くみたため採用されなかった．

5.4.4 噴流軌跡

フリップバケットを離れる流れの軌跡は，基本的にリップ角 θ と流出速度 V_0

に影響される．空気抵抗を無視すると，噴流の軌跡は，物体が投げられて飛翔する軌跡の式で計算される．余水吐のリップ端位置から飛翔距離 L_0 に対する式は，

$$L_0 = \frac{V_0^2}{g}\sin 2\theta \tag{6}$$

実用上は，角度 θ は 20～45° である．角度は，要求される距離 L_0 および流れへの流入角などによって選定される．急な角度では，流入角の鉛直流速成分が大きくなり，その噴流は，深い水路底部の潰食を溌生させる．フラッター発生のある角度では，水平流速成分が大きくなり，下流側および前方流速の増加をもたらす．極端な前方流速は，下流側堤の潰食の増大をもたらす．通常，適切なリップ角度の選定は，水理模型実験から決定される．

式 (6) および噴流軌跡の模型実験では，空気抵抗の影響は示されていない．Kawakami (川上) [39] は，スキージャンプ式余水吐に関する噴流軌跡の現地調査をもとに空気抵抗に関連する係数 k を導入して，次のような軌跡の式を与えている．

$$y = \frac{1}{gk^2}\ln(\cos\gamma + \tan\alpha\sin\gamma) \tag{7}$$

$$L_1 = \frac{1}{gk^2}\ln(1 + 2kaV_0\cos\theta) \tag{8}$$

ここに，

$$\alpha = \tan^{-1}(kV_0\sin\theta)$$

$$\gamma = \frac{\exp(gk^2 x) - 1}{kV_0\cos\theta}$$

x, y は直交座標系，V_0 は m/s，θ は図 5.15 (a) に示される角度である．L_1 は，式 (6) に示される L_0 に対応する飛翔距離であり，(b) には V_0 と k との実験的な関係が示されている．図 5.15 (c) に示されるように，V_0 の関

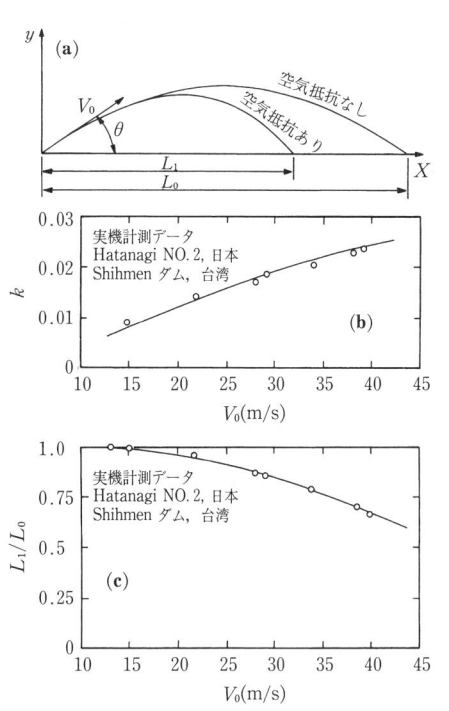

図 5.15 空気抵抗を伴う噴流軌跡 [39]

数として L_1/L_0 値が与えられている．この結果から，V_0 が約 20 m/s 以下であれば，空気抵抗の影響は小さいことがわかるが，40 m/s にも達すれば，飛翔距離は，式 (6) によって理論的に与えられる値に比べて 30％ほど低減される．Fontana ダムのトンネル式余水吐のデータを (c) に適用した結果，良好な一致が認められた．

Kawakami の結果は，空気抵抗を評価する基礎として使用される．噴流が空気連行を伴って落下し壊れる現象には，噴流の厚さと形状および乱れの初期レベルなどの因子が影響し合っている．これらの影響を記述するためには，より多くの現地調査が必要である．

5.4.5 下方への引込み

下流側水路に平坦な角度で流入する噴流の落下は，流入域から下流の水位を抑えるエジェクター効果となる．この下方への引込みの大きさは，発電所の運転を考える場合の重要な設計パラメータである．Rhom と Peterka [77] は，設計流量および下方への引込みの初期評価に対するデータについて，Hungry Horse と Glen Canyon トンネル式余水吐の双方から 7.5 m もの下方への引込みになることを報告している．

5.4.6 潰食

フリップバケットから下流側の潰食特性は，数多の研究の対象となっており，多くは，落下する噴流による洗掘の最大深さの評価に利用されている．Schoklitsch [24]，Veronese [97]，Damle [26]，Martins [47, 48]，Wu [107]，Chee と Padiyar [24]，Chee と Kung ら [25] の式は，すべて次の一般化形式のものである．

$$d_S = \frac{C q^x H^y \alpha^w}{d^z} \tag{9}$$

ここに，d_S：水面から測られる最大洗掘深さ (m)，q：流下構造物の堤頂あるいはフリップバケットでの流出量 (m³/s·m)，H：上流水面からの下流水面への落下高さ (m)，d：材料の粒径 (mm)，α：フリップバケットの水平とのなす角 (度)．

表 5.2 最大潰食深さに対する式のまとめ

著　者	文　献	C	x	y	z	w
Schoklitsch	[24] 参照	4.71	0.57	0.2	0.32	0
Veronese	[97]	1.9	0.54	0.225	0	0
Damle	[26]	0.65	0.5	0.5	0	0
Martins	[48]	1.5	0.6	0.1	0	0
Wu	[107]	1.18	0.51	0.235	0	0
Chee & Kung	[25]	2.22	0.60	0.20	0.1	0.1
Chee & Padiyar	[24]	3.35	0.67	0.18	0.063	0

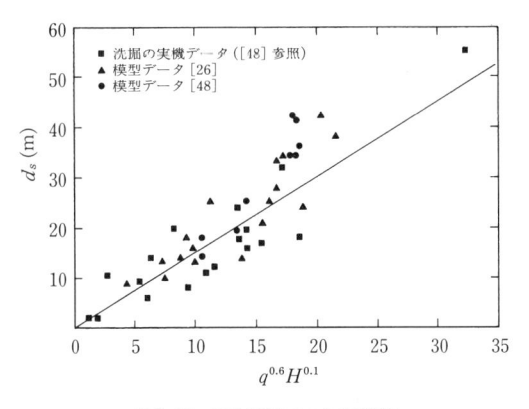

図 5.16 貫入噴流での洗掘 [43]

表 5.2 に要約される係数 C および指数 w, x, y, z は，最終洗掘深さ，基本的には流量 q の関数であることが示される．水頭 H は，二次的な影響があり，材料の粒径 d とリップ角度 α は大きくない．Schoklitsch と Chee および Padiyar は，パラメータとして d を導入しているし，Chee と Kung は，パラメータとして α を導入しているのみである．Schoklitsch の式では，d は d_{90} 径であるが，Chee と Padiyar および Chee と Kung の式では，d は平均粒径として用いられている．Chee と Padiyar および Chee と Kung らの式は，砂あるいは砂利を用いた実験室から純粋に導き出されたものである．他のものは，現地データから得られたものである．Martins の関係式は，18 地点の現地調査をもとにしたものである．文献で利用できる他のモデルデータと同様に Damle のモデルデータは，図 5.16 に集約され，洗掘データに含まれる一般的なバラツキも示されている．

$$t_{\max} = 6h_{\mathrm{cr}} \tan \alpha_1 \tag{10}$$

Taraimovich [90] は，広範囲に現地および実験室データをもとに，初期の水路底面下として測られる最大潰食 $t_{\max}$ が次式で決定されることを提案している．ここに，h_{cr}：余水吐放出点での限界深さ，α_1：図 5.17 に定義されている洗掘穴の上流側の角度．Taraimovich は，さらに減勢池への落下する噴流の平均角度

θ, 洗掘穴の下流側の角度 α_2, フリップバケットのリップが水平面とのなす角度の関数としての α_1 に対する関係式を提案している. この議論から洗掘穴の幾何形状は, フリップバケットの角度 α にはあまり影響されない. さらに, θ は, 常に α よりも大きくなることは, 落下する噴流の軌跡に対する空気抵抗の影響が認められることを示している.

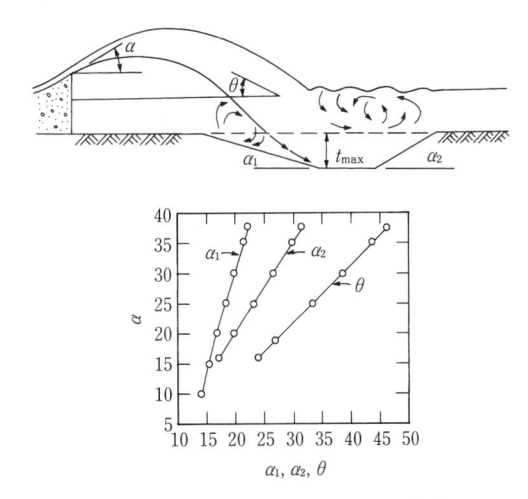

図 5.17 洗掘深さに関する相関関係 [90]

Chee と Padiyar および Chee と Kung は, 非密着材料の洗掘穴寸法を評価する関係式を与えている. すなわち, この関係式は, 洗掘穴の勾配に関する限り Taraimovich との一致が認められる.

エネルギー減勢を伴う洗掘と潰食の広範囲にわたる概要が本章の前半に示されている. 表 5.2 に引用している文献は, この複雑な課題を総覧できるようになっている. 表 5.2 のデータからの関係式の適用は, 式を誘導するに使用された q と H の範囲を限定することになる. 初期設計において, Martins の式は, 洗掘の最終深さを合理的に評価するのに使用できる. 最終的な解析では, 5.9 に記述しているように模型実験が必要とされる.

5.5 越流構造物における減勢池

アーチダムの越流式余水吐は, 落下する噴流となる自由落下水脈あるいはゲート放出, およびオリフィス放出の場合となる. アーチダムに対するエネルギー減勢の代表例は, 次のものを含む. ①ダムに近接した二次元的な堰で形成されたクッション用プールの床版あるいはエプロンへの衝突で, 例えば Vouglans [106], Morrow Point [36] あるいは P. K. Le Roux ダム [5] のように十分なる下流水深を有するもの, ②ダムから下流に十分に離れた点に設けられた堰に

よって十分なる下流水深となるところでの洗掘穴の形成であり，例えば Muhdig [106]，③ 施工された水路に洗掘穴が形成されるもので，例えば Kuriba [76] である．

エプロンを有する減勢池について，プール深さ，寸法およびエプロンに作用する力の決定は，設計上の水理的な基本因子である．自由落下する噴流あるいはプールに落下する水脈の動的流体力は，Hartung と Hausler [32] によって要約されているように，制限されない潜り噴流の場合と同じである．床版あるいはエプロン上に落下するプール深さは，通常，噴流の際だった拡散が起こるに必要な深さに比べて浅い．対称な噴流の中心流速は，プール表面下で噴流が少なくとも噴流直径の $5〜6D$ まで貫入するまでは低減しない．結果的には，床版上に作用する平均および変動圧は，水深にして上流側から下流側までの距離のかなりの割合となる．Morrow Point ダム [41] についての研究から，落下高さの約 1/15 の深さのプールでは落下高さ (110 m) の約 1/3 の水頭の最大圧となることが示され，力が 50 m オーダになることが確認された．例えば，$q=40 \text{ m}^3/\text{s·m}$ の Granget ダムで，コンクリートブロックおよび 10 トン以上の重さの破片（くず）が減勢池から移動した．被った損傷の議論および必要な補修については，文献 [105] に示されている．

エプロンなしの減勢池について，洗掘および洗掘穴の拡がりを確定することは，基本的な用件である．軸対称噴流は，プールへ約 $20D$ 貫入した後でも，潰食に対して十分なるエネルギーを保持している．軸対称噴流よりも緩やかに減衰する水脈と同じ二次元噴流の流速では，潰食が $40B$ に達する深い水深においても溌生する．ここに，B は，プールに貫入する水脈の厚さである．プール中への自由落下する噴流に関する調査をもとにした洗掘深さの解析は，Hartung と Hausler [32] によって提示されている．Kariba での洗掘深さは，歴史に残る資料として利用され，貫入する噴流による潰食の可能性の高い良い事例である．図 5.18 に示されるように，洗掘の深さは，現在ほとんどダム高さの 2/3 に達する 75 m 以上となっているが，いまだ平衡状態にはない．

越流式余水吐のエネルギー減勢工の設計で最も新しい手法は，給気された水脈減勢の採用である．給気され拡散する噴流の減勢は，減勢池床版に作用する力あるいは潰食深さを極端に小さくする．この考え方は，1939 年 Roberts によって開発されたが，大規模なものへの応用 [5, 105] としては，最近になって Hendrik

5.5 越流構造物における減勢池

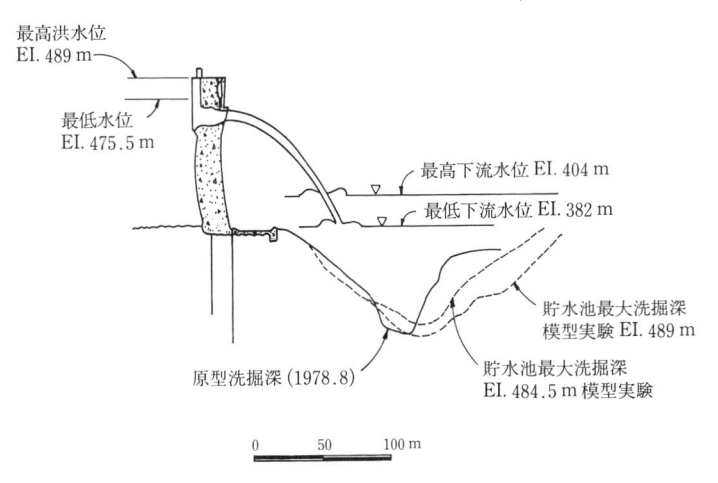

図 5.18 Kariba での洗掘深 [76]

図中ラベル:
- 最高洪水位 El. 489 m
- 最低水位 El. 475.5 m
- 最高下流水位 El. 404 m
- 最低下流水位 El. 382 m
- 貯水池最大洗掘深 模型実験 El. 489 m
- 原型洗掘深 (1978.8)
- 貯水池最大洗掘深 El. 484.5 m 模型実験

Verwoerd と P. K. Le Roux ダムに実施された．P. K. Le Roux ダム ($q=76\,\mathrm{m^3/s\cdot m}$) の中央の越流式余水吐には，ナップ・スプリッタと図 5.19 に示されるようなシルが設けられた．スプリッタによって与えられる旋回運動によってスプリッタ下方にあるプラットフォームをナップが離れる時，大きな拡散をもたらす．P. K. Le Roux で採用された越流水深 (約 10 m) は，Roberts が用いたものよりも大きく，スプリッタの適切な運用となるような給気を確保するための空気管が設けられた．潰食されやすい床面を採用した模型実験における潰食の比較から，スプリッタなしの潰食深さは，スプリッタ有りの深さの 2 倍以上となり，潰食穴の底面はダム面にきわめて接近したものとなった．

給気による潰食の低減は，Johnson [37] によって調査され，噴流の潰食領域に給気させる効果に関する実験研究がなされた．Johnson は，プールに貫入した後の噴流について給気された噴流は，給気されない噴流に比べて急激に拡散することを結論付けている．給気された噴流で潰食しない必要下流水深は，同一流量下で給気されない噴流での必要下流水深の約半分になるし，また，Novak Čábelka [63] は，エネルギー減勢について給気された効果を論じている．設計に際して，これらの効果を定量化するためにプール深さおよび給気量の関数として貫入する噴流の床版に与える平均および変動圧についての系統的な研究が必要である．

前以ってえぐられた貫入用プールでは，初期プール深さよりも大きく取られ，Crystal ダム [82]，Manicouagan 3 [14] のように直角に潰食が開始されるようになり，下層の地質学によって予測された方向とは異なることがある．例えば，Tarbela では，運用上の余水吐プール [46] の建設位置を周囲の岩石よりも耐潰食性に優れている火成岩の位置に全面変更され，大規模な修理工事が必要となった．

5.6 キャビテーションと給気

5.6.1 エネルギー減勢工のキャビテーション

キャビテーションおよびエネルギー減勢工についての過去と現在の経験の概要には，過去の問題の多くが現在でも存在していることを示している．減勢工のキャビテーションで存在している大きな問題は，オフセット面あるいは建設工事からの路線設定の変更などによって発生する．Dworshak ダムと Libby ダム [74]，Tarbela の第四減勢池 [45] などのトンネル，あるいはスルースラインからの拡幅，誤った路線設定や形状によって生ずる洪水の不規則性，および建設接合部でのオフセットなどが存在している問題の代表例である．

シュートブロックおよびバッフルブロック [21] についてのキャビテーションは，高速流で発生するので，一般的にこれらの附属物は，高水頭ダムの減勢工としての使用を避けるべきである．また，キャビテーションは，最近 Guri ダム [23] で経験したことが報告されているように，潜りフリップバケットにも発生している．

キャビテーションを阻止するために必要とされる表面公差の評価が Ball [6]，Wang と Chou [100] によって提出されている．種々のオフセットについての結果が 4 章の**図 4.4〜4.8** に示されている．35 m/s 以上の流速では，要求される建設公差は，極端に守るのが難しいものとなっている．Ball らの結果は，初生キャビテーション条件について与えられたものである．初生キャビテーションとは，水中聴音器あるいは他センサによって検出されるキャビテーション開始のも

のである．初生キャビテーションを超える厳しいキャビテーションは，極端な損傷の発生に結び付く．不幸にも，エネルギー減勢工の設計に際して，実用上問題となるオフセットの損傷が生じることがわかる限界キャビテーションに関して利用できる資料がない．Ball あるいは Wang と Chou の規準の使用は，キャビテーションが発生しないとの保証はない．初生キャビテーションと限界キャビテーションの領域は，不明（多分むしろ限界となる）であり，著者らも今後の研究が実施されるこれらの規準について，立ち入っての意見はしない．

5.6.2 圧力変動とキャビテーション

キャビテーションは，フルード則の縮尺に従わない現象であり，流れに対するキャビテーションの影響は，蒸気圧が模型と実機と同じであるため，エネルギー減勢工に使用される模型からの研究は難しい．相似則の欠陥の一つの結果として，模型におけるキャビテーションが存在しないことは，実機でのキャビテーションが存在しないことの保証にはならないし，模型での正の平均圧が得られたとしても，実機でのキャビテーションのないことの保証はできない．エネルギー減勢工での変動圧は大きくなり，特にシュートブロック，バッフルブロックおよびシル近傍の流れが関係し，瞬間的な圧力は，容易に蒸気圧以下に下がり，結果的にキャビテーション条件となる．

キャビテーションが存在するか，しないかの研究に模型がよく使用され，さらに，蒸気圧およびキャビテーションが発生するかどうかを確かめるため，実機縮尺での変動圧が測定されて解析される．これらの検討で問題がなければ，実機構造物でのキャビテーションは存在しない．エネルギー減勢工の乱れによるキャビテーション発生の可能性を評価する有用なデータは乏しい．問題に対するアプローチ法が Narayanan [61] と Lopardo [44] によって提示されているが，特殊な減勢池については，利用できる圧力変動のデータを取得するための模型実験が必要である．

5.6.3 キャビテーション制御に対する給気利用

キャビテーション制御に対する給気利用は，新しい方法ではないが，最近では

給気が高水頭構造物において極端に多く採用されている．4 章でその概要を取り扱ったが，基本的な要素は，キャビテーション発生域に空気を導入してキャビテーションに対するクッションを作ることであり，通常は，減勢池の壁，床に設けられた給気溝（スロット），あるいはオフセットによる（図 4.9）．この技法で注目される応用例は，Lowe [46] によって述べられているように Tarbela の第三減勢池の補修および Nurek [70] の放出口設備の設計に用いられた．

当初から給気は，高流速でのキャビテーション問題に対する万能薬と判断されている．振り返ってみると，給気装置の建設は，過去の経験から示されたように慎重な設計，公差の管理，建設中の材料などに配慮することによってキャビテーション影響を最小限にすることができる．公差の遵守，材料の管理などは，給気利用については慎重にする必要がある．高速流の持続は，もう一つの原因，しばしば運用されることによる損傷を許容するのは，1 年間にわたる長期の流れではなく，何年に 1 回あるかないかの洪水である．給気溝の設計に有用な文献が 4 章に示されている．

減勢ブロックへの給気は，別の問題で，この目的は，大気圧中で拡散させる噴流への給気であり（図 5.19），貫入するプールでの荷重と洗掘を低減させるか，あるいは減勢池におけるにキャビテーションの可能性を低減させることにある．高速流域に空気を注入することは，これらの目的の双方を満たしている．

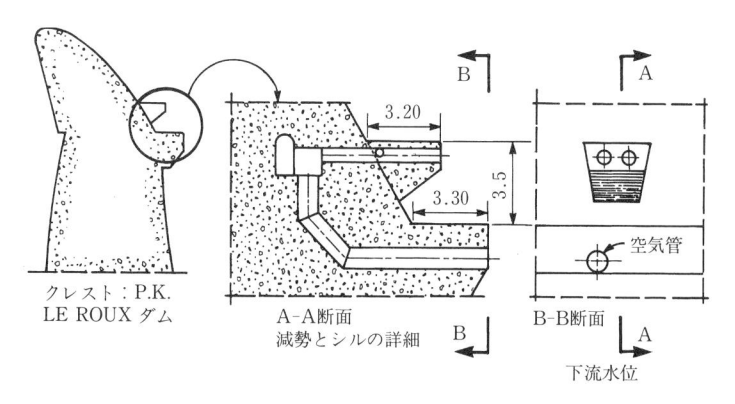

図 5.19　P. K. Le Roux ダムでのナップ減勢 [105]

5.6.4 耐キャビテーション材料

スチールライニングは，高価であるが，耐キャビテーションに対する有効な方法である．スチールライナーは，成功裏にスルース放出口，そして図5.20に示されるようなバルブのエネルギー減勢工にも使用されるが，シュートブロックおよびバッフルピアの保護は一般的に難しい．特に，高水頭構造物においては，変動圧がきわめて大きく，板振動や締め金物の疲労などより保護材料が短期寿命となることがある．

耐キャビテーションのコンクリート技術に関する最近の開発には，エポキシモルタルやコンクリート，鉄筋コンクリートおよび複合コンクリートが含まれる．Loweら[46]によって報告されているように，Corps of Engineers Detroitダム施設での種々の試験体の実験から鉄筋コンクリートと複合コンクリートは，通常のコンクリートに比べ75mm潰食深さに達するまでの時間が3倍にも達したことが示されている．複合鉄筋コンクリートは，きわめて良好な耐潰食性となった．すなわち10時間後の潰食深さは25mmであり，その後200時間は潰食なしであった．

Dworshakダム[74]，Tarbelaダム[46]でのエポキシモルタルとエポキシコンクリートを用いた補修は，あまり満足のいくものではなかった．通常のコンクリートに比べ，エポキシモルタルのきわめて高い熱膨張係数が，エポキシモルタルの当て板の疲労に結びついた．Dworshakダムでのファイバー入りモルタルによる補修は，良好な結果を示した．多分Tarbelaダムでも，疲労補修がファイバー入りモルタルで実施されたものと思われる．Tarbelaダムの第三減勢池の補修には，鉄筋コンクリートを上に施工する方法が採用された．すなわち，上に施工する床版のうち，2種類のコンクリートの疲労に対する特性を比較するために，その一つに通常のコンクリートが施工された．

5.7 高水頭の放流設備

5.7.1 ホロージェットの減勢池

低位放流設備での流量調節用バルブには，フィクスドコーンバルブ，ホロージェットバルブおよび高圧スライドゲートが含まれる．ホロージェットバルブは，良好な岩盤でできている下流水位上に放流する際に用いられる．USBRでは，ホロージェット用の標準減勢池を開発しており[68]，この形式の減勢池での実機対応は混合型となる．例えば，Navajoダムでは，減勢池にごみが流入することによるきわめて厳しい磨耗損傷が発生したので[3]，傾斜シュートの保護板の設置，収縮用クサビの撤去，床版の増設，減勢池の下流終端部に岩石を跳ね飛ばす装置などを含む変更がなされた．Trinityダムでは，床面と側壁に厳しい磨耗が発生した．すなわち，中央分離壁が建設接合点に沿って損傷した．実験室での試験から，設計時に想定していた変動圧よりもきわめて大きな変動圧が示された．この構造物から下流側に捨石が設置され，中央壁は補強された．Yellowtailダムの減勢池では，減勢池全長にわたって1m厚さの床版で覆う工事がなされた．分離壁が設置され最大変動圧は約7mとなり，運用中減勢池には損傷は発生しなかった．成功裏に運用されているものよりも高水頭用減勢池で使用する際は，壁面に作用する動的な力を評価するための模型実験が必要であり，傾斜シュートの保護板の設置，減勢池に流れ込む物の流れやすさが要求される．構造物から下流側での波も水路潰食の要因になることもある．

5.7.2 フィクスドコーンバルブの減勢池

フィクスドコーンバルブ(時々ハウエルバンガーとも称される)は，ホローフィクスドコーンバルブを少し改良したもので，下流側水位上に空中放出されるように設計されている．

このバルブの高水頭用として，Oroville [98] とPortage Mountain [96] 〔図

5.7 高水頭の放流設備

(a) トンネル内のチャンバー [98]

(b) 単一チャンバー

(c) フィクスドコーンバルブのフード

図 5.20　フィクスドコーンバルブの減勢

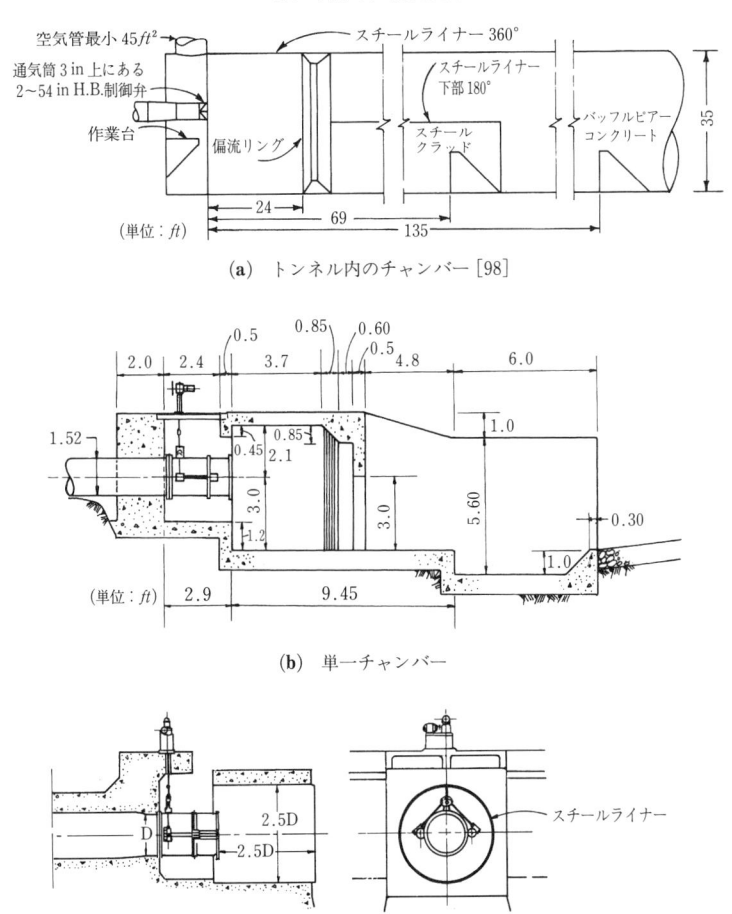

5.20(a)〕のものがある．約 100 m 用として放出点での波が約 10 m 程度に抑えられる複数チャンバー減勢工が開発されており，30 m あるいはそれ以下の水深では単一チャンバー減勢工が使用される〔(b)〕．Hoods では，(c) に示されるような減勢工が 150 m 水頭のホロージェットバルブから形成される飛沫を抑えるために使用された．他の減勢工として，Fontana [94]，Romganda [30] および New Melones [50] 用に開発されたものがある．

エネルギー減勢として，潜り流出用フィクスドコーンバルブに使用できる設計は，まだ十分ではない．空中放出用に設計されているバルブは，軽量設計されているので潜り流出時の噴流連行に伴う動的荷重およびキャビテーションに対応できるものではない．著者らは，設備として設計された放流範囲で，成功裏にしかも広範囲に長期に運用された潜り流出用のフィクスドコーン設備は知らない．許容できない振動が発生するケースでは，空気管を設置するとバルブ操作中，空気クッションが形成されバルブ回りの背後流れの軽減に有効であった．

潜り流出用バルブの問題の代表例がBroehlとFisch[17]によって報告されている．この場合，水車圧のレリーフバルブとして使用されるバルブの改良として2倍のベーン厚さで，再度設計されたバルブ室が含まれているが，改良されたバルブで厳しい振動が発生したので，十分に成功したとはいえない．すなわち，全開では満足な運用できないため減多に使用されていない．

さらに，フィクスドバルブは，アプローチ流れ条件に著しく影響される．曲がり部に近い点で発生する強い乱れや偏流，すなわちY分岐あるいはT字管が前方にある場合，バルブに対して不均一な荷重と疲労の発生となる[53]．バルブ形状での最新の設計変更については，ACE[49]による広範囲な実験がなされ，New Melonsダムのバルブに適用された．従来の設計に比べ流量係数の向上に伴い，バルブからバルブ体へと流体力学的な制限が緩和され，最大開度は80%になり，従来のバルブでは約84%であったものが，新設計では同一寸法で従来バルブよりもやや小さな開度に落ち着いた．

5.7.3 急拡型減勢工

内部バッフル付チャンバー減勢工がスライドゲート設備用としてWidmann[102]によって示されている．この型式の減勢工は，水頭約120 m，流量約100 m^3/s に達するものに適している．さらに，高水頭への適用に際しては，広範囲な模型実験が要求される．

高水頭で小流量（5〜10 m^3/s）の利水設備および魚道に対しては，Burgi[20]によって示されている標準のスリーブバルブを用いた鉛直減勢池，あるいはエネルギー減勢装置の簡単なものとして，Watson[90 a]とBurgi[20 a]によって示される多孔スリーブバルブの採用がある．

5.7 高水頭の放流設備

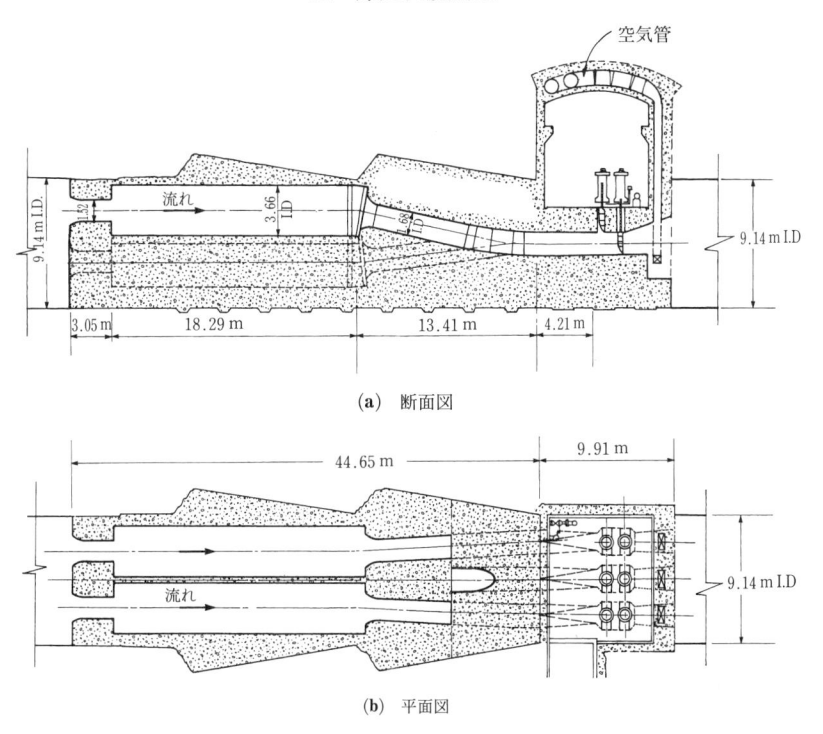

(a) 断面図

(b) 平面図

図 5.21 急拡式減勢, New Don Pedro ダム

急拡による減勢工は，最近の 15 年間で出現した改良型である．これらの減勢工は，減勢に対して急拡させることによる基本的なエネルギー損失を生じさせるものである．キャビテーションの発生位置を境界層から遠ざけることにより構造物への損傷が免れるので，その良い例が流量 850 m³/s，水頭約 135 m の減勢としての Mica ダム [52, 80] のものがある．同様な原理のものが，New Don Pedro ダム (**図 5.21**) の放流設備に使用されている．流量約 200 m³/s，水頭約 45 m の減勢のために，3 つの急拡のチャンバーが設計されている．総水頭 170 m 以上に対しては，管路抵抗とゲート下流側の 9.14 m 径のトンネルによる減勢が考えられた．

5.8　環境要素と減勢工の設計

　環境に対するダムおよび貯水池の影響については，多くの論文やシンポジウムでの課題となっている．本節では，エネルギー減勢工の設計に際して，直接関係する影響のみに限定して考えてみる．

　エネルギーがどのようにして減勢されるかの基本的なものの一つに，水中での空気の過飽和の問題と魚類の生存に対する影響である．窒素の過飽和は，給気された流れの貫入，あるいはプール，減勢池内での深層拡散によって生じる．魚類が死滅するのは，溶け込んでいるガスが循環系組成から分離する場合で，本質的にダイバーによって経験されるケーソン病 (bends) である．この問題は，サケ漁業が地方経済に主要な要素になっているアメリカの北大西洋での重大なる関心事と受け取られている．Columbia 貯水池での研究によれば，Columbia 川での利水に対して放流量が大きな影響を与えている場合があり，窒素の過飽和の影響以上に水車内を稚魚が通過するとすれば，魚類の死滅にとってきわめて厳しいものになることが示される．他の地域としては，Alaska でも問題が存在しており，設計に際して環境に対する影響を軽減させる配慮が必要となった．一つの解決策として，デフレクタブロックを用いての減勢池内の深層からの給気された流れが，生じないようにすることである．偏流は，通常，流れに効果的になるように設計され，さらにプールの表面に沿っての余水吐流れの偏流を起させるが，洪水時にはブロックは偏流に対して有効ではなく，損傷に対する影響が出てくる．偏流ブロックは，Lower Granite ダムに採用されており，ACE の研究結果によれば，窒素の過飽和の影響緩和に，ある程度の効果があることが示されている [84]．

　もう一つの解決策は，第一に給気を阻止することであり，魚類を他の手段によって通過させるかである．下流側の水質について見ると，急拡大の潜り放出となる減勢工を用いた高水頭の放流設備では，過飽和の阻止にはなるが，魚類にとっては，水車を通過するものと同様のケースとなる．

　フリップバケットからの流れの飛沫は，周囲の勾配に制限されるが，ブロックへの近道あるいはダムから下流側への流れの過度の乱れの発生は，山崩れの原因

となる．貫入する噴流のフリップバケット，その他放流設備による潰食は，構造物から下流側に対して予期せぬ水質を与える．上記のような考え方に従えば，環境的に影響される地域では，減勢工の選定に大いに左右される．減勢工の設計に影響を与える環境要素は，一般的にプロジェクトの構想と配置に無関係であることが大切であり，適切なる技術者の判断，経験および現地での環境政策が，当地で成功する設計に対しての必須条件となる．きわめて大きい骨の折れる調査は，また役に立つものである．

5.9 模型実験

余水吐からの流れに含まれるエネルギーのきわめて大きな減勢過程は，現地の地形的および地質的な条件に左右される三次元，乱流，二相流れを含む複雑な流れ現象である．縮尺模型が，通常計画された設計の検討および最終設計を実施するために使用される．また模型は，しばしば余水吐の運用上の指示項目を定めるためにも使用される．例えば，跳水を伴うゲート付余水吐あるいは設計流量以上で使用されるローラバケットに対する運用事項を確立するために，広範囲の研究が必要となる．複数のゲートが操作されると，減勢池での流れ条件は，下流域から減勢池の背後へ流下物を移動させる乱れが生じ，ボールミル作用による底面，バケットあるいはバッフルブロックの損傷が生じることになる．

模型での基本的な要求は，可能な限り実機の流れの動力学的条件を再現することにある．エネルギー減勢に対する一般的な模型化手順が，NovakとČábelka[65]によって示されているように十分に確立されている．幾何学的な相似が保たれ，流量と動力学との相関がフルード則をもとに規定される．本節では，縮尺影響の簡単な議論として潰食試験，データ取得および解析に対する計算機の使用が記述されている．

縮尺影響とは，模型と実機との流体力学的挙動に実機での力のすべてが縮尺模型に適切に模型化できない事実によって生ずる観測値の矛盾に対応する言葉である．例えば，小さいものであっても縮尺影響は，1：1の縮尺模型が使用されないとすれば常に存在している．縮尺影響を最小限にする第一歩は，模型縮尺と模型材料の適切なる選定にある．余水吐の減勢工の模型化については，通常1：

25～1：100 の範囲の縮尺比であるが，最もよく採用される縮尺比は 1：50～1：75 である．最小水深としては，流れの乱れと表面張力の影響が最小に保たれる約 5 cm を確保する必要がある．これは，レイノルズ数とウエバー数の縮尺影響を小さくすることにある．他の拘束としては，実験室での流量の容量と場所，計測器具などが含まれる．

　減勢工の模型化における最も大きな縮尺影響は，多分フリップバケットナップ，跳水用減勢池および貫入用プール内で発生する空気連行の現象である．また，キャビテーション軽減のための空気の導入，あるいは貫入用プールでの潰食を最小限にするための給気，さらにこのようなプールのエプロンに作用する動的な力を軽減するために空気が導入される時にも縮尺影響が生ずる．この形式の模型化に際しては，模型噴流は実機噴流のように敏速に空気を連行できないことと，空気泡が縮尺の差異に無関係に同一の寸法となることなどからも縮尺影響が生ずる．故に，模型減勢工では少な目の空気量になっているが，空気泡については実機よりもきわめて大きな寸法になっていることに気づく．フリップバケットの噴流軌跡での空気抵抗の影響に関する Kawakami（川上）[39] のデータおよび洗掘での空気連行の影響に関する Johnson の結果 [37] をもとにすると，縮尺模型では相対的に噴流は長距離の飛翔，深い潰食，エプロンには高い衝撃圧および少な目の空気量になっていると結論される．明らかに，実験での流れ現象によって縮尺影響は変化するが，個々に基礎因子についての評価ができる．縮尺影響を評価するのに使用される一つの方法は，少なくとも 2 つの異なる縮尺模型からの結果を比較することである．この手法に従えば，きわめて高い信頼性を持って模型からの結果の外挿が可能となる．最近の研究によれば，1：15 の縮尺比が給気溝の模型化に対して十分であるとの報告がある（**4** 章参照）．

　落下プール内あるいは跳水用減勢池から下流域での洗掘の決定に際しては，土質の結合力，玉石の寸法，岩石境目のパターン，風化度合いおよび破壊力など土質および岩石特性についての経験と適切なる評価が必要とされる．どのような設計でも受け入れられるには，3 部門からの経験豊富な方々の意見を必要とする．すなわち，水理学，地質学および土質パラメータの組合せとしての定量的な評価が要求される．

　実機の潰食条件を評価するための材料選定は，疑いもなく科学的なものよりも技術的なものといえる．土砂あるいは砕石が，その有効性のために非常によく利

5.9 模型実験

用される．しかしながら，これらの材料は，安息角が小さく自然の土質および特に岩石に生ずる鉛直強さを再現できないものとなっている．流れの境界層を適切に表現できなければ，誤った潰食パターンおよび洗掘深さを求めることになる．このような潰食を評価する試みとして，脆い土砂とセメント混合，ベントナイトあるいは他の粘土と土砂混合といった特殊な材料が用いられる．材料と混合剤の選定は，個々の経験と好みに影響される技術である．模型で使用される材料の制限および現地の地質学的知識などは，実機条件を正確に模型化するものとは区別される．これらの研究結果は，定量的であり模型実験の実施に際しての技術および経験に及ぼす影響がきわめて大きい．

水理構造物の乱れと変動力の影響に関する研究は，電子機器の画期的な発展およびデジタルコンピュータによるオンライン，リアルタイム解析などによって容易になっている．マイクロプロセッサの費用が安くなっているので，実験室での制御および解析を組み合わせた技法としての使用が増えている．現象に対する我々の理解度は，使用する機器の容易さに比例して増えていること，特に困難さについて見ると，最近の研究者の周りにある無数の"ブラックボックス"から得られるきわめて信頼性の高いデータを評価することが含まれているが，強いて気にかける必要はない．

使用される電子機器の種類は，確かに多岐にわたっており，歪み計，ロードセルおよび圧力変換器などのセンサ類は，指定された割合でデータが多チャンネルに取り込まれるようにプログラムされたマイクロコンピュータに接続でき，ディスクに記録が保存され，データは，処理器によって補正できるようになっている．一方，アナログデータは，現地あるいは実験室において磁気テープに収録され，数値化されて解析される．特殊な解析，相関，および際だつ条件に対しては，特殊仕様の機器が使用される．

最も万能な機器類は，アナログからデジタル，デジタルからアナログへの容量を持ったプログラムされたデジタルコンピュータである．適切なるソフトウエアを用いれば，特殊仕様の機器として利用できる機能が発揮される．さらに，実験条件の制御および設定に利用できる．また，実験された変動力，圧力および流速特性の解析範囲も設定できる．

構造物に作用する流体力学的荷重のより多くの数値・図表が取得される能力は，将来のエネルギー減勢工の設計改良における驚異的な発展の一つになることは疑

いない事実である．

文　献

1. AKBARI, M. E., MITTAL, M. K. and PANDE, P. K. Pressure fluctuations on the floor of free and forced hydraulic jumps, *Proc. Int. Conf. on Hydraulic Modelling of Civil Engineering Structures*, BHRA, Coventry, 22–29 September, 1982, paper C1, 87–96.
2. ANASTASI, G., BISAZ, E., GERODETTI, M., SCHAAD, F. and SOUBRIER, G. Essais sur modele hydraulique et etudes d'evacuateurs par rapport aux conditions de restitution, 13*th ICOLD*, New Delhi, 1979, Q50, R32, pp. 515–58.
3. ARTHUR, H. G. and JABARA, M. A. Problems involved in operation and maintenance of spillways and outlets at Bureau of Reclamation dams, 9*th ICOLD*, Istanbul, 1967, Q33, R5, pp. 73–93.
4. AUBIN, L., LEFEBVRE, D., MCNEIL, N. and STOIAN, A. Les evacuateurs de crue des amenagements hydroelectriques LG2 et LG1 du complex La Grande, 13*th ICOLD*, New Delhi, 1979, pp. 121–42.
5. BACK, P. A. A., FREY, J. P. and JOHNSON, G. P. K. Le Roux Dam: spillway design and energy dissipation, 11*th ICOLD*, Madrid, 1973, Q41, R76, pp. 1439–68.
6. BALL, J. W. Cavitation from surface irregularities in high velocity flow, *J. Hyd. Div. ASCE*, **102** (HY9) (Sept., 1976), 1283–97.
7. BALLOFFET, A. Pressures on spillway flip buckets, *J. Hyd. Div. ASCE*, **87** (HY5) (Sept., 1961), 87–98.
8. BASCO, D. R. *Trends in baffled hydraulic jump stilling basin designs of the Corps of Engineers since 1947*, Misc. Paper H-69-1, US Army Engineers Waterways Experiment Station, Vicksburg, January, 1969.
9. BASCO, D. R. *An experimental study of drag forces and other performance criteria of baffle blocks in hydraulic jumps*, Paper No. H-70-4, US Army Engineers Waterways Experiment Station, Vicksburg, May 1970.
10. BASCO, D. R. and ADAMS, J. R. Drag forces on baffle blocks in hydraulic jump, *J. Hyd. Div. ASCE*, **97** (HY12), Proc. Paper 8599 (December 1971), 2023–35.
11. BASCO, D. R. Optimized geometry for baffle blocks in hydraulic jumps, 14*th Int. Congress, IAHR*, Paris, 1971, Vol. 2, Paper B-18, 141–8.
12. BELBACHIR, K. and LAFITTE, R. Evacuateur de crue du barrage Al-Ibtissam, 13*th ICOLD*, New Delhi, 1979, Q50, R54, 911–57.
13. BILLORE, J., JAOUI, A., KOLKMAN, P. A., RADU, M. and deVRIES, A. H. Recherches hydrauliques pour la derivation provisoire, les deversoirs en puits et la vindange de fond du barrage de M'Dez au Maroc, 13*th ICOLD*, New Delhi, 1979, Q50, R62, 1085–1106.
14. BOUCHER, R. Dissipation d'energie par nappe plongeante pour le deversoir de l'amenagement hydro-electrique Manicouagan 3, 11*th ICOLD*,

Madrid, 1973, Q41, R51, 915–33.
15. BOWERS, C. E. and TSAI, F. Y. Fluctuating pressures in spillway stilling basins, *J. Hyd. Div. ASCE*, **95** (HY6), Proc. Paper 6915 (November 1969), 2071–9.
16. BRIBIESCA, J. L. and VISCAINO, A. C. Turbulence effects on the lining of stilling basins, 11*th ICOLD*, Madrid, 1973, Q41, R83, 1575–92.
17. BROEHL, D. J. and FISCH, J. Solution of vibration problems experienced with Howell-Bunger valves at Round Butte Dam, 9*th ICOLD*, Istanbul, 1967, Q33, R20, 333–46.
18. BROWN, F. R. Cavitation in hydraulic structures: problems created by cavitation phenomena, *J. Hyd. Div. ASCE*, **89** (HY1) (January 1963), Proc. Paper 3343, 99–112.
19. BUDWEG, F. M. G. Safety improvements taught by dam incidents and accidents in Brazil, 14*th ICOLD*, Rio de Janeiro, 1982, Q52, R73, 1245–62.
20. BURGI, P. H. Hydraulic design of vertical stilling wells, *J. Hyd. Div. ASCE*, **101** (HY7) (July 1975), 801–16.
20a. BURGI, P. H., GREEN, E. O. and THIBAULT, R. E. Multiport sleeve valve development and application, *J. Hyd. Div. ASCE*, **107** (HY1) (January 1981), 95–111.
21. ANON. Cavitation in hydraulic structures—A symposium, *Transactions ASCE*, **112** (1947), 2–124.
22. CENTER, G. W. and RHONE, T. J. Emergency redesign of Silver Jack Spillway, *J. Power Division ASCE*, **99** (PO2), Proc. Paper 10151 (November 1973), 265–79.
23. CHAVARRI, G., LOUIE, D. S., CASTILLEJO, N. and COLEMAN, H. W. Spillway and tailrace design for raising of Guri Dam using a large scale hydraulic model, 13*th ICOLD*, New Delhi, 1979, Q50, R12, 199–213.
24. CHEE, S. P. and PADIYAR, P. V. Erosion at the base of flip buckets, *Eng. J., Eng. Inst. Canada* (November 1969), 22–4.
25. CHEE, S. P. and KUNG, T. Stable profiles of plunge basins, *Water Resources Bull., J. Am. Water Resources Ass.*, **7**(2) (April 1971), 303–8.
25a. CORLIN, B. and LARSEN, P. Experience from some overflow and side spillways, 13*th ICOLD*, New Delhi, 1979, Q50, R37, 627–47.
26. DAMLE, P. M., VENKATRAMAN, C. P. and DESAI, S. C. Evaluation of scour below ski-jump buckets of spillways. Chapter in: *Model and Prototype Conformity*, Vol. 1, Central Water and Power Research Station, Poona, 1966, 154–63.
27. ESSERY, I. T. S. and HORNER, M. W. *The hydraulic design of stepped spillways*, Report No. 33 Construction Industry Research and Information Association (CIRIA), London, June 1971.
28. FRANKOVIC, B. Design criteria, operating rules, and monitoring the Drava River barrages, 14*th ICOLD*, Rio de Janeiro, 1982, Q52, R58, 985–91.
29. GOMASTA, S. K., MITTAL, M. K. and PANDE, P. K. Hydrodynamic forces on baffle blocks in hydraulic jump, *Proc. 17th Int. Congress, IAHR*, Baden-Baden, 1977, Vol. 4, Paper C-56, 453–59.
30. GOYAL, K. C., MAHESHWARI, K. M., JOSHI, V. K. and BHATIA, D. L.

River closure flow and energy control at Ramganda Dam, 11th *ICOLD*, Madrid, 1973, Q41, R61, 1115–39.
31. GUINEA, P. M., LUCAS, P. and ASPURU, J. J. Selection of spillways and energy dissipators, 11th *ICOLD*, Madrid, 1973, Q41, R66, 1233–54.
32. HARTUNG, F. and HAUSLER, E. Scours, stilling basins and downstream protection under free overfall jets at dams, 11th *ICOLD*, Madrid, 1973, Q41, R3, 39–56.
33. HERBRAND, K. and KNAUSS, J. Computation and design of stilling basins with abruptly or gradually enlarged boundaries, 11th *ICOLD*, Madrid, 1973, Q41, R4, 57–79.
34. HERBRAND, K. and SCHEUERLEIN, H. Examples of model tests dealing with special problems and design criteria at large capacity spillways, 13th *ICOLD*, New Delhi, 1979, 161–76.
35. HOLLINGWORTH, B. E. and ROBERTS, C. P. R. Model tests on a high head bottom outlet gate for vibrations and cavitation, 13th *ICOLD*, New Delhi, 1979, Q50, R4, 45–63.
36. JABARA, M. A. and LEGAS, J. Selection of spillways, plunge pools and stilling basins for earth and concrete dams, 11th *ICOLD*, Madrid, 1973, Q41, R17, 269–87.
37. JOHNSON, G. The effect of entrained air on the scouring capacity of water jets, 12th *Int. Congress, IAHR*, Fort Collins, 1967, Vol. 3, Paper C26, 218–26.
38. KARKI, K. S. Supercritical flow over sills, *J. Hyd. Div. ASCE*, **102** (HY10), Proc. Paper 12480 (October 1976), 1449–59.
39. KAWAKAMI, K. A study on the computation of horizontal distance of jet issued from a ski-jump spillway, *Trans. JSCE*, **5** (1973).
40. KHADER, M. H. A. and ELANGO, K. Turbulent pressure field beneath a hydraulic jump, *J. Hyd. Res. IAHR*, **12**(4) (1974), 469–89.
41. KING, D. L. *Hydraulic Model Studies for Morrow Point Dam*, Monograph No. 37, USBR Eng., 1967.
42. LOCHER, F. A. *Some characteristics of pressure fluctuations on low-ogee crest spillways relevant to flow-induced structural vibrations*, US Army Engineers Waterways Experiment Station, Vicksburg, Contract Report No. H-71-1, February 1971.
43. LOPARDO, R. A., ORELLANO, J. A. and VERNET, G. F. Baffle piers subjected to flow-induced vibration, *Proc. 17th Intl. Congress IAHR*, Baden-Baden, 1977, Vol. 4, Paper C55, 445–52.
44. LOPARDO, R. A., DEL LIO, J. C. and VERNET, G. F. Physical modelling of cavitation tendency for macro turbulence of hydraulic jump, *Proc. Int. Conf. on Hydraulic Engineering Structures*, BHRA, Coventry, 22–29 September, 1982, paper C1, 109–21.
45. LOWE, J., BANGASH, H. D. and CHAO, P. C. Some experiences with high velocity flow at Tarbela Dam project, 13th *Int. Cong. Large Dams*, New Delhi, 1979, Q50, R13, 215–47.
46. LOWE, J., CHAO, P. C. and LUECKER, A. R. Tarbela service spillway plunge pool development, *Water Power and Dam Construction* (Nov. 1979), 85–90.
47. MARTINS, R. B. Contribution to the knowledge on the scour action of

jets on rocky river beds, 11th *ICOLD*, Madrid, 1973, Q41, R44, 799–814.
48. MARTINS, R. B. Scouring of rocky river beds by free-jet spillways, *Water Power and Dam Construction* (April 1975), 152–3.
49. MAYNORD, S. T. and GRACE, J. L. *Fixed cone valves, New Melones Dam, California*, US Army Engineers Waterways Experiment Station Tech. Report, HL-81-4, April 1981.
50. MAYNORD, S. T. *Flood control and irrigation outlet works and tailrace channel for New Melones Dam, Stanislaus River, California*, US Army Engineers Waterways Experiment Station, Vicksburg, Technical Report No. HL-81-6, September 1981.
51. MCCORQUODALE, J. A. and GIRATALLA, M. K. Supercritical flow over sills, *J. Hyd. Div. ASCE*, **98** (HY4), Proc. Paper 8846 (April 1972), 667–79.
52. MEIDAL, P. and WEBSTER, J. L. Discharge facilities for Mica Dam, 11th *ICOLD*, Madrid, 1973, Q41, R50, 893–914.
53. MERCER, A. G. Vane failures of hollow cone valves, *IAHR Symposium, Section for Hydraulic Machinery, Equipment and Cavitation*, Paper G4, Stockholm, 1970.
54. MERMEL, T. W. Major dams of the world, *Water Power and Dam Construction* (May 1982), 93–103.
55. MINAMI, I. and AKI, S. A consideration on the supervision of a concrete arch dam in the flood time, 10th *ICOLD*, Montreal, 1970, Q38, R8, 113–140.
56. MOUELHI, M., MARINIER, G., MORUEZ, J. P. and ALAM, S. Evacuateur de crue du barrage de Sidi Saad, 13th *ICOLD*, New Delhi, 1979, Q50, R5, 65–84.
57. NARASIMHAN, S. and BHARGAVA, V. P. Pressure fluctuations in submerged jump, *J. Hyd. Div. ASCE*, **102** (HY3), Proc. Paper 12004 (March 1976), 339–50.
58. NARAYANAN, R. and SCHIZAS, L. S. Force fluctuations on sill of hydraulic jump, *J. Hyd. Div. ASCE*, **106** (HY4), Proc. Paper 15368 (April 1980), 589–99.
59. NARAYANAN, R. and SCHIZAS, L. S. Force on sill of forced jump, *J. Hyd. Div. ASCE*, **106** (HY7), Proc. Paper 15552 (July 1980), 1159–72.
60. NARAYANAN, R. Pressure fluctuations beneath submerged jump, *J. Hyd. Div. ASCE*, **104** (HY9), Proc. Paper 14039 (September 1978), 1331–42.
61. NARAYANAN, R. Cavitation induced by turbulence in stilling basin, *J. Hyd. Div. ASCE*, **106** (HY4) (April 1980), 616–19. See also discussion by Blazejewski, ibid (February 1981), 244–5.
62. NOURESCU, N., CONSTANTINESCU, C. and RADU, M. Evacuation des debits maximum et dissipation de l'energie dans des barrages en Roumanie, 11th *ICOLD*, Madrid, 1973, Q41, R29, 527–37.
63. NOVAK. P. and ČÁBELKA, J. Chapter 7, Models of weirs, dams and hydroelectric power stations, in: *Models in Hydraulic Engineering*, Pitman Publishing Co., 1981.
64. OHASHI, K., SAKABE, I. and AKI, S. Design of combined hydraulic jump

and ski-jump energy dissipator of flood spillway, 11th *ICOLD*, Madrid, 1973, Q41, R19, 311–33.
65. OSWALT, N. R., PICKERING, G. A. and HART, E. D. Problems and solutions associated with spillways and outlet works, 13th *Int. Cong. on Large Dams*, New Delhi, 1979, Q50, R15, 273–91.
66. PALTA, B. R. and AGGARWALA, S. K. Operation and maintenance of Bhakra Dam spillway, 9th *ICOLD*, Istanbul, 1967, Q33, R43, 745–56.
67. PENNINO, B. J. and LARSEN, J. *Measurement of flow-induced forces on floor blocks, Pit 6 Dam model study*, Alden Research Laboratories Report No. 109-77/M303CF, Worcester Polytechnic Institute, July 1977.
68. PETERKA, A. J. *Hydraulic Design of Stilling Basins and Energy Dissipators*, Engineering Monograph No. 25, USBR, July 1963.
69. QUINTELA, A. C., MOHAMED, J., MAGALHAES, A. P., de ALMEIDA, A. B. and de COSTA, J. V. L'evacuateur de crue et les vindanges de fond du barrage de M'Jara, 13th *ICOLD*, New Delhi, 1979, Q50, R40, 691–711.
70. QUINTELA, A. C. Flow aeration to prevent cavitation erosion, *Water Power and Dam Construction* (January 1980), 17–22.
71. RANGA-RAJU, K. G., KITAAL, M. K. and VERMA, M. S. Analysis of flow over baffle blocks and end sills, *J. Hyd. Res.*, IAHR, **18**(3) (1980), 227–41.
72. RAJARATNAM, N. Hydraulic jumps. In: *Advances in Hydroscience*, Vol. 4, V. T. Chow, Ed., Academic Press, New York, 1967, 198–280.
73. RAMOS, C. M. Statistical characteristics of the pressure field of crossed flows in energy dissipation structures, 13th *ICOLD*, New Delhi, 1979, Q50, R24, 402–16.
74. REGAN, R. P., MUNCH, A. V. and SCHRADER, E. K. Cavitation and erosion damage of sluices and stilling basins at two high-head dams, 13th *ICOLD*, New Delhi, 1979, Q50, R11, 177–98.
75. RESCH, F. J., LEUTHEUSSER, H. J. and COANTIC, M. Study of the kinematic and dynamic structure of the hydraulic jump, *J. IAHR*, **14**(4) (1976) 293–319.
76. RHODESIAN COMMITTEE ON LARGE DAMS, General Report, 13th *ICOLD*, New Delhi, 1979, G.P.-R.S. 3, Vol. 4, 303–22.
77. RHONE, T. J. and PETERKA, A. J. Improved tunnel spillway flip buckets, *Transactions ASCE*, **126,** Part 1 (1961), 1270–91.
78. ROUSE, H., SIAO, T. T. and NAGARATNAM, S. Turbulence characteristics of the hydraulic jump, *Transactions ASCE*, **124** (1959), 926–50.
79. RUDAVSKY, A. B. Selection of spillways and energy dissipators in preliminary planning of dam developments, 12th *ICOLD*, Mexico City, 1976, Q46, R9, 153–80.
80. RUSSELL, S. O. and BALL, J. W. Sudden-enlargement energy dissipator for Mica Dam, *J. Hyd. Div. ASCE*, **93** (HY4), Proc. Paper 5337 (July 1967), 41–56.
81. SANCHEZ BRIBIESCA, J. L. and FUENTES MARILES, O. A. Experimental analysis of macroturbulence effects on the lining of stilling basins, 13th *Int. Congress on Large Dams*, New Delhi, 1979, Q50, R6, 85–103.
82. SCHERICH, E. T., ROSSILLON, E. C., LEGAS, J. and RHONE, T. J. Contemporary design of major spillways and energy dissipators, 13th

ICOLD, New Delhi, 1979, Q50, R36, 605–25.
83. SCHIEBE, F. R. and BOWERS, C. E. Boundary pressure fluctuations due to macro-turbulence in hydraulic jump, *Proc. Symposium on Turbulence in Liquids*, University of Missouri, Rolla, 1971, 134–9.
84. SMITH, H. A. A detrimental effect of dams on environment: nitrogen supersaturation?, 11*th ICOLD*, Madrid, 1973, Q40, R17, 237–53.
85. SPOLJARIC, C., MAKSIMOVIC, C. and HAJDIN, G. Unsteady dynamic force due to pressure fluctuations on the bottom of an energy dissipator, *Proc. Int. Conf. on Hydraulic Modelling of Civil Engineering Structures*, BHRA, Coventry, 22–24 September, 1982, paper C2, 97–107.
86. STRASSBURGER, A. G. Spillway energy dissipator problems, 11*th ICOLD*. Madrid, 1973, Q41, R16, 249–68.
87. STUTZ, R. O., GIEZENDANNER, W. and RUEFENACHT, H. P. The ski-jump spillway of the Karakaya hydroelectric seheme, 13*th ICOLD*, New Delhi, 1979, Q50, R33, 559–76.
88. SURYAVANSHI, B. D., VAIDYA, M. P. and CHOUDHURY, B. Use of chute blocks in stilling basin—An assessment, 11*th ICOLD*, Madrid, 1973, Q41, R56, 1011–36.
89. SUZUKI, Y., SAKURAI, A. and KAKUMOTO, N. A design of a chute spillway jointly serving as the roof slab of a hydropower station and its review on the vibration during flood, 11*th ICOLD*, Madrid, 1973, Q41, R21, 365–90.
90. TARAIMOVICH, I. I. Deformations of channels below high-head spillways on rock foundations, *Hydrotechnical Construction* No. 9 (September 1978), 38–42. (Translated from *Gidrotekhnicheskoe Stroitel'stvo*.)
91. TARRICONE, N. L., NEIDERT, S., BEJARANO, C. and FONSECA, C. L. Hydraulic model studies for Itaipu spillway, 13*th ICOLD*, New Delhi, 1979, Q50, R43, 749–66.
92. THOMAS, H. Cavitation on baffle pier below dams, *Proc. Second Hydraulics Conference*, State University of Iowa, Iowa City, June 1942.
93. TORRES, W. J. On the design of forced spatial hydraulic jump energy dissipators, *Proc. 18th Int. Congress IAHR*, Cagliari, Italy, Sept. 1979, Vol. 4, paper C.A.7, 55–62.
94. TVA, *Fontana Project Hydraulic Model Studies*, Technical Monograph No. 68, Tennessee Valley Authority, Knoxville, 1953.
95. TYAGI, D., PANDE, P. K. and MITTAL, M. K. Drag on baffle walls in hydraulic jump, *J. Hyd. Div. ASCE*, **104** (HY4), Proc. Paper 13677 (April 1978), 515–25.
95a. US Army Corps of Engineers *Hydraulic Design of Spillways*, EM 1110-2-1603, March 1965.
96. US Bureau of Reclamation *Hydraulic model studies of Portage Mountain development low-level outlet works, British Columbia, Canada*, Hydraulics Branch Report No. Hyd-562, June 1966.
97. US Bureau of Reclamation *Design of Small Dams*, 1974, 410.
98. US Bureau of Reclamation *Hydraulic model studies of the river outlet works of Oroville Dam—California*, Hydraulics Branch Report No. Hyd-508, October 1963.
99. VASILIEV, O. F. and BUKREYEV, V. I. Statistical characteristics of

pressure fluctuations in the region of hydraulic jump, *Proc.* 12*th Congress, IAHR*, Fort Collins, Colorado, 1967, Vol-2, Paper B1, 1–8.
99a. WATSON, W. W. Evolution of multijet sleeve valve, *J. Hyd. Div. ASCE*, **103** (HY6) (June 1977), 617–31.
100. WANG, X. R. and CHOU, L. T. The method of calculation of controlling (or treatment) criteria for the spillway surface irregularities, 13*th ICOLD*, New Delhi, 1979, Q50, R56, 977–1003.
101. Western Canada Hydraulic Laboratories Ltd *Manitoba Hydro Nelson River Development Kettle Project Final Report: Hydraulic Model Studies of Overflow Spillway*, Port Coquitlam, Jan. 1969.
102. WIDMANN, R. Bottom outlets with stilling caverns at high dams, 11*th ICOLD*, Madrid, 1973, Q41, R40, 719–26.
103. WORKING GROUP, FRENCH COMMITTEE ON LARGE DAMS Les ouvrages d'evacuation definitifs des barrages, 11*th ICOLD*, Madrid, 1973, Q41, R35, 645–70.
104. WORKING GROUP, FRENCH COMMITTEE ON LARGE DAMS Les evacuateurs de crue du barrage de Villerest, 13*th ICOLD*, New Delhi, 1979, Q50, R35, 591–604.
105. WORKING GROUP, FRENCH COMMITTEE ON LARGE DAMS Quelques problemes particuliers posés par les deversoirs a grande capacité: tapis de protection, dissipation d'energie par deflecteurs et aeration et cavitation produite par les ecoulements a grande vitesse, 13*th ICOLD*, New Delhi, 1979, Q50, R38, 649–73.
106. WORKING GROUP, FRENCH COMMITTEE ON LARGE DAMS Ouvrages d'evacuation de grande capacite, 13*th ICOLD*, New Delhi, 1979, Q50, R61, 1063–83.
107. WU, C. M. Scour at downstream end of dams in Taiwan, *IAHR Int. Symposium on River Mechanics*, January 1973, Bangkok, Paper A-13, 137–42.
108. DOMANSKY, L. K., FERINGER, B. P., GOUN'KO, F., ROUBINSTEIN, G. L. and SOLOVIEVA, A. G. Evacuation de l'eau et la glace en periodes de construction et d'exploitation des grands barrages sur les grands fleuves de Siberie, 11*th ICOLD*, Madrid, 1973, Q41, R39, 703–17.

訳者あとがき

　本書は，P. Novak 編 "Developments in Hydraulic Engineering-2" の第1章から第5章までの全訳である．第1章から第3章はゲート構造の設計，第4章，第5章はダム構造の設計に必要な論文およびそれに関連する文献類が記載されている．きわめて有用なもので，ゲートおよびダム工学に携わる設計技術者・研究者にとっての参考書になるものと考えられる．

　本書ではなるべく原書の意味を損なわないような訳に努めたつもりであるが，なお不十分な点が多いかもしれない．読者諸賢の寛大なる叱正を伏してお願いする次第である．

　本訳書出版にあたり，色々と一方ならぬ骨折りをいただいた技報堂出版株式会社に深く感謝申し上げる次第である．

2001年3月

巻幡　敏秋

索　引

【あ】
アース　135
アーチダム　185
圧力変動　165,189
アメリカ陸軍工兵隊（ACE）　138,173
亜臨界域　31
安定化パラメータ　29
安定な渦列　24

【う】
ウエバー数　198
運動量の式　111,113
運用試験　152

【え】
液体流量　96
ACE（アメリカ陸軍工兵隊）　138,170
越流ゲート　80,138
越流式余水吐　137
越流水脈　72
越流ナップ　80
n自由度　11
n自由度系　7
nモード　7
エネルギー減勢　158,178,185,187,194,197
エネルギー減勢工　186,188,191,196,199
エネルギー消散　8
円柱群の干渉　34
鉛直昇降用ゲート　138
鉛直放流管　122
煙突　33

【お】
オフセット　188

【か】
潰食　142,158,177,183,197,199
階段状の減勢池　162
重ね合せの原理　19
河川堰　53
河川での酸素混入　130
片面接水　14
過渡現象　103,109,115
カルマン渦　24,83
簡易減勢池　159
干渉影響　11
環状跳水　103,111,120
完全潜り流出ゲート　88

【き】
機械的減衰　27
逆テンターゲート　59
逆流サイフォン　113
キャビティ　85
キャビテーション　47,65,76,84,86,88,121,141,145,
　　　152,158,160,175,176,180,181,188,189,195,198
　——，ゲート戸溝での　87
　——，初生の　84,121,138
　——，壁面粗度による　87
　——，壁面の不陸による　87
キャビテーション潰食　147
キャビテーション係数　89
キャビテーション指標　148

キャビテーション条件　188
キャビテーション水槽　89
キャビテーション数　86,121
キャビテーション制御　145,189
キャビテーション損傷　135,141,148,153,176,180
キャビテーション発生　153
ギャロッピング　19,21
吸引力　61
急拡型減勢工　194
給気　47,88,95,98,103,109,113,115,124,126,158,187,188,196,198
給気溝　89,143,151,153,190
給気装置　129
急傾斜水路　97
境界積分法　13
境界層　25,168,195,199
境界層理論　145
境界層厚さ　97
境界要素法　13
強制外力　24
強制振動数　48
強制力　4,39
　　——の振動数　4
　　——の振幅　27

【く】
空気管　117,120
空気クッション　81
空気層　80
空気抵抗　182,185
空気流速　118
空気流量　96
空気連行　151
クレスト設計法　137

【け】
ゲート　138
ゲート下端　140
ゲート下端形状　62
ゲート振動　45
　　——の防止法　83
ゲート立坑　45
ゲート戸溝　88,120
　　——でのキャビテーション　87
限界ゲート開度　55,69,74
限界ストローハル数　58
減衰，流体力学的な　84
減衰特性，負の　22
減衰比　3
減勢工　152,159,197,198
　　——，高水頭ダムの　152,160
減勢池　158,168,186,185,192,197
　　——，階段状の　162
　　——，高水頭ダムの　161
減勢池Ⅲ　160
減勢池Ⅱ　159
減勢ブロック　181
限定振動　22

【こ】
高圧スライドゲート　192
高酸素化　124
高水頭ダム　88,135,141,158,181
　　——の減勢工　152,160
　　——の減勢池　161
剛性，流体力学的な　16,51,59
剛性マトリックス　7
高レイノルズ数　32
高レイノルズ数域　31
国際大ダム会議　143
ゴム水密　78
固有振動数　3
コーンバルブ　120

【さ】
サージ現象　38
Sarpkaya　34
酸素混入　128

索　引

――, 河川での　130
酸素取込み, 噴流からの　126

【し】

軸対称噴流　186
自己制御系　26,39,74
自然脱気　122
自然落下　112
　　――する噴流　116
質量マトリックス　7
周波数分布関数　48
自由表面　14
自由流出跳水　166,170
縮尺影響　7,31,164,197
縮尺模型　7
衝撃波　149,151
シュート　95,141,158
シュート式余水吐　135
シュートブロック　170,174,176,188,191
蒸気圧　85,148
衝突噴流　110
初生キャビテーション　84,121,138,188
初生キャビテーション数　86,146
シル　175
自励系　20,37,53,54,55,60,62,75,80,83
　　――の理論　56
自励振動　19,22,45,72
自励制御系　47
振幅曲線　5

【す】

水撃作用　47
水撃波　85
水質指標　124
水車　130
水滴流出　120
水密構造設計　78
水密ゴム　45,64,68
水理模型実験　31,48,49,64,65,67,68,83,137,150,

152,182
スキージャンプ式余水吐　158
ストニーゲート　65
ストローハル数　25,48,78
スプリッタ　81,187
滑り水路　95
スペクトル密度関数　5
スポイラ　73
スライドゲート　59
Slip-Stick 振動　47
スリーブバルブ　194
スルースゲート　37,113,118

【せ】

遷移現象　128
洗掘　158
線形波理論　13
せん断層　39,74,85
　　――の不安定　26

【そ】

相関係数　8

【た】

耐潰食材料　88
耐キャビテーション　159,169
対称な渦列　33
対数減衰率　29
ダイバージェンス　16
立坑　110,122
段波　100
単振子　3

【ち】

T分岐　38
チェックバルブ　59
跳水　95,103,113,126,128,162
跳水減勢池　159
超臨界レイノルズ数　34

索 引

【て】
定在波　100,150
Theodorsen　20
テムズ堰　72
テンターゲート　63,65,83,88,113,118
Den Hartog　21

【と】
等角写像　13
等価質量　8
動的安定性　58
動的不安定　23,47
戸溝　45
Thoma係数　86
ドラフトチューブ　38
ドラムゲート　138
トンネル式余水吐　136,140,142,178
トンネル設計法　141

【な】
流れ条件の改善　88
流れ直角方向の振動　18,60
流れの再付着　37,62,74
流れの剥離　39,74
流れ方向振動　17
ナップ振動　81
Navier-Stokesの解　12
Navier-Stokesの線形化　19
波　149
　——の発生　53

【に】
二次元噴流　186
二相流　96
ニードルバルブ　121

【ね】
粘性せん断力　17

【は】
バイザー型堰　70
薄型アーチダム　136
波速　150
バタフライバルブ　38
発散波　13,14,18,51,53
バッフルピア　191
バッフルブロック　158,160,165,169,176,188,197
波力　47
半潜水物体　16
反転型テンターゲート　67

【ひ】
ピア　140
ピア設計　140
微小開度操作　117
微小水滴の飛沫　117
非対称物体　11
飛翔距離　182
表面粗度　25
非連成強制力　4
非連成力　24

【ふ】
不安定指標　53,64,67,68,72,73
不安定跳水　47
フィクスドコーンバルブ　192,194
Fickの法則　124
風洞実験　33
富栄養化現象　96
付加減衰　17,47,52
　——，負の　19
付加剛性　16,47,51
　——，負の　16
付加質量　10,12,14,19,47,50
複合減勢池　162
複数物体　11
負減衰　47,77

二又分岐管　38
負の減衰　47,77
負の減衰特性　22
負の付加減衰　19
負の付加剛性　16
フラッター　19
フラッター解析　20
フラップゲート　138
フリップバケット　137,152,158,165,170,178,183,
　　184,196,198
フリップバケット減勢工　135
フルード数　98,126,163,166,171
フルード則　165,197
噴流　115
　——からの酸素取込み　126
　——，自然落下する　116
噴流軌跡　181
噴流落下　115

【へ】
壁面粗度によるキャビテーション　87
壁面の不陸によるキャビテーション　87
ベルヌーイの方程式　101
変位ベクトル　7
変動隙間　67
変動-隙間理論　56,63,84
変動流量係数　54
変動流量係数理論　70

【ほ】
ホイールゲート　59
細長い構造物　12
ポテンシャル流れ　13
ポテンシャル理論　10
ホローコーンジェットバルブ　73
ホロージェットバルブ　192

【ま】
マグナス効果　24

Manning式　101,111
Manning–Strickler方程式　99

【む】
無次元減衰　3,49
無次元ストローハル数　4

【も】
潜り立坑　109
潜り流出　45
潜り流出ゲート　138
潜り流出跳水　166
模型実験　7,152,197
Morison式　15,35

【ゆ】
有限長の物体　14
有限要素法　13
USBR　148,159,170,192
USBR標準　160,171

【よ】
余水吐　135,137,152,197
余水吐シュート　165

【ら】
ラジアルゲート　138
Lamb　14,35
乱流境界層　151

【り】
リップ厚さ　69
流体減衰　9,17
流体弾性模型　47,67,89
流体力学的な減衰　84
流体力学的な剛性　16,51,59,84
両面接水　14
臨界域　31

【れ】

レイノルズ数　25,31,126,164,165,198
連成強制力　4
連続弾性体の動的挙動の解析　7

【ろ】

ロックイン　34
ロックイン現象　28

ロックフィルダム　135
ローラゲート　73
ローラバケット　159,177,197
ローラバケット減勢工　177

【わ】

Y分岐　38

訳者略歴

巻幡　敏秋（まきはた　としあき，工学博士）

1965年　大阪府立大学大学院工学研究科修士課程（機械工学専攻）終了．
1965年　日立造船（株）技術研究所入社．主として，水理構造物の流体問題および係留浮体の運動の研究に従事．
1997年　日立造船（株）鉄構・建機事業本部．
　　　　鉄構製品の開発研究に従事．

水理工学概論
—ゲート振動・給気および水理—

2001年4月10日　1版1刷発行

定価はカバーに表示してあります

ISBN 4-7655-1619-9 C3051

訳　者	巻　幡　敏　秋
発行者	長　　祥　隆
発行所	技報堂出版株式会社

〒102-0075　東京都千代田区三番町8-7
（第25興和ビル）

日本書籍出版協会会員
自然科学書協会会員
工学書協会会員
土木・建築書協会会員

電　話　営業　(03)(5215)3165
　　　　編集　(03)(5215)3161
FAX　　　　　(03)(5215)3233
振　替　口　座　00140-4-10

Printed in Japan

© Toshiaki Makihata, Japan, 2001

落丁・乱丁はお取替えいたします．　装幀 海保透　印刷 エイトシステム　製本 鈴木製本

本書の無断複写は，著作権法上での例外を除き，禁じられています．

●小社刊行図書のご案内●

詳述水理学	池田駿介 著	A5・452頁
応用水理学	岩崎敏夫 著	A5・242頁
水理学［講義と演習］	吉川秀夫 著	A5・288頁
水理学 ─水工学序説	水工学研究会 編	A5・270頁
水資源マネジメントと水環境 ─原理・規制・事例研究	N.S.Grigg 著／浅野孝 監訳	A5・670頁
水辺の環境調査	ダム水源地環境整備センター 編	A5・500頁
送配水システム解析入門	鬼塚宏太郎 著	A5・118頁
水環境の基礎科学	E.A.Laws 著／神田穰太ほか 訳	A5・736頁
非イオン界面活性剤と水環境 ─用途,計測技術,生態影響	日本水環境学会内委員会 編著	A5・230頁
琵琶湖 ─その環境と水質形成	宗宮功 編著	A5・270頁

●シリーズ日本の水環境

②	東北編	日本水環境学会 編	A5・252頁
③	関東・甲信越編	日本水環境学会 編	A5・294頁
④	東海・北陸編	日本水環境学会 編	A5・260頁
⑤	近畿編	日本水環境学会 編	A5・290頁
⑥	中国・四国編	日本水環境学会 編	A5・216頁
⑦	九州・沖縄編	日本水環境学会 編	A5・242頁

技報堂出版　TEL 編集03(5215)3161 営業03(5215)3165　FAX 03(5215)3233